国家出版基金资助项目

现代数学中的著名定理纵横谈丛书

丛书主编　王梓坤

BARBIER THEOREM

Barbier定理

刘培杰数学工作室　编译

哈爾濱工業大學出版社
HIT HARBIN INSTITUTE OF TECHNOLOGY PRESS

内容简介

本书共分五编，主要包括凸性，Barbier 定理，积分几何里的凸集，其他领域的问题，应用两例等内容，书中配有相关例题以供读者学习理解.

本书适合大学师生及数学爱好者参考使用.

图书在版编目(CIP)数据

Barbier 定理/刘培杰数学工作室编译. —哈尔滨：哈尔滨工业大学出版社，2017.8

(现代数学中的著名定理纵横谈丛书)

ISBN 978-7-5603-6698-2

Ⅰ.①B… Ⅱ.①刘… Ⅲ.①定理(数学) Ⅳ.①O1

中国版本图书馆 CIP 数据核字(2017)第 147265 号

策划编辑　刘培杰　张永芹
责任编辑　张永芹　穆　青
封面设计　孙茵艾
出版发行　哈尔滨工业大学出版社
社　　址　哈尔滨市南岗区复华四道街 10 号　邮编 150006
传　　真　0451-86414749
网　　址　http://hitpress.hit.edu.cn
印　　刷　牡丹江邮电印务有限公司
开　　本　787mm×960mm　1/16　印张 22.25　字数 241 千字
版　　次　2017 年 8 月第 1 版　2017 年 8 月第 1 次印刷
书　　号　ISBN 978-7-5603-6698-2
定　　价　88.00 元

◎ 代序

读书的乐趣

你最喜爱什么——书籍.

你经常去哪里——书店.

你最大的乐趣是什么——读书.

这是友人提出的问题和我的回答.真的,我这一辈子算是和书籍,特别是好书结下了不解之缘.有人说,读书要费那么大的劲,又发不了财,读它做什么?我却至今不悔,不仅不悔,反而情趣越来越浓.想当年,我也曾爱打球,也曾爱下棋,对操琴也有兴趣,还登台伴奏过.但后来却都一一断交,“终身不复鼓琴”.那原因便是怕花费时间,玩物丧志,误了我的大事——求学.这当然过激了一些.剩下来唯有读书一事,自幼至今,无日少废,谓之书痴也可,谓之书橱也可,管它呢,人各有志,不可相强.我的一生大志,便是教书,而当教师,不多读书是不行的.

读好书是一种乐趣,一种情操;一种向全世界古往今来的伟人和名人求教的方法,一种和他们展开讨论的方式;一封出席各种活动、体验各种生活、结识各种人物的邀请信;一张迈进科学宫殿和未知世界的入场券;一股改造自己、丰富自己的强大力量.书籍是全人类有史以来共同创造的财富,是永不枯竭的智慧的源泉.失意时读书,可以使人重整旗鼓;得意时读书,可以使人头脑清醒;疑难时读书,可以得到解答或启示;年轻人读书,可明奋进之道;年老人读书,能知健神之理.浩浩乎!洋洋乎!如临大海,或波涛汹涌,或清风微拂,取之不尽,用之不竭.吾于读书,无疑义矣,三日不读,则头脑麻木,心摇摇无主.

潜能需要激发

我和书籍结缘,开始于一次非常偶然的机会.大概是八九岁吧,家里穷得揭不开锅,我每天从早到晚都要去田园里帮工.一天,偶然从旧木柜阴湿的角落里,找到一本蜡光纸的小书,自然很破了.屋内光线暗淡,又是黄昏时分,只好拿到大门外去看.封面已经脱落,扉页上写的是《薛仁贵征东》.管它呢,且往下看.第一回的标题已忘记,只是那首开卷诗不知为什么至今仍记忆犹新:

日出遥遥一点红,飘飘四海影无踪.

三岁孩童千两价,保主跨海去征东.

第一句指山东,二、三两句分别点出薛仁贵(雪、人贵).那时识字很少,半看半猜,居然引起了我极大的兴趣,同时也教我认识了许多生字.这是我有生以来独立看的第一本书.尝到甜头以后,我便千方百计去找书,向小朋友借,到亲友家找,居然断断续续看了《薛丁山征西》《彭公案》《二度梅》等,樊梨花便成了我心中的女英雄.我真入迷了.从此,放牛也罢,车水也罢,我总要带一本书,还练出了边走田间小路边读书的本领,读得津津有味,不知人间别有他事.

当我们安静下来回想往事时,往往会发现一些偶然的小事却影响了自己的一生.如果不是找到那本《薛仁贵征东》,我的好学心也许激发不起来.我这一生,也许会走另一条路.人的潜能,好比一座汽油库,星星之火,可以使它雷声隆隆、光照天地;但若少了这粒火星,它便会成为一潭死水,永归沉寂.

抄,总抄得起

好不容易上了中学,做完功课还有点时间,便常光顾图书馆.好书借了实在舍不得还,但买不到也买不起,便下决心动手抄书.抄,总抄得起.我抄过林语堂写的《高级英文法》,抄过英文的《英文典大全》,还抄过《孙子兵法》,这本书实在爱得狠了,竟一口气抄了两份.人们虽知抄书之苦,未知抄书之益,抄完毫末俱见,一览无余,胜读十遍.

始于精于一,返于精于博

关于康有为的教学法,他的弟子梁启超说:“康先生之教,专标专精、涉猎二条,无专精则不能成,无涉猎则不能通也.”可见康有为强烈要求学生把专精和广博(即“涉猎”)相结合.

在先后次序上,我认为要从精于一开始.首先应集中精力学好专业,并在专业的科研中做出成绩,然后逐步扩大领域,力求多方面的精.年轻时,我曾精读杜布(J. L. Doob)的《随机过程论》,哈尔莫斯(P. R. Halmos)的《测度论》等世界数学名著,使我终身受益.简言之,即“始于精于一,返于精于博”.正如中国革命一样,必须先有一块根据地,站稳后再开创几块,最后连成一片.

丰富我文采,澡雪我精神

辛苦了一周,人相当疲劳了,每到星期六,我便到旧书店走走,这已成为生活中的一部分,多年如此.一次,偶然看到一套《纲鉴易知录》,编者之一便是选编《古文观止》的吴楚材.这部书提纲挈领地讲中国历史,上自盘古氏,直到明末,记事简明,文字古雅,又富于故事性,便把这部书从头到尾读了一遍.从此启发了我读史书的兴趣.

我爱读中国的古典小说,例如《三国演义》和《东周列国志》.我常对人说,这两部书简直是世界上政治阴谋诡计大全.即以近年来极时髦的人质问题(伊朗人质、劫机人质等),这些书中早就有了,秦始皇的父亲便是受害者,堪称"人质之父".

《庄子》超尘绝俗,不屑于名利.其中"秋水""解牛"诸篇,诚绝唱也.《论语》束身严谨,勇于面世,"己所不欲,勿施于人",有长者之风.司马迁的《报任少卿书》,读之我心两伤,既伤少卿,又伤司马;我不知道少卿是否收到这封信,希望有人做点研究.我也爱读鲁迅的杂文,果戈理、梅里美的小说.我非常敬重文天祥、秋瑾的人品,常记他们的诗句:"人生自古谁无死,留取丹心照汗青""休言女子非英物,夜夜龙泉壁上鸣".唐诗、宋词、《西厢记》《牡丹亭》,丰富我文采,澡雪我精神,其中精粹,实是人间神品.

读了邓拓的《燕山夜话》,既叹服其广博,也使我动了写《科学发现纵横谈》的心.不料这本小册子竟给我招来了上千封鼓励信.以后人们便写出了许许多多的“纵横谈”.

从学生时代起,我就喜读方法论方面的论著.我想,做什么事情都要讲究方法,追求效率、效果和效益,方法好能事半而功倍.我很留心一些著名科学家、文学家写的心得体会和经验.我曾惊讶为什么巴尔扎克在51年短短的一生中能写出上百本书,并从他的传记中去寻找答案.文史哲和科学的海洋无边无际,先哲们的明智之光沐浴着人们的心灵,我衷心感谢他们的恩惠.

读书的另一面

以上我谈了读书的好处,现在要回过头来说说事情的另一面.

读书要选择.世上有各种各样的书:有的不值一看,有的只值看20分钟,有的可看5年,有的可保存一辈子,有的将永远不朽.即使是不朽的超级名著,由于我们的精力与时间有限,也必须加以选择.决不要看坏书,对一般书,要学会速读.

读书要多思考.应该想想,作者说得对吗?完全吗?适合今天的情况吗?从书本中迅速获得效果的好办法是有的放矢地读书,带着问题去读,或偏重某一方面去读.这时我们的思维处于主动寻找的地位,就像猎人追找猎物一样主动,很快就能找到答案,或者发现书中的问题.

有的书浏览即止,有的要读出声来,有的要心头记住,有的要笔头记录.对重要的专业书或名著,要勤做笔记,“不动笔墨不读书”.动脑加动手,手脑并用,既可加深理解,又可避忘备查,特别是自己的灵感,更要及时抓住.清代章学诚在《文史通义》中说:“札记之功必不可少,如不札记,则无穷妙绪如雨珠落大海矣.”

许多大事业、大作品,都是长期积累和短期突击相结合的产物.涓涓不息,将成江河;无此涓涓,何来江河?

爱好读书是许多伟人的共同特性,不仅学者专家如此,一些大政治家、大军事家也如此.曹操、康熙、拿破仑、毛泽东都是手不释卷,嗜书如命的人.他们的巨大成就与毕生刻苦自学密切相关.

王梓坤

目录

第一编　凸性　//1

第 1 章　凸性　//3
第 2 章　海莱定理　//32
第 3 章　覆盖定理　//44
第 4 章　空间的凸集　//58
第 5 章　若干涉及凸图形与凸子集的初等问题　//68
第 6 章　凸与非凸的多边形　//71

第二编　Barbier 定理　//109

第 7 章　等宽度曲线　//111
第 8 章　等宽度曲线的基本性质　//120
第 9 章　Barbier 定理　//129

第三编　积分几何里的凸集　//137

第 10 章　引言　//139
第 11 章　直线族的包络　//141
第 12 章　Minkowski 混合面积　//144
第 13 章　一些特殊凸集　//148
第 14 章　幺球面面积与幺球体体积　//153
第 15 章　注记与练习　//154

第四编　其他领域的问题　//157

第16章　关于平面19一点集的空凸分划问题　//159
第17章　平面的凸曲线　//171
第18章　超曲面上极小与极小凸点的分布　//178
第19章　什么是拟凸域　//188
第20章　无限维空间中凸集的端点　//195
第21章　三维空间中的有界凸域和拟球　//228
第22章　曲率的逐点估计　//240

第五编　应用两例　//247

第23章　凸轮计算　//249
第24章　(γ,α)型广义强凸性　//262

第六编　泛函中的凸集　//275

第25章　引言——一个普特南试题　//277
第26章　凸集及其性质　//280
第27章　闵可夫斯基泛函　//292
第28章　闵可夫斯基泛函的一个应用——非零连续线性泛函的存在性　//302
第29章　凸集分离定理　//317

附录　美国大学生数学竞赛中几个有关凸集的试题　//335

第一编

凸　　性

第1章 凸性

这一章讨论图形的一些基本知识：有界、闭、凸、直径，还要说明有界闭凸图形的一个特征.

§0 引言——从一道罗马尼亚大师杯数学竞赛试题谈起

南报网讯（记者 钱红艳）罗马尼亚大师杯数学竞赛是中学生数学奥林匹克竞赛中难度最高的一项赛事. 记者了解到，在该项赛事中，以南京外国语学校的丁力煌、高铁寒、朱心一为主力的国家队选手获得团体总分第三的佳绩，其中丁力煌以全场唯一满分 42 分斩获金牌.

罗马尼亚大师杯数学竞赛是由罗马尼亚数学会主办的国际邀请赛，仅邀请在国际数学奥林匹克竞赛中成绩突出的中国、俄罗斯、美国与其周边的一些欧洲国家组队参加，被称为是中学生数学奥林匹克竞赛中难度最高的一项赛事，也是我国以国家队名义组队参赛的 3 项中学生数学国际赛事之一. 每年全国数学竞赛冬令营中团体第一、第二的省份可以组队参赛. 此前，江苏省代表队在 2016 年全国数学冬令营中取得团体第二的成绩，因此今年代表国家队参赛.

比赛于 2 月 22 日至 27 日在罗马尼亚首都布加勒斯特举行. 南京外国语学校高三(1) 班的丁力煌、高轶寒、高二(1) 班的朱心一是国家队主力队员. 队员丁力煌介绍，全队比赛历时两天，每天考 3 题，比赛时间为 4 小时 30 分钟，题目涉及代数、数论、组合、几何等多方面的知识，平均每解答一题都在 1 小时以上，其中有一题思考加解答整整花了 2 小时 30 分钟，最终他以全场唯一满分 42 分获得金牌，另外高轶寒和朱心一分别以 23 分、20 分夺得铜牌，而中国代表队则获得全体总分第三的成绩.

试题 设 P, P' 是平面有界域上相交的两个凸四边形区域，O 为它们相交区域上的一点，假设对任意一条经过 O 的直线在区域 P 中截得的线段比在区域 P' 中截得的线段长. 问：是否有这样的可能区域 P' 的面积与区域 P 的面积比大于 1.9？

（第 6 届罗马尼亚大师杯数学奥林匹克试题）

解 答案是肯定的. 对任意 $\varepsilon > 0$，我们可以得到区域 P' 的面积与区域 P 的面积比大于 $2-\varepsilon$.

构造如下：设 O 为正方形 $ABCD$ 的中心，A', B', C' 分别为 A, B, C 关于 O 的反射点. 注意到 l 为过 O 的任一除直线 AC 外的直线，则 $l \cap ABCD$ 与 $l \cap A'B'C'$

长度相等,再在 $B'A'$,$B'C'$ 上分别取 M,N 适合

$$\frac{B'M}{B'A'}=\frac{B'N}{B'C'}=\left(1-\frac{\varepsilon}{4}\right)^{\frac{1}{2}}$$

P' 取为以 O 为定点的凸四边形 $B'MON$ 位似比为 $\left(1-\frac{\varepsilon}{4}\right)^{\frac{1}{4}}$ 的图形,则满足区域 P' 的面积与区域 P 的面积比大于 $2-\frac{\varepsilon}{2}$.

在本题的解答中似乎并没有用到凸区域的特殊性质,但是如果将本题的已知条件中 P 或 P' 这两个凸四边形区域之一改为凹区域,则易举出反例.所以凸是个本质性的条件.它有点像空气,有了觉不出,没有就不行!

在中学生甚至大学生所能接触到的科普小册子中,有一本写得非常好.那就是庄亚栋先生早年间写的一本叫《凸图形》的红皮小册子.中国的数学科普有两次高潮,一次是20世纪五六十年代,中国全面学习苏联,出版了大量类似于苏联青年数学小丛书的小册子.许多顶级大家亲自上阵.仅华罗庚先生一人就写了三本.其他的大数学家也悉数其间.但在这次普及中所涉及的均为传统的经典内容,是突出由高到低的风格.

第二次高潮出现在20世纪80年代,那是个全民读书的年代.

作家马建曾回忆说:80年代最好的感觉让我怀念就是看书,你知道,那个时候你到别人家里去,你不看书就没法谈话.手里不拿着本书,你就不是个人!

那个时期的作者中多是以高校的中青年教师为主,除了单增先生特别高产外,其余的老师大多是一两本的样子.庄亚栋先生应该是除了翻译了几本小册子外,写的唯一一本就是《凸图形》,为了向那个时代致敬,本书前面先引了几大段.

英国 ACC 出版集团总裁保罗·莱瑟姆曾指出:我时常思考,世界上的人那么多,真正想要买书的、需要买书的、能够买书的人貌似并没有那么多.

其实庄先生真正的大量读者是两本译著的读者.一本是弗列明的《多元分析》,另一本是名著 —— George Pólya 和 Gabor Szego 合著的《分析中的定理与问题》,居高临下写起小册子当然是得心应手.

§1 有界图形

所谓平面图形,就是指平面上一些点的集合.有限或无限个点、线段、直线、整个平面以及它的一部分 —— 半平面、角形、带形、多边形等,都是平面图形.本书只谈平面图形,因此简称为图形.

图形分为有界图形和无界图形.所谓有界图形,就是指能被某一个正方形(或圆)覆盖的图形.否则就叫无界图形.图 1 中,(a)(d)(e)(f) 是有界图形,另四个是无界图形(图 1(h) 表示全平面中去掉由虚线表示的一条射线得到的图形).

不要把有界图形与直观上有边界的图形混淆起来.角形有两条射线作边界,带形有两条直线作边界,但它们都是无界图形.有限个点形成的图形是有界图形,但却没有一条线段作边界.所以,判断图形是否有界要从定义出发,与图形有没有边界无关.粗糙地说,"有界""无界" 中的"界" 是"界限" 的界,不是边界的界.

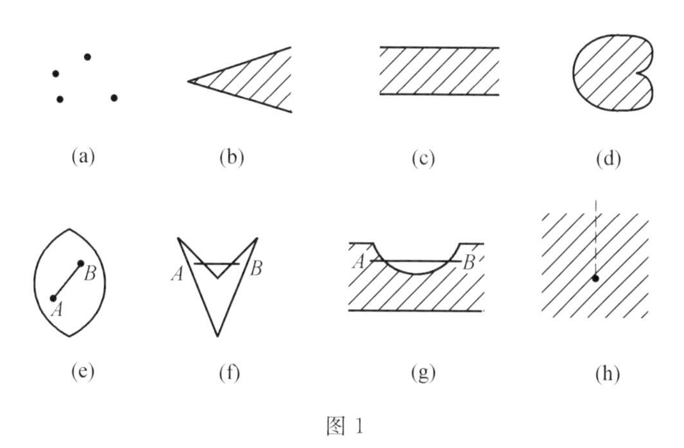

图 1

§2　闭　图　形

任给一个圆，可以把平面上的点分成三类：圆内的点、圆外的点、圆的边界（即圆周）上的点. 数学里给它们的正式名称是：圆的内点、外点、边界点.

类似地，任给一个由封闭曲线围成的图形 $\mathfrak{D}$，也可以把平面上的点分成三类：$\mathfrak{D}$ 的内点、外点、边界点. 这三类点组成三个图形，分别叫 $\mathfrak{D}$ 的内部、外部、边界. 如图 2，P，S 是 $\mathfrak{D}$ 的边界点，M 是 $\mathfrak{D}$ 的内点，Q 是 $\mathfrak{D}$ 的外点，闭曲线 Γ 是 $\mathfrak{D}$ 的边界，Γ 所围的部分（不包括 Γ 本身）是 $\mathfrak{D}$ 的内部.

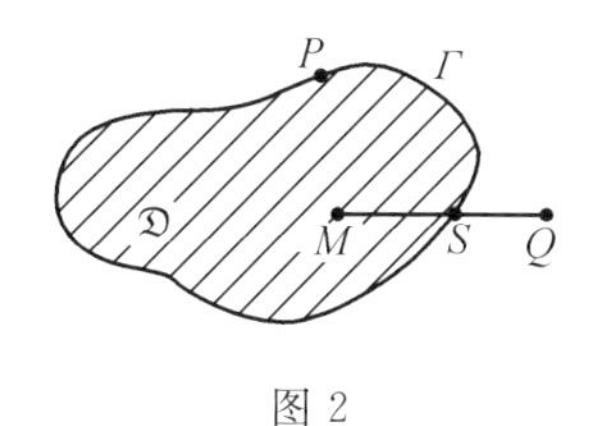

图 2

更一般地，像半平面、角形、带形这样一些图形也有内点、边界点、外点. 如图 3，如果我们考虑上半平面，M 是内点，P 是边界点，Q 是外点. 如果考虑下半平面，Q 是内点，P 是边界点，M 是外点. 直线 l 是边界，l 的上、下侧的阴影部分（不包括 l）分别是上、下半平面的内部.

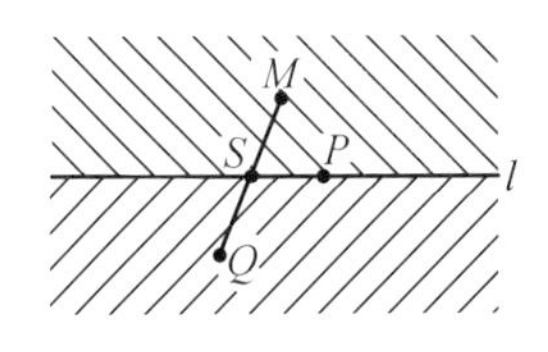

图 3

图形的内点、边界点、外点有很不同的性质. 例如，通过圆的内点不能作圆的切线，通过圆的边界点可以作一条切线，而通过圆的外点却总能作两条切线. 一般地研究图形的性质时，非把这三种点区分开来不可.

如图 4，如果点 M 在图形 $\mathfrak{D}$ 内，不在 $\mathfrak{D}$ 的边界上，则 M 到 $\mathfrak{D}$ 的边界总有一定距离，于是，以 M 为心总能作一个小圆，使这个小圆在 $\mathfrak{D}$ 内. 类似地，如果 Q 是 $\mathfrak{D}$ 的外点，则可以 Q 为心作一小圆在 $\mathfrak{D}$ 外. 不过，以边界点 P 为心的任何小圆内，却总是同时有 $\mathfrak{D}$ 的内点与外点，这正是边界点的特征. 根据这一特征，有限个点组成的图形中，每一个点都是边界点. 这样，有限个点组成的图形的边界就是它自己.

属于图形 $\mathfrak{D}$ 的点，不是 $\mathfrak{D}$ 的内点就是 $\mathfrak{D}$ 的边界点，因此，$\mathfrak{D}$ 的内部是由 $\mathfrak{D}$ 去掉边界而得到的. 反过来，$\mathfrak{D}$ 的内点当然属于 $\mathfrak{D}$，而 $\mathfrak{D}$ 的边界点却不一定. 例如，

可以把一个圆的边界点统统去掉，或去掉一部分，留下来的点仍然形成圆形(图 5，不包括的边界用虚线表示). 由于内点与边界点的性质不同，包括还是不包括边界点的图形的性质也不同. 所以，一般地研究图形时，总要申明一下你所研究的这个图形包不包括边界.

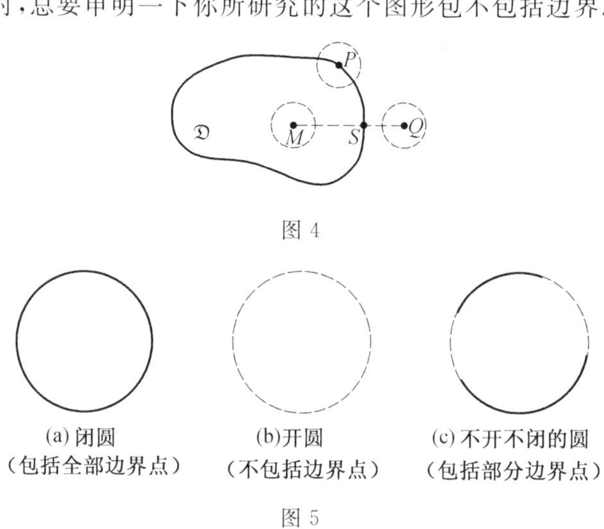

图 4

(a) 闭圆（包括全部边界点）　(b) 开圆（不包括边界点）　(c) 不开不闭的圆（包括部分边界点）

图 5

定义 1　包括所有边界点的图形叫闭图形.

我们以后主要考虑闭图形. 在图 1 中，除最后一个外都是闭图形.

由于图形由它的内点或边界点组成，因此，考虑图形的性质时，必然要以这些点的一些性质作基础. 例如下面的一个性质：

引理 1　在图形 $\mathfrak{D}$ 的内点和外点的连线上必有 $\mathfrak{D}$ 的边界点.

参看图 2，3，4，这个性质是一目了然的，但它的证明却不是很简单，本书从略.

§3 凸　图　形

定义 2　设 $\mathfrak{D}$ 是图形，若对 $\mathfrak{D}$ 的任何点 A,B，$\mathfrak{D}$ 总包含线段 AB，则称 $\mathfrak{D}$ 为凸图形.

根据定义，只要你能找到 $\mathfrak{D}$ 的一对点 A,B，使线段 AB 上有一个点不属于 $\mathfrak{D}$，$\mathfrak{D}$ 就不是凸图形. 据此，图 1 中只有(b)(c)(e) 三个图形是凸的. 单独一个点也算作凸图形.

从已知的凸图形可以产生新的凸图形：

命题 1　任意个凸图形的公共部分是凸图形.

证明　我们只对两个的情形证明，一般情形的道理完全一样.

设点 A,B 是凸图形 $\mathfrak{D}_1$，$\mathfrak{D}_2$ 的公共部分内的两个点(图 6)，则 A,B 既同时属于 $\mathfrak{D}_1$，又同时属于 $\mathfrak{D}_2$. 因为 $\mathfrak{D}_1$ 是凸的，所以 $\mathfrak{D}_1$ 包含线段 AB. 同理，$\mathfrak{D}_2$ 包含 AB. 因此 $\mathfrak{D}_1$ 与 $\mathfrak{D}_2$ 的公共部分包含 AB，即 $\mathfrak{D}_1$ 与 $\mathfrak{D}_2$ 的公共部分是凸图形.

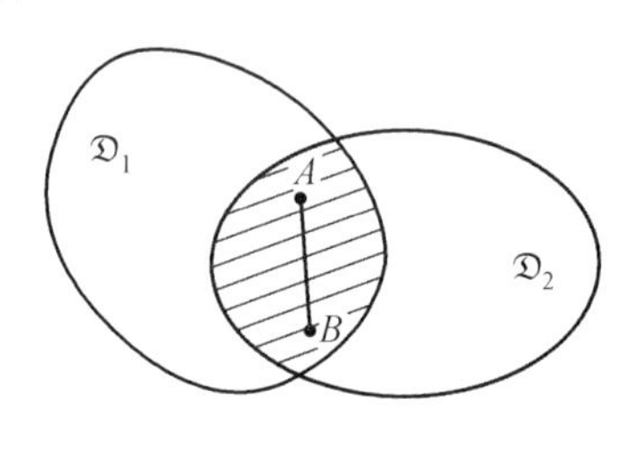

图 6

作为命题 1 的一个应用，我们证明三角形是凸图形. 由于三角形是三个半平面的公共部分，根据这个命

题,只要证明半平面是凸图形.

命题2　半平面是凸图形.

在下面的证明中,要用到直线方程的知识.

如图7,设 H 是半平面,其边界线 l 的方程为

$$y=kx+b$$

于是在这个半平面内任一点 (x,y) 的坐标满足

$$y\geqslant kx+b$$

在 H 内任取两点 $M(x_1,y_1)$,$N(x_2,y_2)$,则有

$$y_1\geqslant kx_1+b,y_2\geqslant kx_2+b$$

线段 MN 上任一点的坐标可以表示为 $(\lambda x_1+(1-\lambda)x_2,\lambda y_1+(1-\lambda)y_2)$,其中 $0\leqslant\lambda\leqslant 1$. 由于

$$\begin{aligned}&\lambda y_1+(1-\lambda)y_2\geqslant\\&\lambda(kx_1+b)+(1-\lambda)(kx_2+b)=\\&\lambda kx_1+b\lambda+(1-\lambda)kx_2+b(1-\lambda)=\\&k[\lambda x_1+(1-\lambda)x_2]+b\end{aligned}$$

故 MN 上任一点在 H 内,H 是凸的.

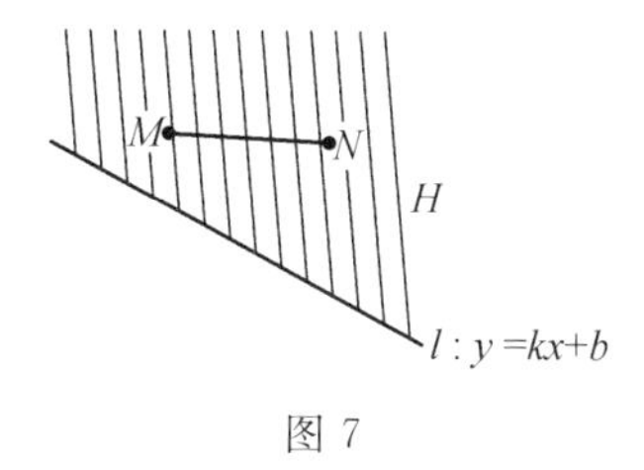

图7

§4　凸图形与内点

仅由边界点也能组成凸图形. 也就是说,可以有没有内点的凸图形. 例如,线段.

那么,凸图形什么时候有内点,什么时候没有内点呢?

首先,没有内点的凸图形一定在一条直线上. 因为,如果它含有不在一条直线上的点,例如三个,它就应该含有以这三个点为顶点的三角形,它就有了内点. 这样,要确定没有内点的凸图形,只要找直线上的凸图形.

其次,直线上的凸图形只有三种:直线、线段(包括它的退化情形 —— 一个点)、射线. 因为,根据凸图形的定义,一旦它含有两个点,就要包含一条线段,同时,凸图形不能被分成不相交的两部分. 在直线上,既要包含线段又不能分成不相交的两部分的图形只有直线、线段、射线三种. 它们都是凸图形.

结合这两方面的结论,我们得到:

命题 3 没有内点的凸图形只有三种:直线、线段(或一个点)、射线.

其他凸图形都是有内点的. 对于有内点的凸图形,内点的组成情况可由下列命题概括(证明略,参看图 8):

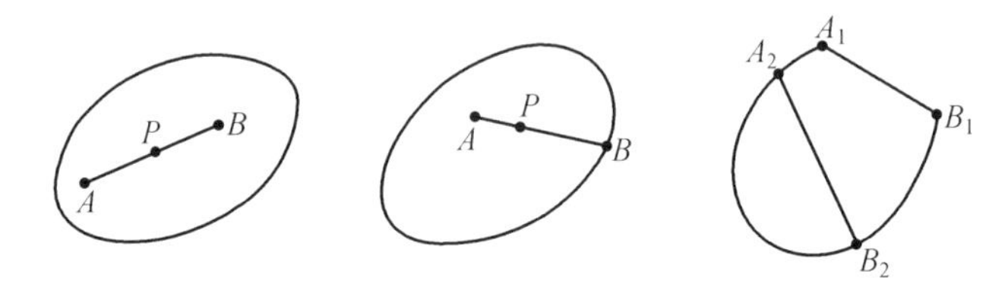

图 8

引理 2 1) 若 A,B 是凸图形 $\mathfrak{D}$ 的内点,则线段 AB 上的每个点都是 $\mathfrak{D}$ 的内点;

2) 若 A 是 $\mathfrak{D}$ 的内点,B 是 $\mathfrak{D}$ 的边界点,则线段 AB 上除点 B 外,每个点都是 $\mathfrak{D}$ 的内点;

3) 若 A,B 都是 $\mathfrak{D}$ 的边界点,则线段 AB 上的点要么都是 $\mathfrak{D}$ 的边界点(即 AB 是边界的一部分),要么除 A,B 两点外都是 $\mathfrak{D}$ 的内点.

推论　凸图形 $\mathfrak{D}$ 的内部是凸图形.

证明　由内部的定义及引理 2 的情形 1) 得到.

像引理 1 及引理 2 这样一些看起来一目了然,说起来似乎多此一举的事实有许多应用,它们是研究图形更深刻性质的基础之一. 把类似于它们的一些基础事实找出来,并且给以演绎的证明,正是数学基础严密化的标志之一.

在下面我们给出它的两个应用. 以后用到时不再一一提醒.

§5　凸 多 边 形

在中学数学教材中对凸多边形下的定义是:如果延长多边形的各边,该多边形都在各边延长线的一侧,则称之为凸多边形.

这个定义里所说的“凸”与我们这里所说的“凸”是不是一致呢?是一致的.

命题 4　多边形是凸(按我们这里的定义)多边形的充分必要条件是该多边形在各边延长线的一侧.

证明　充分性:若多边形 $\mathfrak{D}$ 在各边延长线的一侧,即在各边延长线所界的一个半平面内,则 $\mathfrak{D}$ 是有限个(与边的条数相等)半平面的公共部分,因此是凸的(图 9).

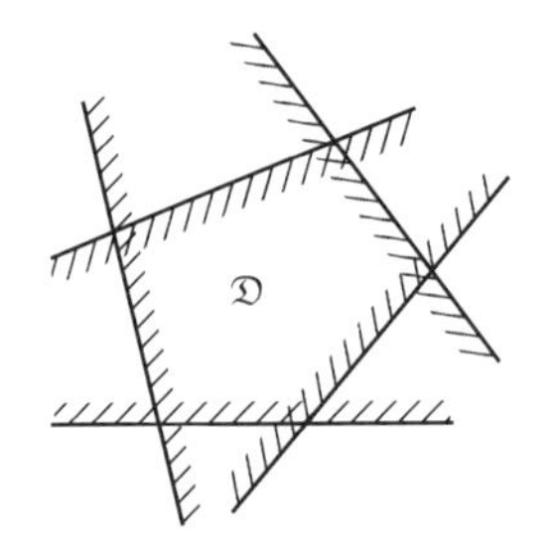

图 9

必要性:若存在 𝔇 的一条边 AB,使 𝔇 在这条边的延长线 l 的两侧(图 10). 这时,𝔇 有两个点 P,Q,使线段 PQ 与 l 相交,设交点为 S. 联结 AP,AQ,BP,BQ,则它们以及 PQ 这五条线段中,至少有一条不被 𝔇 包含,从而 𝔇 不是凸的. 事实上,若这五条线段都被 𝔇 包含,则 𝔇 包含 $\triangle APQ$ 及 $\triangle BPQ$,从而包含线段 AS 及 BS,因此(由引理 2),线段 AB 上至多除了 A,B 外,其余都是 𝔇 的内点,与线段 AB 是 𝔇 的边界矛盾.

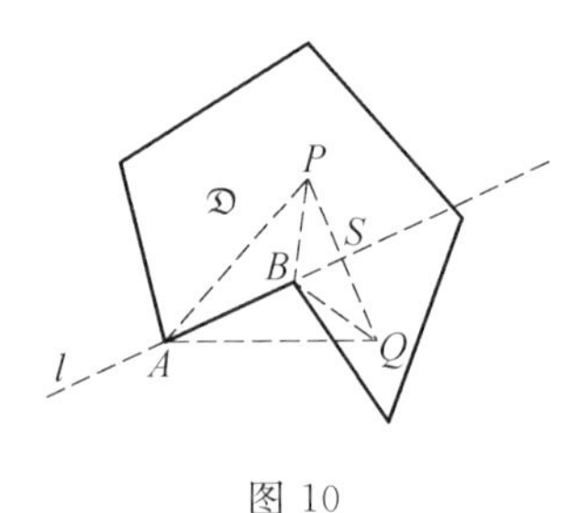

图 10

§6　有界闭凸图形的一个特征

过圆内一点的任意直线与圆周相交于两点. 这个性质也为有界闭凸图形所保持.

命题5　有内点的有界闭图形$\mathfrak{D}$为凸图形的充分必要条件是:过$\mathfrak{D}$的内点的任意直线与$\mathfrak{D}$的边界交于两点.

证明　必要性:设$\mathfrak{D}$凸,O是$\mathfrak{D}$的内点,l是过O的直线.因为直线也是凸图形,故l与$\mathfrak{D}$的公共部分也是凸图形,并且像l一样,不含内点.由命题3,由于$\mathfrak{D}$有界,它只能是线段,线段的两个端点就是l与$\mathfrak{D}$的边界的两个交点.

充分性:设过$\mathfrak{D}$的内点的任意直线与$\mathfrak{D}$的边界交于两点,而$\mathfrak{D}$不凸,则在$\mathfrak{D}$中可找到两点A和B,使线段AB上有不属于$\mathfrak{D}$的点.如图11,不妨设A是$\mathfrak{D}$的内点.(如果A是$\mathfrak{D}$的边界点,总可以用$\mathfrak{D}$的充分接近A的一个内点A'来代替它,见图12.)考虑线段BC.因为B是$\mathfrak{D}$的内点,C是$\mathfrak{D}$的外点,由引理1,在BC上必有$\mathfrak{D}$的边界点P_1(可能与B重合).同理,在CA上也有$\mathfrak{D}$的边界点P_2.最后,延长BA,因为A是$\mathfrak{D}$的内点且$\mathfrak{D}$有界,故在延长线上还能找到$\mathfrak{D}$的边界点P_3.于是,经过$\mathfrak{D}$的内点A,有一条直线与$\mathfrak{D}$的边界至少交于三点,与假设矛盾.

圆是有界闭凸图形,在研究有界闭凸图形时,圆是一个很好的模型.事实上,考虑圆的一些性质能推广到何种程度,构成了有界闭凸图形理论的丰富内容.一方面,我们将看到圆的许多性质为有界闭凸图形所保持;另一方面,对有界闭凸图形证明这些结论,要比对圆证明困难得多.这是因为,对一般图形来说,我们没有如圆心、半径这两个完全确定了圆的因素,而只能从有关的概念及组成图形的内点、边界点的性质出发考虑.

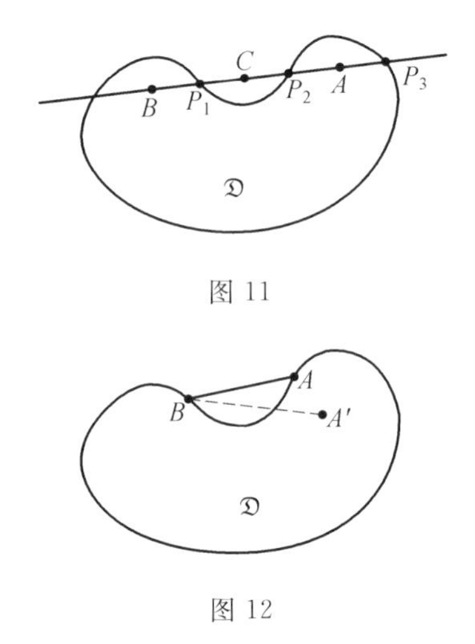

图 11

图 12

§7　两 个 问 题

1）三个圆两两相交，它们一定有公共点吗？四个圆三三相交（即每三个有公共点），它们一定有公共点吗？

2）用直径小于 1 的圆覆盖直径为 1 的圆，至少要用几个？

先不要看下面几节的答案，自己画画看，猜猜看，然后证明你自己的猜想是不是正确的.

为了帮助你准确地猜想，我们把这两个问题里的术语解释一下.

所谓两圆相交，就是指它们有公共点. 两圆相切时恰有一个公共点. 在本书中，我们讲到相交时都包括相切这种情况在内.

所谓一个圆由几个圆覆盖，以圆 O 由三个圆 O_1，O_2，O_3 覆盖为例，是指圆 O 的每个点 P 至少属于圆 O_1，O_2，O_3 中的一个. 根据圆的定义，如果设这三个圆的半径分别是 r_1，r_2，r_3，那么，P 属于 O_1 就是指 $O_1P \leqslant r_1$，P 至少属于圆 O_1，O_2，O_3 中的一个，就是指三个不等式

$$O_1P \leqslant r_1, O_2P \leqslant r_2, O_3P \leqslant r_3$$

至少有一个成立.

最后，这两个问题里所用的圆可以是等圆，也可以不是等圆.

我们把问题 1）叫相交问题，问题 2）叫覆盖问题.

§8　公共点

图 13 表明，三个圆两两相交，这三个圆不一定有公共点.

“不一定”这个回答不能使我们心满意足. 如果附加一些条件，你能算出什么时候“一定有”，什么时候“一定没有”吗？

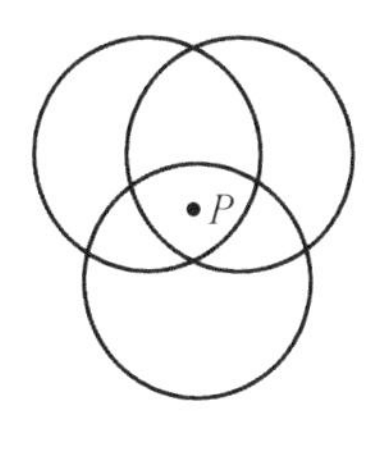

(a) 有公共点P

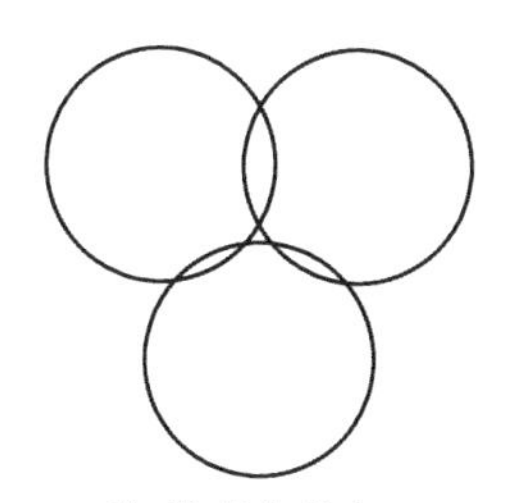

(b) 没有公共点

图 13

四个圆三三相交时，它们就一定有公共点. 下面就来证明这个结论.

如图 14，有四个圆 O_1，O_2，O_3，O_4，其中每三个都有公共点，现在要找出同时属于这四个圆的点.

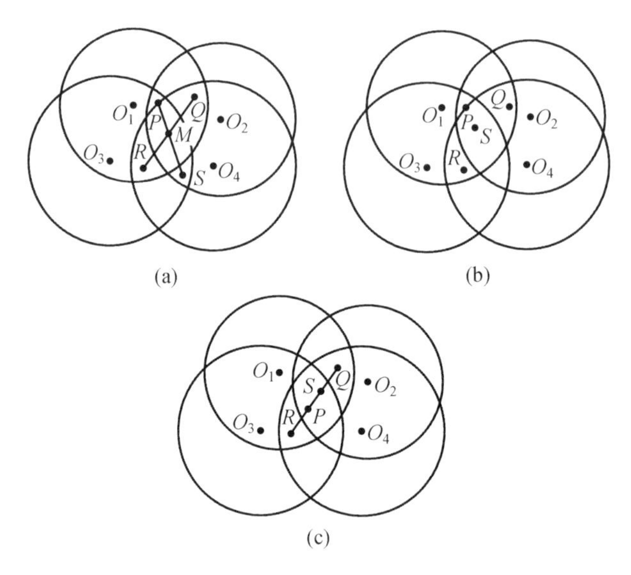

图 14

任取圆 O_1，O_2，O_3 的公共点 P，O_1，O_2，O_4 的公共点 Q，O_1，O_3，O_4 的公共点 R，O_2，O_3，O_4 的公共点 S. 由于是任取的，所以要就 P，Q，R，S 的分布情况分别讨论.

（ⅰ）四点不全在一直线上，且任何一点都不属于其他三点形成的三角形（图 14(a)）. 这时，线段 PS，QR 的交点 M 就是所求的公共点：

因为 P，S 在圆 O_2 内，所以线段 PS 在圆 O_2 内；又因为 P，S 在圆 O_3 内，R，Q 在圆 O_1，O_4 内，所以线段 PS 在圆 O_3 内，RQ 在圆 O_1，O_4 内；因为 M 在 PS 与 RQ

上，所以 M 在圆 O_1，O_2，O_3，O_4 内.

（ⅱ）四点不全在一直线上，且有一点属于其他三点形成的三角形，例如设 S 在 $\triangle PQR$ 内（图14(b)）. 这时，因为 $\triangle PQR$ 在圆 O_1 内（为什么？），所以 S 在圆 O_1 内；因为 S 在圆 O_2，O_3，O_4 内（S 的取法），所以 S 在圆 O_1，O_2，O_3，O_4 内. S 是所求的公共点.

（ⅲ）四点在一直线上，例如图14(c)那样的排列. 这时，与情形（ⅰ）同样的理由，线段 PQ 在圆 O_1，O_2 内，RS 在圆 O_3，O_4 内，它们的公共部分 PS 同在这四个圆内，PS 上的任何一点都是这四个圆的公共点.

由于平面上四个点 P，Q，R，S 的分布只可能有上述三种情形. 因此我们证明了：

命题6　若四个圆中的每三个有公共点，则这四个圆有公共点.

§9　*n* 个圆的公共点

解决了§7的问题1)，会动脑筋的同学一定会想：

“五个圆中的每四个有公共点，这五个圆有公共点吗？”

“六个圆中的每五个有公共点，这六个圆有公共点吗？”

……

这是一类问题.

“难道一定要圆吗？能不能把圆换成三角形、平行四边形……或者任意图形呢？”

这是另一类问题.

我们把后一类问题留到下面去处理，现在先讲前一类问题.

这类问题的回答都是肯定的. 我们要讲的是，这些问题中的“每四个”“每五个”…… 都可以换成“每三个”. 用数学的术语说就是：在命题 6 成立的前提下，下述两个命题等价：

命题 7 若五个圆中的每四个有公共点，则这五个圆有公共点.

命题 8 若五个圆中的每三个有公共点，则这五个圆有公共点.

§10 两个圆盖不住

现在看覆盖问题.

一个直径小于 1 的圆当然盖不住直径为 1 的圆.

两个够了吗? 不够. 也许你在画图的时候就已经发现用两个小一点(不管小多少) 的圆盖不住一个大圆. 不过，究竟够不够，当然还要证明.

命题 9 两个直径小于 1 的圆不能覆盖直径为 1 的圆.

先把要证明的是什么搞清楚. 设圆 O 的直径是 1，圆 O_1，O_2 的直径小于 1. 圆 O_1，O_2 盖不住圆 O 的意思就是：不管如何放置 O_1，O_2，至少有圆 O 的一个点 P 既不属于 O_1 也不属于 O_2，即

$$PO_1 \geqslant \frac{1}{2}$$

与

$$PO_2 \geqslant \frac{1}{2}$$

同时成立.我们的证明就是要找到这样的 P.

证明1 如图15,设圆 O 的直径是1,圆 O_1,O_2 的直径小于1.

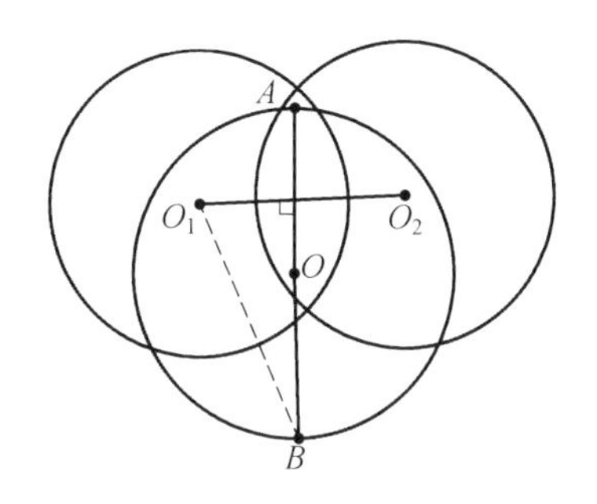

图15

联结 O_1O_2.过 O 作 O_1O_2 的垂线交圆周 O 于点 A,B.这两点中,至少有一点与点 O 在线段 O_1O_2 的同一边,设为点 B(O 在 O_1O_2 上时,A,B 两点任取其一),则点 B 不属于圆 O_1 和 O_2.

联结 BO_1.因为 $BO_1 \geqslant BO$(等号只有当 O 与 O_1,O_2 重合时成立),所以

$$BO_1 \geqslant \frac{1}{2}$$

所以点 B 不属于圆 O_1.同理,点 B 不属于圆 O_2.

证明2 如图16,设圆 O 的直径是1,圆 O_1 的直径小于1.我们的想法是证明:不管圆 O_1 怎么放法,圆 O 总有一条直径的两端不能被 O_1 盖住,从而,不管另一个小圆怎么放法,总不能同时盖住这条直径的两端.

设点 O,O_1 重合,显然,这时圆 O 的任何直径的两端都不属于圆 O_1.所以,不妨设点 O,O_1 不重合.令 CD

是圆 O 的与 OO_1 垂直的直径，则 C,D 都不属于圆 O_1（$CO_1 \geqslant CO=\frac{1}{2}$. 同理，$DO_1 \geqslant \frac{1}{2}$）. 因为 $CD=1$，所以任何直径小于 1 的第二个圆都不能同时盖住 C,D.

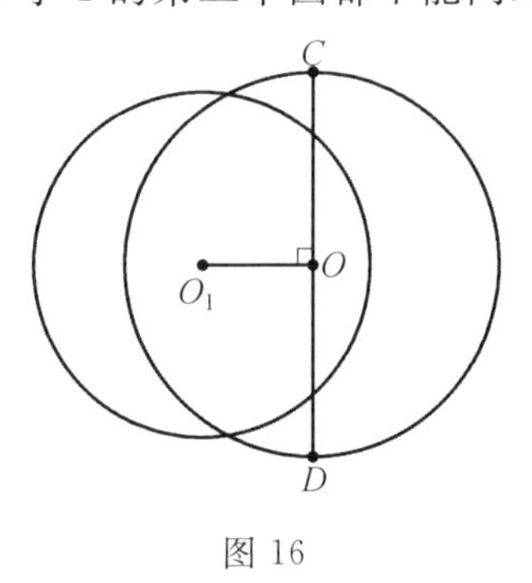

图 16

§11 三个圆够了

两个不够，三个够了吗？够了！例如可以像图 17 那样用三个小些的圆盖住一个大圆.

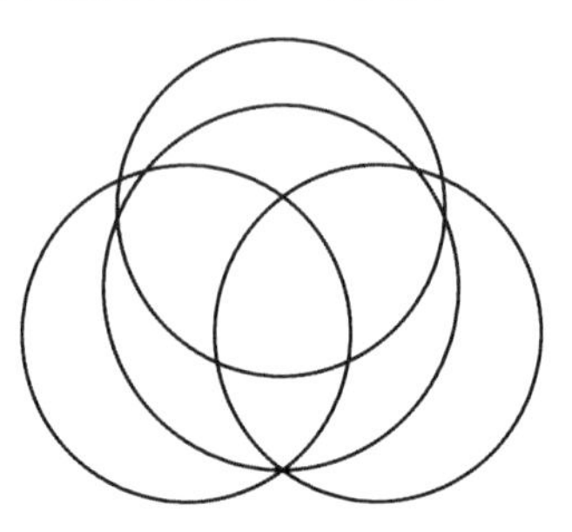
图 17

当然，说“够”的意思并不是指所有直径小于 1 的圆里任取三个都能盖住直径为 1 的圆，而是指存在三

个直径小于 1 的三个圆能盖住直径为 1 的圆,用不着四个、五个或更多个. 这里讲的"存在",既指存在那样的直径,又指存在某个位置,因为圆是由半径及圆心的位置确定的. 例如我们证明:

命题 10　直径为 1 的圆可以被三个直径为$\frac{\sqrt{3}}{2}$的圆覆盖.

证明 1　如图 18,圆 O 是直径为 1 的圆,作它的内接正 $\triangle ABC$,以各边为直径作圆,这三个圆的直径长$\frac{\sqrt{3}}{2}$. 我们证明这三个圆覆盖圆 O.

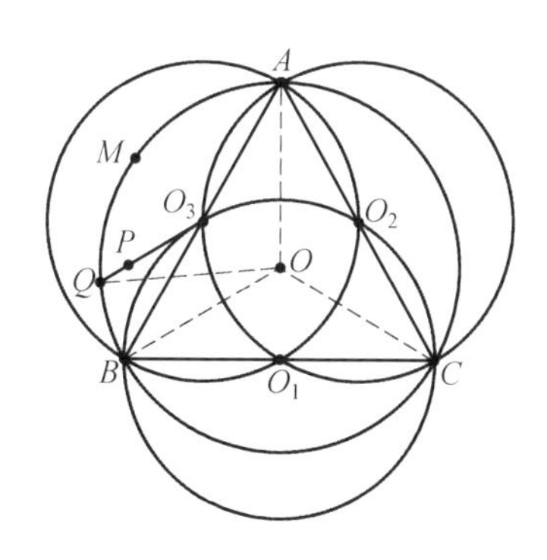

图 18

联结 OA,OB,OC. 它们把圆 O 分成三个扇形. 如果能证明这三个扇形分别在圆 O_1,O_2,O_3 内,那么,由于圆 O 的任意点 P 总至少属于一个扇形,它也就至少属于圆 O_1,O_2,O_3 中的一个了.

我们证明扇形 $OAMB$(M 是劣弧$\overset{\frown}{AB}$ 的中点)在以 AB 为直径的圆 O_3 内:

因为

$$OO_3=\frac{1}{4}<\frac{\sqrt{3}}{4}$$

所以点 O 在圆 O_3 内.

因为 A,B 在圆 O_3 内,所以 OA,OB,AB 在圆 O_3 内.因此 $\triangle ABO$ 在圆 O_3 内.

又对弓形 AMB 的任意点 P,联结 O_3P 并延长交 $\overset{\frown}{AMB}$ 于 Q,则

$$O_3P\leqslant O_3Q$$

设 Q 在 $\overset{\frown}{BM}$ 内(Q 与 M 重合时,A,B 两点任取其一),则

$$\angle O_3QB\geqslant\angle OQB=\angle OBQ\geqslant\angle O_3BQ$$

所以

$$O_3Q\leqslant O_3B=\frac{\sqrt{3}}{4}$$

所以

$$O_3P\leqslant\frac{\sqrt{3}}{4}$$

即 P 在圆 O_3 内,因此弓形 AMB 在圆 O_3 内.

这样,扇形 $OAMB$ 在圆 O_3 内.同理可证另两个扇形在圆 O_1,O_2 内.

上面的证法是习惯上容易想得到的.下面的证明更巧妙一些.它不但比上面的证明更少地依赖于圆的特性,而且以后会知道它可以推广到任何凸图形.

证明 2 如图 19,作圆 O 的外切正六边形.圆 O_1,O_2,O_3 的给出同上述证法.容易计算

$$\angle O_3AC=60^\circ$$

$$\angle O_3CA>\angle OCA=60^\circ=\angle O_3AC$$

所以

$$O_3C<O_3A$$

同理

$$O_3D < O_3B$$

所以C,D在圆O_3内,因此五边形$OACDB$在圆O_3内.

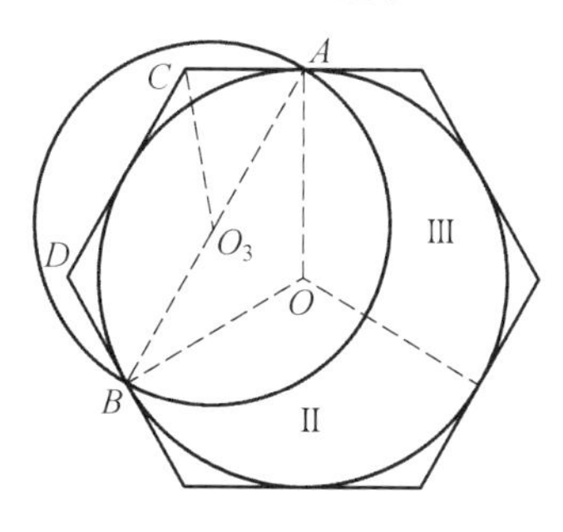

图 19

同理,这个六边形的另两个五边形部分 Ⅱ,Ⅲ 分别在圆 O_1,O_2 内.

因为圆 O 的任何点必属于这三个五边形之一,所以必属于圆 O_1,O_2,O_3 之一.

§12　能不能更小些

直径大于$\frac{\sqrt{3}}{2}$,小于1的三个圆放在适当位置当然更能覆盖直径为1的圆.自然会产生一个问题:能不能用直径小于$\frac{\sqrt{3}}{2}$的三个圆覆盖直径是1的圆呢?

回答是:不可能!

事实上,用三个圆覆盖直径为1的圆,至少有一个圆要包含$\frac{1}{3}$圆周.由于$\frac{1}{3}$圆周所对的弦长是$\frac{\sqrt{3}}{2}$,从而至少要有一个圆的直径不小于$\frac{\sqrt{3}}{2}$.

§13　基本定理

上面已经对圆解决了开始时提出的两个问题.下面的目标是要说明海莱定理与命题10对一般图形可以推广到什么程度.具体地说,要证明下列定理:

海莱定理　若$n(n\geqslant 3)$个凸图形中的每三个有公共点,则这n个凸图形也有公共点.

覆盖定理　直径为1的图形可以由三个直径不超过$\frac{\sqrt{3}}{2}$的图形覆盖.

海莱定理只需要用数学归纳法.覆盖定理需要一些预备知识,比如什么叫作一个图形的直径等.

我们已经知道,对不是凸图形的图形,海莱定理一般不成立.然而,覆盖定理却是对任何图形都成立的.

§14　图形的直径

圆的直径是通过圆心的弦,是最大的弦.说某个圆的直径是D,便说了两件事:

1) 圆周上有两个点,它们之间的距离是D;

2) 联结这个圆上的任意两点的线段长度不大于D.

这两件事少一件也不行.少了第一件,定义出来的

“直径”就不确定，因为任何大于 D 的数都满足第二件；少了第二件，“直径”就不会是最大的弦. 所以，作为直径的数，一方面要有某种“最大”性，一方面又要有某种“确定”性.

除了用到“圆”这个词之外，上述 1)，2) 两点不依赖于圆的任何特性. 因此可以把它们作为一般图形的直径的特征.

定义 3　设 $\mathfrak{D}$ 是有界图形，D 是实数. 若：

1) 存在 $\mathfrak{D}$ 的一对边界点 A,B，使 $AB=D$；

2) 对 $\mathfrak{D}$ 的任意两点 P,Q，有 $PQ\leqslant D$，则称 D 是 $\mathfrak{D}$ 的直径. 同时，线段 AB 也叫直径(图 20). 无界图形的直径规定为无穷大.

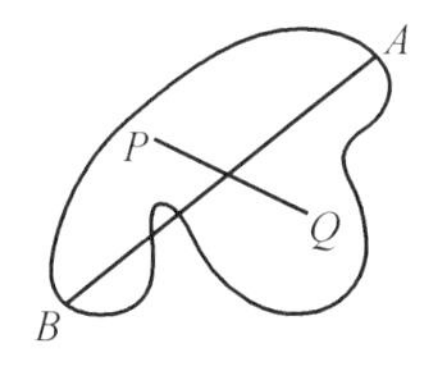

图 20

如果我们把 $\mathfrak{D}$ 的边界点的连线也叫 $\mathfrak{D}$ 的弦，则直径就是最大的弦. 不过要注意，这时所说的弦，不一定像圆那样整个含于 $\mathfrak{D}$ 中.

下面我们看看一些图形的直径：

三角形的直径是它的最大边(长)；

正方形的直径是它的两条对角线(长)；

多边形的直径是它的最大对角线(长)；

n 个点组成的图形的直径是联结每两点得到的线段中最长的那些；

图 21 所示的图形叫列洛三角形，它是以虚线所示

的正三角形的顶点为心，以边长为半径画圆弧交得的.它的直径就是该正三角形的边长.

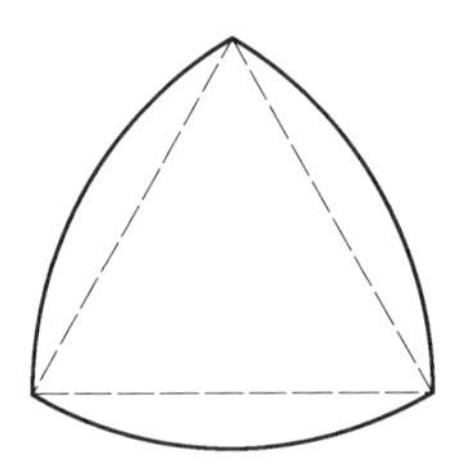

图 21

圆的直径有无数条.对一般有界图形来说，它的直径可以是一条，也可以是几条.任给一个图形，一般地，要确定它有多少条直径当然是不可能的.不过，可以证明：

命题 11 n 个点形成的图形的直径至多有 n 条.

证明 用数学归纳法. $n=1,2,3$ 时显然.

设对 $n-1$ 个点成立，且点集 $\{P_1,P_2,\cdots,P_n\}$ 的直径为1.若从每个点 P_i 至多只能引两条直径，则从每个 P_i 出发的直径总数不大于 $2n$，但这样每条直径都算了两次，所以直径总数不大于 $\frac{2n}{2}(=n)$，已经得证.如果从某一点，比如说 P_1，至少可引三条直径，设为 P_1P_i，P_1P_j，P_1P_k.设 P_j 在 $\angle P_iP_1P_k$ 内（这个角必定是锐角，否则 $P_iP_k>P_1P_i$ 或 P_1P_k，与直径定义矛盾），下面证明从 P_j 出发除 P_jP_1 外没有其他直径（图 22）.

设 $P_mP_j=1$，则 P_jP_m 必与 P_1P_i 及 P_1P_k 都相交，否则 P_m 与 P_i 或 P_k 的距离将大于1（这是因为 P_m 应在 P_j 为心的圆上，为使

$$P_1P_m\leqslant 1,P_kP_m\leqslant 1$$

P_m 应在 $\overset{\frown}{P_1A}$ 上.此时 $P_iP_m>1$）.因此 P_m 与 P_1 重合.

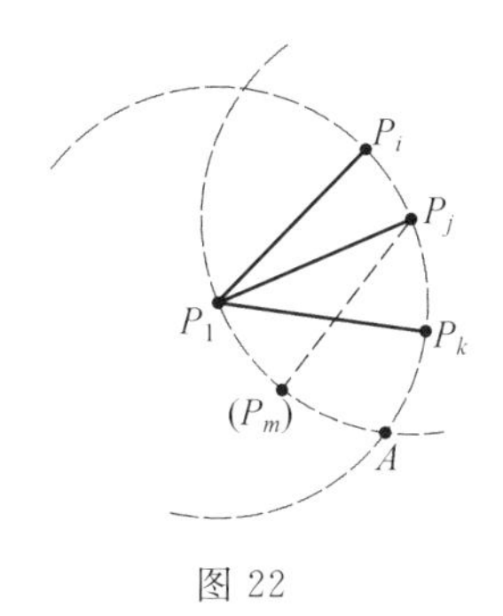

图 22

于是，从 P_j 只能引一条直径. 而据归纳假设，其他 $n-1$ 个点至多确定 $n-1$ 条直径，合起来，至多确定 n 条.

§ 15　图形的分割

直径为 D 的图形，不一定能被直径为 D 的圆覆盖. 例如，直径为 D 的圆一定能覆盖直径为 D 的钝角三角形，一定不能覆盖直径为 D 的锐角三角形.

但可以肯定，直径小于 D 的圆不可能覆盖直径为 D 的图形，因为圆内的任何图形的直径不可能超过该圆的直径.

这样一来，当考虑用多少个直径小于 D 的圆覆盖直径为 D 的图形时，可以首先考虑直径为 D 的图形至少可以分成几个直径小于 D 的图形，从而也就得到了至少要几个圆. 具体地，仍以命题 9 的证明为例，下面的证明不是直接从覆盖的含义出发，而是间接地先考虑下列结论：

直径为 1 的圆不可以分成直径小于 1 的两部分，

即把它分成两部分时，至少有一部分的直径不小于 1.

有了这个结论以后，要用两个直径小于 1 的圆分别覆盖这两部分就不可能了，也就证得了命题 9.

命题 9 的证法 3 考虑直径为 1 的圆，用一条端点 A，B 在圆周上的曲线把它任意分成两部分，则可以发生两种情况：

1）A，B 是某直径的端点（图 23（a））. 这时，两部分的直径都是 1.

2）A，B 不是直径的端点（图 23（b））. 设 A' 是通过 A 的直径的另一个端点，则 A' 必在优弧$\overset{\frown}{AB}$ 内，从而包含 A 与 A' 的那部分的直径为 1.

因此，直径为 1 的圆不可能分成直径小于 1 的两部分，不可能被直径小于 1 的两个圆覆盖.

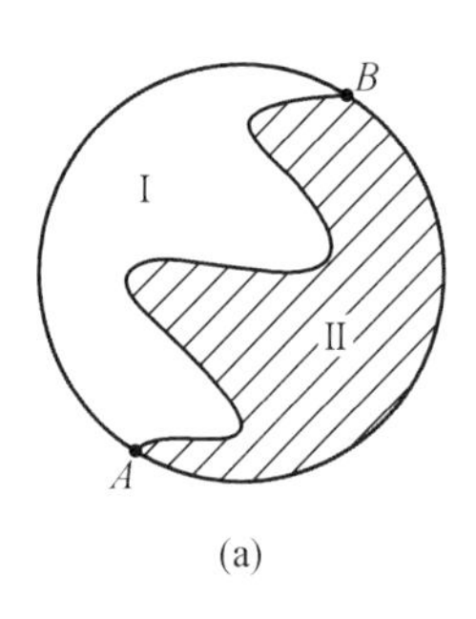

(a)

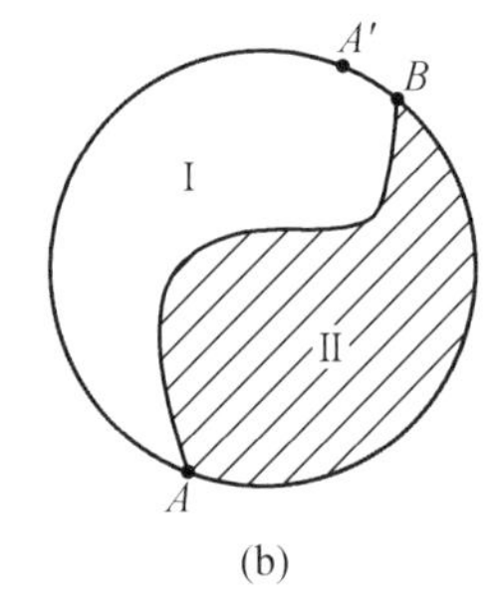

(b)

图 23

命题 10 说明可以把圆分成三个直径较小的部分.

任给一个图形 $\mathfrak{D}$，把它分成直径较小的几部分. 这几部分合起来当然覆盖 $\mathfrak{D}$（实际上就是 $\mathfrak{D}$）. 反过来，如果能用 m 个直径较小的图形覆盖 $\mathfrak{D}$，当然同时也就把 $\mathfrak{D}$ 分成了 m 个直径较小的部分. 这样，我们得到了覆盖问题的等价提法：

分割问题　把直径为 D 的图形分成直径小于 D 的部分,至少要分成几部分?

由覆盖定理,任何直径为 D 的图形都可以分成直径小于 D 的三部分.

海莱定理

第2章

这一章，先证明海莱定理，对矩形考虑了定理的一种特殊情形，然后给出定理的两个应用：用凸图形的宽度估计其内切圆的半径，以及把图形平移的一种情况.

§1　海莱定理的证明

海莱定理　若$n(\geqslant 3)$个凸图形中任意三个都有公共点，则这n个凸图形有公共点.

证明　对个数n用数学归纳法. $n=3$时，条件就说明结论成立. $n=4$时，可仿照第1章的命题6证明. 设$n=k$时成立，要证明$n=k+1$时成立.

设$\mathfrak{D}_1,\cdots,\mathfrak{D}_{k+1}$是凸图形，其中任意三个都有公共点. 特别地，$\mathfrak{D}_k$与$\mathfrak{D}_{k+1}$有公共点. 设$\mathfrak{D}_k$与$\mathfrak{D}_{k+1}$的公共部分为$\mathfrak{D}$，

则 $\mathfrak{D}_1,\cdots,\mathfrak{D}_{k-1},\mathfrak{D}$ 是 k 个凸图形. 我们现在要证明其中任意三个都有公共点，这只要证：对 $1\leqslant i\leqslant k-1$，$1\leqslant j\leqslant k-1$，$i\neq j$ 时，$\mathfrak{D}_i,\mathfrak{D}_j,\mathfrak{D}$ 有公共点即可. 因为 $\mathfrak{D}_i,\mathfrak{D}_j,\mathfrak{D}_k,\mathfrak{D}_{k+1}$ 是四个三三相交的凸图形，由 $n=4$ 时的结论，它们有公共点，即 $\mathfrak{D}_i,\mathfrak{D}_j,\mathfrak{D}$ 有公共点.

这样就可用归纳假设，$\mathfrak{D}_1,\cdots,\mathfrak{D}_{k-1},\mathfrak{D}$ 有公共点. 这个公共点当然也就是 $\mathfrak{D}_1,\cdots,\mathfrak{D}_{k-1},\mathfrak{D}_k,\mathfrak{D}_{k+1}$ 的公共点.

海莱定理中的条件“n 个”可以改成“任意个”，即可以是一族无限个凸图形. 不过，推广到无限个时，它不对任意凸图形成立，而只对有界闭凸图形成立.

若一族有界闭凸图形中任意三个都有公共点，则这族图形有公共点.

这个定理的证明需要点集论的一些知识，限于篇幅，这里不证了，只举个例子说明，对无限个无界图形，海莱定理不成立.

考虑如图1所示的一列半平面 $\mathfrak{D}_1,\mathfrak{D}_2,\cdots,\mathfrak{D}_n,\cdots$. 这列半平面的边互相平行，前一个包含后一个，即 $i<j$ 时，$\mathfrak{D}_i$ 包含 $\mathfrak{D}_j$，随着 n 的增大，$\mathfrak{D}_n$ 将向上无限制地推移. 这列半平面中任意三个都有公共点，但就整体来说没有. 事实上，在 $\mathfrak{D}_1$ 内任取一点 P，总有某一个 $\mathfrak{D}_n$ 不包含 P.

在下面应用海莱定理时，我们不区分图形个数是有限个还是无限个，也不验证它们是不是闭图形，这是为了不致在细节上造成阅读时的麻烦.

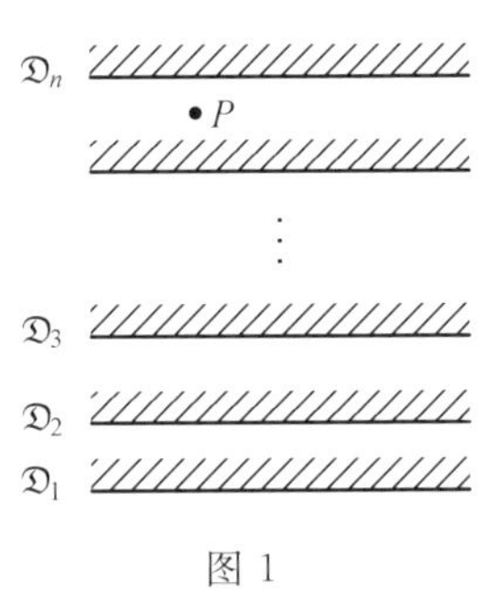

图 1

§2 “三”减少为“二”

对于边互相平行的矩形,海莱定理中的“三”可以减少为“二”.

命题 1 若一族矩形的边互相平行,且其中任意两个有公共点,则整族矩形有公共点.

之所以能有这个结论,是因为边互相平行的矩形有下列性质:

若边互相平行的三个矩形两两相交,则它们有公共点.

有了这个性质,再应用海莱定理便得命题 1.

证明 如图 2,有三个边互相平行的矩形 R_1,R_2,R_3,每两个有公共点.

在 R_1 与 R_2,R_2 与 R_3,R_3 与 R_1 内取它们的公共点 A,B,C,则线段 AB 在 R_2 内,BC 在 R_3 内,CA 在 R_1 内.

1)A,B,C 在一直线上时请读者考虑.

2)A,B,C 不在一直线上,设是如图 2 的分布. 分别以 AB,BC,CA 为对角线作三个小矩形,使其边与原矩

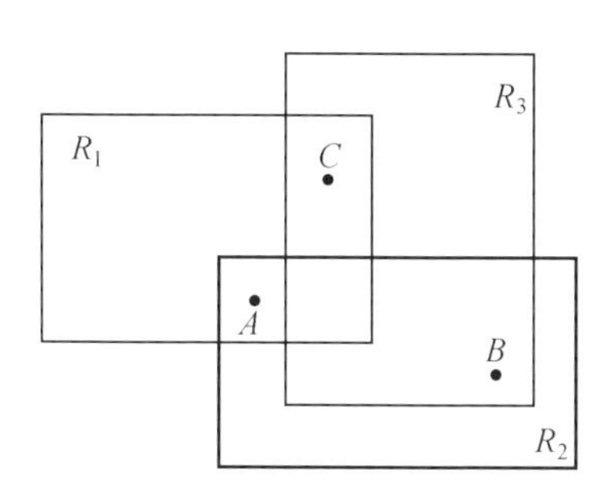

图 2

形的边平行(图3). 矩形$ADCE$在R_1内,故D在R_1内. 类似地,D也在R_2,R_3内.

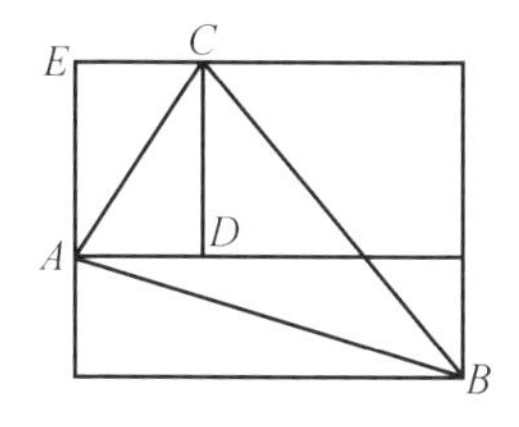

图 3

如果在上述命题中让矩形的高都趋于零,就变成一族平行线段. 这时,要两条线段有公共点,除非它们落在同一直线上. 因此得到:

推论 1　若直线上的一族线段中任意两条都相交,则它们有公共点.

虽然圆弧不是凸图形,但容易证明:

推论 2　若同一圆周上的一族圆弧两两相交,则它们或有公共点,或覆盖整个圆周.

证明　若不覆盖整个圆周,则圆周上有一个点不在任何一条圆弧上. 设想把圆周在这一点剪断,拉直为一条线段,便化为推论1.

§3 凸图形的内切圆

三角形有外接圆与内切圆，类似地可以定义有界闭凸图形的外接圆与内切圆. 前者暂不考虑，这里讲内切圆.

设 $\mathfrak{D}$ 是有界闭凸图形，$\mathfrak{D}$ 所包含的圆中面积最大的叫 $\mathfrak{D}$ 的内切圆. 它的半径叫 $\mathfrak{D}$ 的内径，我们以 r 表示.

这个定义是仿照三角形的内切圆得到的，因为三角形的内切圆就是含于该三角形的最大的圆.

"内切"这个名字是根据下列事实：如果圆 O 含于有界闭凸图形 $\mathfrak{D}$ 且与 $\mathfrak{D}$ 有公共的边界点 P，则过 P 的切线也就是 $\mathfrak{D}$ 的唯一的承托直线.

事实上，如图 4，如果在切线 l 的另一侧有 $\mathfrak{D}$ 的点 A，则自 A 作圆 O 的两条切线 AB，AC 后，P 总在 $\triangle BAC$ 内，但这样 P 将是 $\mathfrak{D}$ 的内点(因为 $\mathfrak{D}$ 凸，而 B，C 属于 $\mathfrak{D}$，故 AB 与 AC 在 $\mathfrak{D}$ 中)，与 P 是 $\mathfrak{D}$ 的边界点矛盾. 因此 l 是 $\mathfrak{D}$ 的承托直线. 过 P 的其他直线都通过圆 O 的内部，当然更通过 $\mathfrak{D}$ 的内部，故不可能是 $\mathfrak{D}$ 的承托直线.

由于 $\mathfrak{D}$ 内面积最大的圆总与 $\mathfrak{D}$ 有公共的边界点，所以我们可以认为 $\mathfrak{D}$ 的边界与圆周 O 在 P 处"相切". 因而才有内切圆的说法.

三角形的内切圆是唯一的. 一般来说，$\mathfrak{D}$ 的内切圆不是唯一的. 例如非正方形的矩形的内切圆就有无数个(图 5).

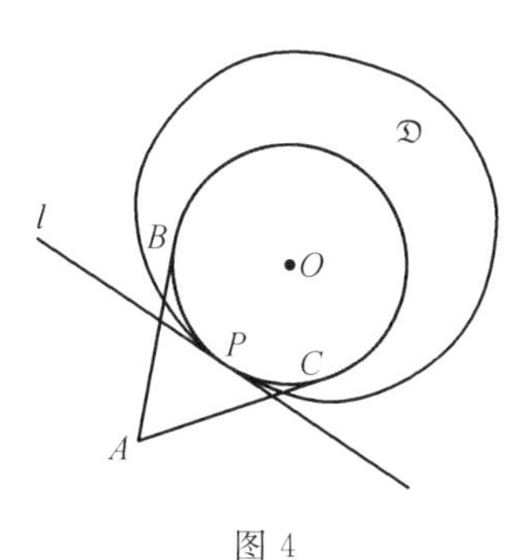

图 4

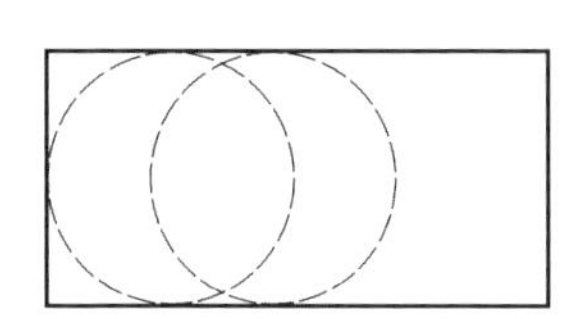

图 5

还需注意,𝔇 的内切圆应该是 𝔇 内最大的圆. 图 4 里的圆不能叫 𝔇 的内切圆. 这个定义中,“有界”是必需的,对无界图形(例如角形)最大的圆就找不到了. 在 𝔇 有界时,可以证明这样的圆一定存在,这里不打算深入讨论了.

§4　凸图形的宽度

虽然 𝔇 有界时内切圆存在,但在哪里? 半径有多大? 除了三角形、矩形等特殊图形外,一般却没有办法确定. 这样一来,内切圆岂非不可捉摸了? 不然! 可以把它的大小大致地估计出来.

从图 5 可见,矩形的内切圆的大小当然与矩形的宽度有密切关系：如果宽度为 d，则 $r=\dfrac{d}{2}$. 一般地，也可以寻找 r 与 $\mathfrak{D}$ 的"宽度"的关系. 为此要先定义什么是 $\mathfrak{D}$ 的宽度.

给你一个鸡蛋，要你量一量它的宽度，你大概不会没有办法吧. 例如，如果你有卡钳，你会把它沿几个方向平行地推一下，然后以某个方向上卡钳张开的宽度作为蛋的宽度. 在这个方向上，卡钳张开的宽度比在其他的方向上的都小. 这个过程反映到平面上，就相当于沿各个方向作卵形的平行的承托直线，然后把承托直线间的最小的距离作为宽度(图 6).

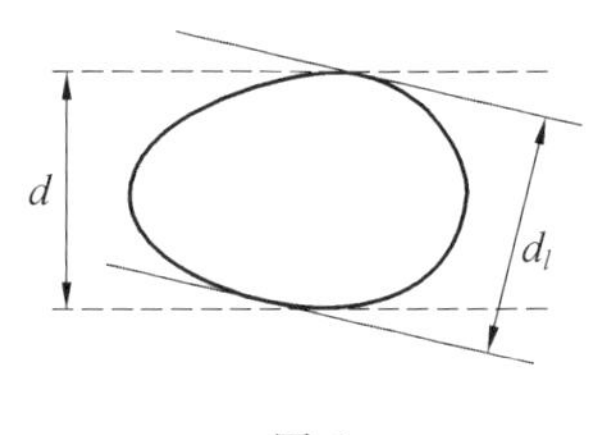

图 6

一般地，设 $\mathfrak{D}$ 是有界闭凸图形. $\mathfrak{D}$ 沿 l 方向的两条承托直线间的距离叫作 $\mathfrak{D}$ 沿方向 l 的宽度，记为 d_l. d_l 的最小值叫 $\mathfrak{D}$ 的宽度，记为 d.(可以证明，d_l 的最大值就是 $\mathfrak{D}$ 的直径.)

现在，设 l_0 是 $\mathfrak{D}$ 有宽度 d 的方向，l_1，l_2 是 l_0 方向的两条承托直线，l_1，l_2 与 $\mathfrak{D}$ 的公共部分记为 m_1，m_2.

如果把 m_1 沿垂直于 l_0 的方向投影到 l_2 上，则 m_1 的投影必然与 m_2 相交. 事实上，如果不是这样，在 l_2 上将有一点 Q 隔开 m_1 的投影与 m_2. 过 Q 作垂线交 l_1 于 P(图 7). Q，P 在 $\mathfrak{D}$ 外. 于是，同时绕 P，Q 旋转 l_1，l_2，可使它们到达与 $\mathfrak{D}$ 不相交的位置 l_1'，l_2'. 它们之间的距离

比 d 小，与 d 的定义矛盾.

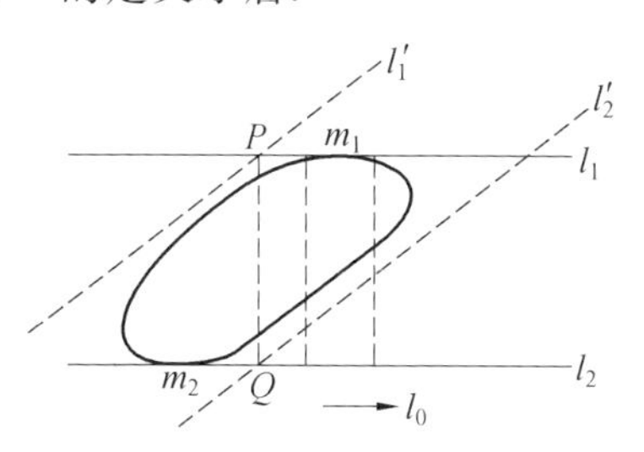

图 7

特别地，若 l_1, l_2 各与 $\mathfrak{D}$ 只交于一点 A, B，根据上述结论，点 A 的投影应与 B 重合，即线段 AB 与 l_1, l_2 垂直. 这与圆的情况一样(图 8).

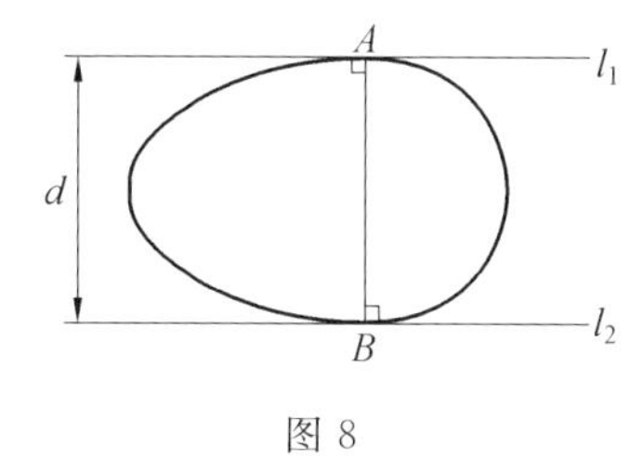

图 8

§5　内径与宽度的关系

我们要证明

$$\frac{1}{2}d \geqslant r \geqslant \frac{1}{3}d$$

$\frac{1}{2}d \geqslant r$ 是显然的，而 $r \geqslant \frac{1}{3}d$ 是下述命题的结果.

命题 2　宽度为 d 的任何有界闭凸图形 $\mathfrak{D}$ 内包含

半径为$\frac{d}{3}$的圆.

我们知道,圆内圆心及半径唯一确定.现在已经告诉了我们半径,还要确定圆心,这就是下列引理的内容.

引理 有界闭凸图形 $\mathfrak{D}$ 中必有一点 O,使对 $\mathfrak{D}$ 的过 O 的任意弦 AB,总有

$$\frac{1}{3} \leqslant \frac{OA}{AB} \leqslant \frac{2}{3}, \frac{1}{3} \leqslant \frac{OB}{AB} \leqslant \frac{2}{3}$$

证明 任取 $\mathfrak{D}$ 的边界点 A 为收缩中心,收缩比为$\frac{2}{3}$,把 $\mathfrak{D}$ 收缩为图形 $\mathfrak{D}_A$(图 9). $\mathfrak{D}_A$ 仍是凸图形(在 $\mathfrak{D}_A$ 中任取两点 P,Q,设它们分别是 $\mathfrak{D}$ 中的点 P',Q' 收缩而得的.由于 $\mathfrak{D}$ 凸,线段 $P'Q'$ 在 $\mathfrak{D}$ 内,故由它收缩而得的线段 PQ 在 $\mathfrak{D}_A$ 内).同时,对 $\mathfrak{D}_A$ 内任一点 O,过 A,O 的弦 AB 满足$\frac{OA}{AB} \leqslant \frac{2}{3}$.

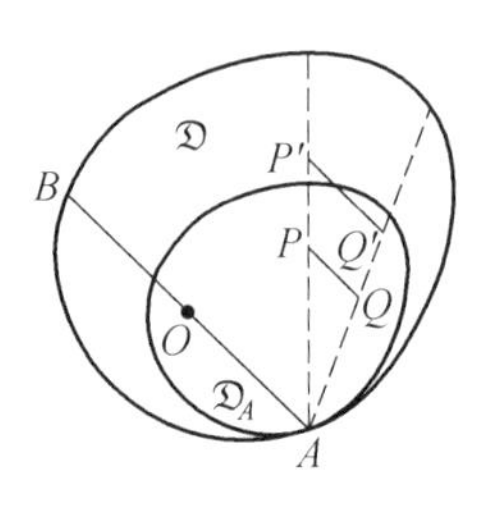

图 9

当 A 在 $\mathfrak{D}$ 的边界上变动时,收缩得到的是一族凸图形.这族凸图形中每三个有公共点(证明在下面),从而由海莱定理,它有公共点 O.对 $\mathfrak{D}$ 的每一条过点 O 的弦 AB,因为 O 既在以 A 为收缩中心收缩出的凸图形内,又在以 B 为收缩中心收缩出的凸图形内,所以

$$\frac{OA}{AB} \leqslant \frac{2}{3}, \frac{OB}{AB} \leqslant \frac{2}{3}$$

因为

$$AB = OA + OB$$

所以

$$\frac{OB}{AB} \geqslant \frac{1}{3}, \frac{OA}{AB} \geqslant \frac{1}{3}$$

接下来还要证明这族凸图形中的每三个有公共点.任取三个点 A, B, C 收缩出图形 $\mathfrak{D}_A, \mathfrak{D}_B, \mathfrak{D}_C$，如图 10. 设 P, M, N 分别是线段 AB, BC, CA 的中点，Q 是 $\triangle ABC$ 的重心，D 是 AM 与 $\mathfrak{D}$ 的边界的交点，则

$$\frac{AQ}{AD} \leqslant \frac{AQ}{AM} = \frac{2}{3}$$

这说明 Q 在 $\mathfrak{D}_A$ 内.同理，Q 在 $\mathfrak{D}_B, \mathfrak{D}_C$ 内.

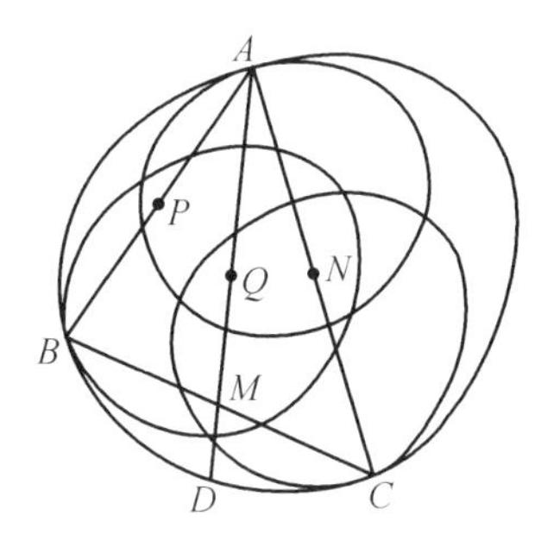

图 10

命题 2 的证明　我们证明上述引理中得到的点 O 与 $\mathfrak{D}$ 的边界点的距离都不小于 $\frac{d}{3}$，从而以 O 为心，$\frac{d}{3}$ 为半径的圆在 $\mathfrak{D}$ 内.

任取边界点 A，作承托直线 l_1，再作与 l_1 平行的承托直线 l_2，在 l_2 上任取 $\mathfrak{D}$ 的边界点 B. 联结 BO 并延长

交 $\mathfrak{D}$ 的边界及 l_1 于 C,D(图 11).

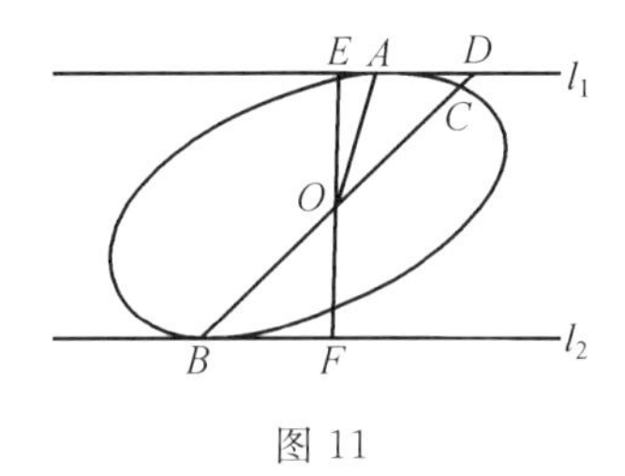

图 11

因为

$$CO \geqslant \frac{1}{3}CB$$

所以

$$DO = CO + CD \geqslant \frac{1}{3}(CB + 3CD) \geqslant \frac{1}{3}DB$$

过 O 作 l_1,l_2 的垂线交 l_1,l_2 于 E,F. 因为

$$\triangle ODE \backsim \triangle OBF$$

所以

$$OE \geqslant \frac{1}{3}EF = \frac{d}{3}$$

所以

$$OA \geqslant OE \geqslant \frac{1}{3}d$$

引理中的等号当且仅当 $\mathfrak{D}$ 为三角形时成立. 对有对称中心的凸图形来说,对称中心当然就是引理中的点 O,这时,$\frac{1}{3}$,$\frac{2}{3}$ 都换成$\frac{1}{2}$,且有 $r=\frac{d}{2}$.

§6　图形的平移

命题 3　若有界闭凸图形 $\mathfrak{D}$ 可以被平移而含于

（相交于、包含）一族有界闭凸图形中的任意三个，则 $\mathfrak{D}$ 可平移而含于（相交于、包含）族中一切图形.

证明　我们只就含于的情况来证，另两种情况留给读者. 在 $\mathfrak{D}$ 中取定一点 P，那么平移后 $\mathfrak{D}$ 的位置完全由平移后点 P 的位置所确定. 设 $\mathfrak{F}$ 是任一凸图形，它包含 $\mathfrak{D}$ 的平移图形，把 $\mathfrak{F}$ 所含的 P 的一切平移象记作 $\mathfrak{F}^*$，如图 12，则 $\mathfrak{F}^*$ 在含有两点 A，B 的同时也含有线段 AB，所以 $\mathfrak{F}^*$ 也是凸图形. 对题设中的图形族的每个 $\mathfrak{F}$，都构作相应的 $\mathfrak{F}^*$. 这些 $\mathfrak{F}^*$ 组成一个有界闭凸图形族，由假设，其中任意三个有公共点，所以一切图形 $\mathfrak{F}^*$ 有公共点 Q. 把 $\mathfrak{D}$ 平移得使点 P 与点 Q 重合，这时 $\mathfrak{D}$ 就被含于每个 $\mathfrak{F}$ 中.

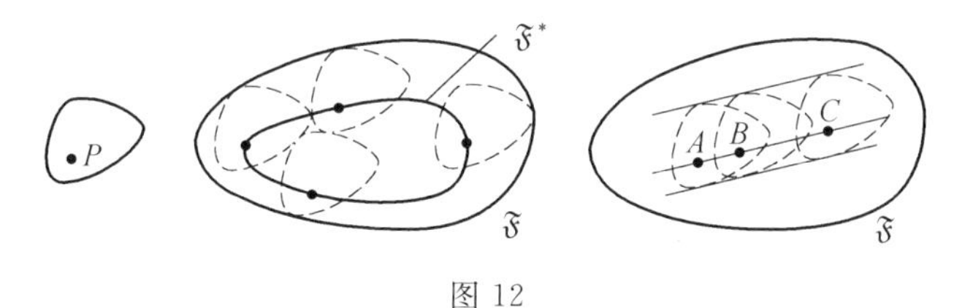

图 12

第3章 覆盖定理

在这一章,我们先考虑有界图形 $\mathfrak{D}$ 的"外接圆"—— 覆盖圆,得到覆盖圆的半径与 $\mathfrak{D}$ 的直径之间的关系,然后寻找覆盖 $\mathfrak{D}$ 的面积较小的图形,证明覆盖定理. 最后考虑寻找 $\mathfrak{D}$ 内的面积比内切圆大的中心对称图形问题.

§1 覆 盖 圆

包含有界图形 $\mathfrak{D}$ 的面积最小的圆叫 $\mathfrak{D}$ 的覆盖圆. 它的半径叫 $\mathfrak{D}$ 的围径,以 R 表示.

与内切圆不同,$\mathfrak{D}$ 的覆盖圆是唯一的. 事实上,若 $\mathfrak{D}$ 有两个不重合的覆盖圆 O_1,O_2,则它们的公共部分也覆盖 $\mathfrak{D}$(图 1). 于是以公共弦为直径的圆覆盖 $\mathfrak{D}$,而且比圆 O_1,O_2 小,与覆盖圆的定义矛盾.

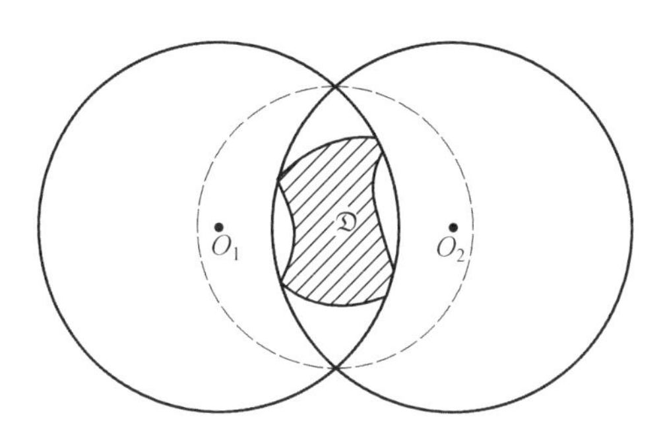

图 1

内径 r 与宽度有关，相应地，可以猜想得到，围径 R 应与直径 D 有关. 例如，从定义就可以知道，覆盖圆的直径不能比 D 小，即有

$$R \geqslant \frac{D}{2}$$

另一方面，R 不会无限制地大，总有个 λ，使

$$R \leqslant \lambda D$$

这个 λ 是多大呢？下面就来探究这个问题. 还是从最简单的情况讲起.

§2　三点集的覆盖圆

两点集 $\mathfrak{D}$ 的围径显然是$\frac{D}{2}$. 三点集要复杂一些.

当三点的凸包是钝角或直角三角形时，D 是最长边的长度. 以该边为直径的圆是覆盖圆，$R=\frac{D}{2}$. 三点在一直线上时也一样.（注意覆盖圆与三角形外接圆概念的差别.）

当三点的凸包是锐角三角形时,覆盖圆就是它的外接圆.根据三角公式,外接圆半径

$$R=\frac{a}{2\sin A}$$

其中 a 是边长,A 是 a 所对的角.由于锐角三角形总有一个角不小于$\frac{\pi}{3}$,设就是 $\angle A$,则

$$\sin A\geqslant\frac{\sqrt{3}}{2}$$

而 $a\leqslant D$,故

$$R\leqslant\frac{D}{\sqrt{3}}$$

这样,我们得到下述结论:

引理 1　三点组成的直径为 D 的图形的围径 R 满足

$$\frac{D}{2}\leqslant R\leqslant\frac{D}{\sqrt{3}}$$

这个范围不能再缩小了.因为正三角形的围径刚好就是$\frac{D}{\sqrt{3}}$.

§3　任意有界图形的覆盖圆

上面看到,找三点集的覆盖圆同时得到了它的凸包的覆盖圆.但我们知道,任意图形的凸包是其中任意三点的凸包的并集,因此任意图形的覆盖圆必然与三点集的凸包有密切联系.事实上,这种联系由下列引理表达:

引理 2　若图形 $\mathfrak{D}$ 中任三点之集可被半径为 R 的圆覆盖，则 $\mathfrak{D}$ 也被该圆覆盖.

证明　取半径为 R 的圆作为第 2 章的命题 3 中的 $\mathfrak{D}$(为避免符号混淆，记为 $\mathfrak{D}'$)，而把这里的 $\mathfrak{D}$ 的每个点作为有界闭凸图形，从而这里的 $\mathfrak{D}$ 就可以作为第 2 章的命题 3 中所说的图形族. 本引理的条件说明：$\mathfrak{D}'$ 可被平移得包含该族中的三个凸图形，从而由第 2 章的命题 3 知 $\mathfrak{D}'$ 包含 $\mathfrak{D}$.

定理 1　直径为 D 的有界图形 $\mathfrak{D}$ 的围径 R 满足

$$\frac{D}{2} \leqslant R \leqslant \frac{D}{\sqrt{3}}$$

证明　由引理 1，以这样的 R 为半径的圆覆盖 $\mathfrak{D}$ 中任何三点. 因此，由引理 2，也覆盖 $\mathfrak{D}$.

这样，不管图形的形状如何，它总能由半径为 $\frac{D}{\sqrt{3}}$ 的圆覆盖. 换句话说，这样的圆用于覆盖是“万能”的.

§4　万能覆盖

如果一个图形能覆盖任何直径为 D 的图形，则称之为万能覆盖. 上面已经证明了半径为 $\frac{D}{\sqrt{3}}$ 的圆是万能覆盖.

这个圆覆盖的面积是

$$\frac{\pi D^2}{3} \approx 1.047D^2$$

用它作覆盖常常不是经济的. 例如，用它覆盖直径为 D 的正三角形时，有三个弓形“浪费”了. 因此，寻找面积最小的万能覆盖是个有趣的问题. 这个问题迄今尚未解决,但面积比$\frac{\pi D^2}{3}$更小的万能覆盖是存在的,例如边长为$\frac{D}{\sqrt{3}}$的正六边形,它的面积是

$$\frac{\sqrt{3}}{2}D^2 \approx 0.866D^2$$

定理 2 边长为$\frac{D}{\sqrt{3}}$的正六边形是万能覆盖.

证明 我们只需要考虑直径为 D 的凸图形 $\mathfrak{D}$,因为对非凸图形可以考虑它的凸包.

给定方向 θ,作两条承托直线 l_1,l_2. 然后作承托直线 m_1,m_2,n_1,n_2 分别与 l_1,l_2 交成 60° 与 120° 角(图 3(a)). 它们交成的六边形 $\mathfrak{L}$ 包含 $\mathfrak{D}$. $\mathfrak{L}$ 的对边之间的距离不大于 D. 如果 $\mathfrak{L}$ 是中心对称的,那么,保持对称中心不动,移动各对边使之距离都等于 D,便得到所求的正六边形(图 2),为什么这样得到的必是正六边形?这作为一个习题请读者思考.

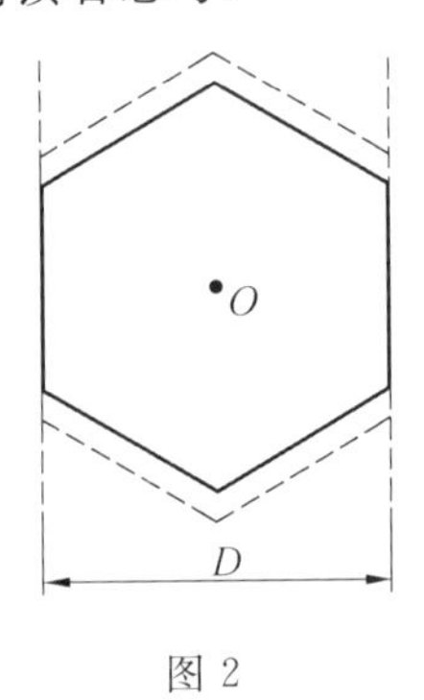

图 2

一般来说,并非对任何方向 θ 得到的 $\mathfrak{L}$ 都是中心对称的. 下面证明的目标就是,一定存在一个 θ,相应

的 $\mathfrak{L}$ 是中心对称的、各边平行、各角为 120° 的六边形，它覆盖 $\mathfrak{D}$.

六条承托直线交成 $\mathfrak{D}$ 外的三对正三角形. $\mathfrak{L}$ 不是中心对称时，它们不全等. 反之，只要有一对正三角形全等，$\mathfrak{L}$ 便是中心对称的(也请自己证明). 而要使一对正三角形全等，只要它们的高相等. 于是目标变成：存在 θ，使相应的一对正三角形的高相等.

任取一对高 H,h. 它们的长度随 θ 的不同而不同，是 θ 的函数，我们把它记为 $H(\theta)$，$h(\theta)$ 并设

$$y = H(\theta) - h(\theta)$$

我们要证明的是：存在 θ_0，使

$$H(\theta_0) - h(\theta_0) = 0$$

现在让 θ 从 0 开始变动，六条承托直线当然也随之变动(图形不动). 最后，当 $\theta = \pi$ 时，它们的位置如图 3(c) 所示，注意 h 与 H 正好调了个位置. 如果 $\theta = 0$ 时

$$y(0) = H(0) - h(0) > 0$$

则

$$y(\pi) = H(\pi) - h(\pi) < 0$$

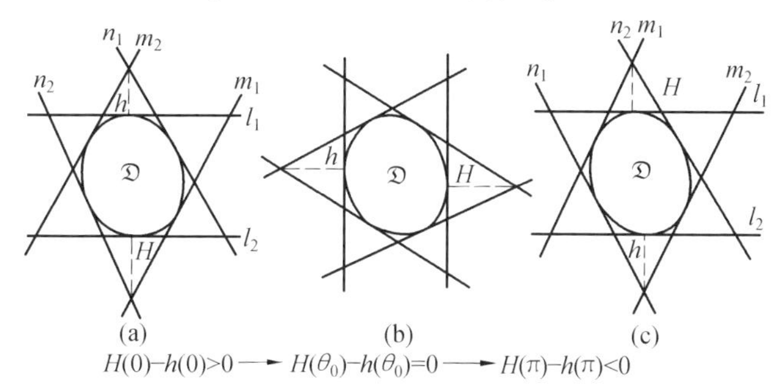

图 3

可以证明，y 是随着 θ 的变动而连续地变动的，即 θ 变

化很小时，y 的变化也很小（这里不证）. 以 θ 为自变量作出的 y 的图像是一条不会断开的曲线，如图 4 所示. 可见必有 θ_0 使 $y(\theta_0)=0$，即

$$H(\theta_0)=h(\theta_0)$$

沿 θ_0 方向作承托直线 l_1,l_2 以及 m_1,m_2,n_1,n_2 得到的六边形是中心对称的.

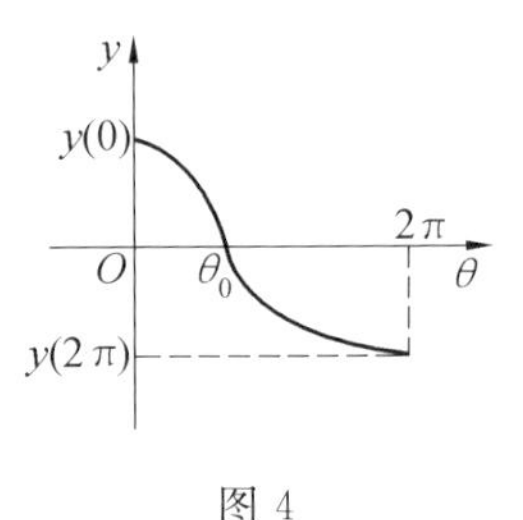

图 4

推论 边长为$\sqrt{3}D$ 的正三角形是万能覆盖，这个正三角形的面积为

$$\frac{3}{4}\sqrt{3}D^2\approx 1.299D^2$$

证明 把这个三角形的边三等分，便得到定理中的正六边形，而这个六边形是万能覆盖.

§5 覆盖定理

覆盖定理 每个直径为 D 的图形都可由三个直径不超过$\frac{\sqrt{3}D}{2}$ 的图形覆盖.

证明 每个这样的图形可被边长为$\frac{D}{\sqrt{3}}$ 的正六边

形覆盖，而这样的六边形又可如图 5 那样分成直径为 $\frac{\sqrt{3}D}{2}$ 的三部分.

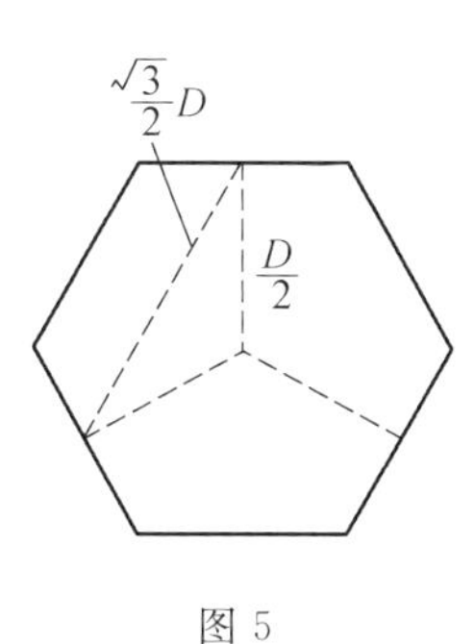

图 5

覆盖定理中的 $\frac{\sqrt{3}}{2}$ 不能再减小，这在 §1 中已经说过了.

在一定条件下，覆盖定理中的“三”可以减少为“二”. 下面是这方面的一个结论.

命题 1　设 $\mathfrak{D}$ 是有界闭凸图形，且经过 $\mathfrak{D}$ 的边界上每一点有唯一的承托直线（即边界上没有角点），$\mathfrak{D}$ 的直径为 D. 若它能被一条宽度小于 D 的带形覆盖，则它能由两个直径小于 D 的图形覆盖.

证明　因为 $\mathfrak{D}$ 可被宽度小于 D 的带形覆盖，不妨设带形的两条边界 l_1，l_2 就是 $\mathfrak{D}$ 的承托直线，并且分别通过 $\mathfrak{D}$ 的点 P_1，P_2. 联结 P_1P_2，线段 P_1P_2 把 $\mathfrak{D}$ 分为两部分（图 6）. 我们证明，每一部分中任何两点的距离都小于 D.

如若不然，则在某一部分中存在两点 Q_1，Q_2，使 $Q_1Q_2=D$. 因为 Q_1Q_2 等于 $\mathfrak{D}$ 的直径，于是过 Q_1，Q_2 且垂直于 Q_1Q_2 的两条直线 m_1，m_2 都是 D 的承托直线

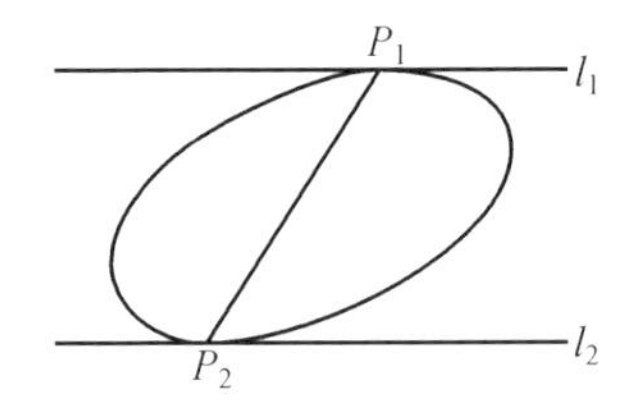

图 6

(图 7). 这四条线交出一个包含 $\mathfrak{D}$ 的平行四边形. P_1, P_2 在它的一组对边上, Q_1, Q_2 在另一组对边上, 而 Q_1, Q_2 又在 P_1P_2 的一侧, 这只有其中两点重合才行. 而重合时, 过这一点有了 $\mathfrak{D}$ 的两条承托直线, 与假设矛盾.

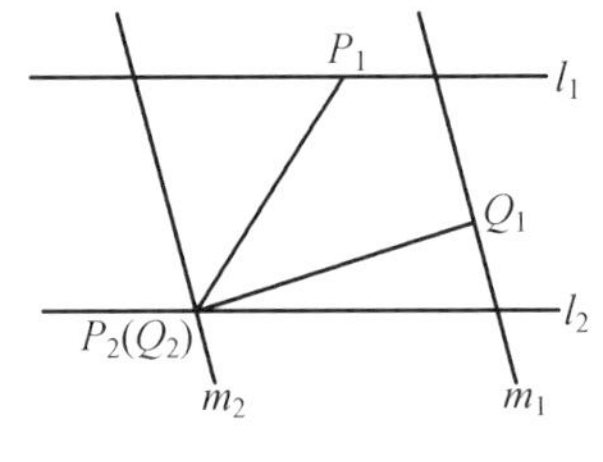

图 7

这个命题中的条件"边界上没有角点"不能省略. 例如边长为 1 的正三角形直径为 1, 能被宽度小于 1 的带形覆盖, 但命题结论不成立. "$\mathfrak{D}$ 能被一条宽度小于 D 的带形覆盖"也不能省略, 这只要看一看圆就知道了. 椭圆形、卵形等都是满足这个定理的, 所以都能分成直径小于 D 的两部分.

§6 内接六边形

上面考虑了凸图形的"外切"正六边形. 与此相对

偶的是,凸图形的内接多边形的情况如何?

不难证明,凸图形不一定有内接正六边形.例如半圆就没有.但可以证明下述结论,由此而得到后面的定理.

命题2　每个有界闭凸图形$\mathfrak{D}$内存在如下的内接六边形:其对边互相平行,且平行于另两顶点确定的对角线.

证明　第一步.先证明:沿任意方向θ,存在$\mathfrak{D}$的三条弦AB,$A'B'$,$A''B''$,使

$$A'B' = A''B'' = \frac{1}{2}AB$$

且AB到$A'B'$及$A''B''$等距离.

沿θ方向作承托直线l_1,l_2及与l_1,l_2等距离的直线l_3.设它们与$\mathfrak{D}$的公共部分(线段或点)的长度为a_0,b_0,c_0,且$a_0 \leqslant b_0$.若$a_0 \geqslant \frac{c_0}{2}$,则可在线段$a_0$,$b_0$上直接截取所要的线段(图8).

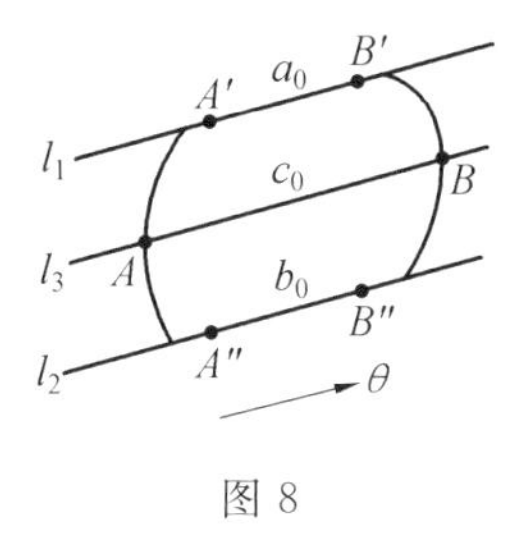

图8

若$a_0 < \frac{c_0}{2}$,即

$$c_0 - 2a_0 > 0$$

平移l_1,l_2使之互相靠拢,并且,仅当l_1(或l_2)平移到使l_1,l_2与$\mathfrak{D}$的公共部分相等的位置时,l_1,l_2才同时平

移，而且仍保持它们与$\mathscr{D}$的公共部分相等(l_1 与 l_2 所平移的距离可以不一样，甚至 l_2 可以不动，如图 9 那样的情形)．这时，l_3 也随之变动(图 10)．设平移过程中 l_1，l_3 与 $\mathscr{D}$ 的公共部分的长度为 a，c，它们是变动的．当把 l_1 移到$\mathscr{D}$沿 l 方向的最大弦的位置时，必有 $c \leqslant a$，从而

$$c - 2a < 0$$

于是，在平移过程中，必有一位置使 $c - 2a = 0$(参见定理 2 的证明)．这个位置就取作 $A'B'$，相应的 l_2，l_3 的位置取作 $A''B''$，AB．

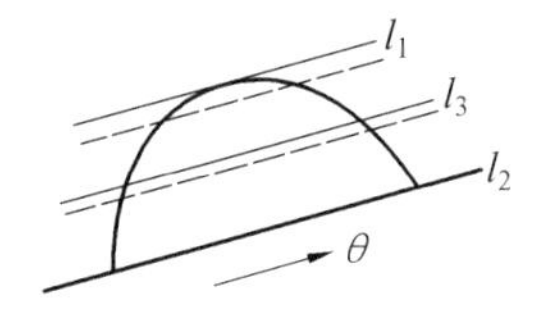

图 9

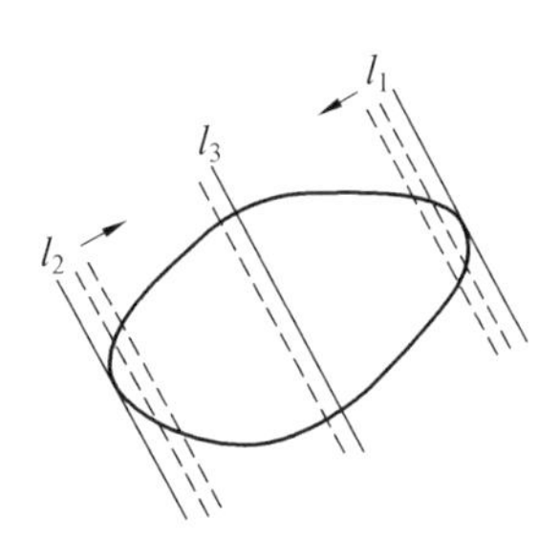

图 10

第二步．对上面得到的三条线段，由于

$$A'B' \underline{\underline{/\!/}} A''B''$$

且 AB 到 $A'B'$，$A''B''$ 等距离，故 $A'B''$ 与 $A''B'$ 的交点 O 在 AB 上(图 11)，且

$$A''O = B'O, A'O = B''O$$

若

$$AO = BO$$

则命题已经获证. 若

$$AO > BO$$

则连续地变动方向 θ,仿照定理 2 的证明,存在某个方向使

$$OA = OB$$

这时得到的六边形符合命题要求.

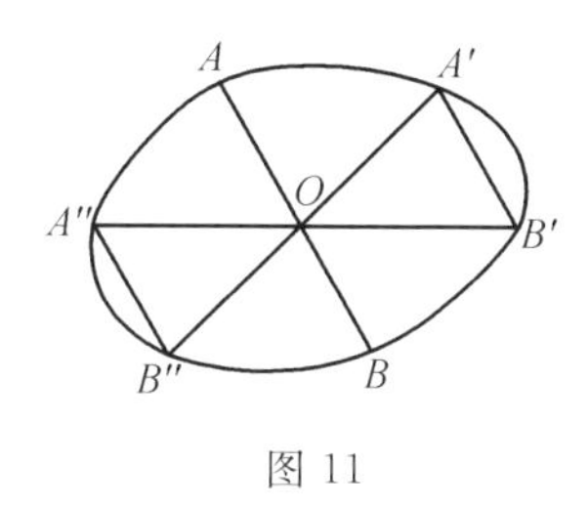

图 11

§7　内含中心对称图形

定理 3　面积为 S 的有界闭凸图形 $\mathfrak{D}$ 内包含一个中心对称的凸图形 $\mathfrak{F}$,使 $\mathfrak{F}$ 的面积不小于 $\frac{2}{3}S$.

证明　上述命题得到的六边形就是这样的 $\mathfrak{F}$. 它的中心对称性是明显的,还要证明它的面积不小于 $\frac{2}{3}S$.

过对称中心 O 的三条对角线把这个六边形六等分,设每等分面积为 S_0. 要证

$$6S_0 \geqslant \frac{2}{3}S$$

即证

$$S \leqslant 9S_0$$

延长 $B''A''$ 与 $A'A$ 交于 F，延长 $A''A$ 与 $B'A'$ 交于 E. 过 A 作 $\mathfrak{D}$ 的承托直线与 $A'E$，$A''F$ 交于 C，D(C，D 一定分别在 $A'E$ 与 $A''F$ 上). 于是

$$\triangle AA'C \cong \triangle ADF, \triangle ACE \cong \triangle ADA''$$

因此

$$S_{\triangle A'CA} + S_{\triangle AA''D} = S_{\triangle AA'E} = S_0$$

在顶点 B'，B'' 类似地处理，得到图 12 上总面积为 $3S_0$ 的阴影部分. 显然

$$S \leqslant 9S_0$$

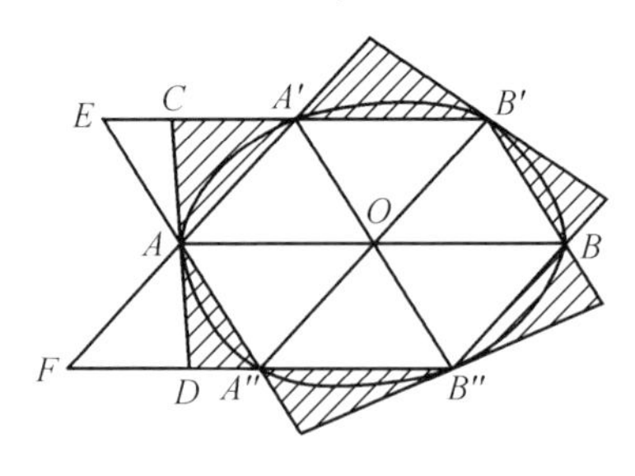

图 12

作为一般的结论来说，$\frac{2}{3}$ 这个数字不能增大. 从上面的证明中可以看到，如果 $\mathfrak{D}$ 不是三角形，将有严格的不等式 $S < 9S_0$. 反过来，如果 $\mathfrak{D}$ 是三角形，则对三等分各边得到的六边形来说有

$$S = 9S_0$$

因此，当且仅当 $\mathfrak{D}$ 是三角形时，其内部含有中心对称

的有界凸图形,其面积等于三角形面积的$\frac{2}{3}$.

如果 $\mathfrak{D}$ 本身是中心对称的,$\mathfrak{F}$ 当然就取作 $\mathfrak{D}$. 所以,任给一个 $\mathfrak{D}$,它的面积与它所含的最大的中心对称凸图形 $\mathfrak{F}$ 的面积之比在$\frac{2}{3}$与 1 之间.

空间的凸集

第4章

这一章就空间情形概述了前几章的概念与结论. 由于空间情形的复杂性,只就球的情形证明了覆盖定理.

在这一章,我们不再用图形这个词,而采用点集这个词,并适当采用集的符号. 这样做,无非是为了给在高一时学过集合的同学以凸集的比较准确的印象.

§1　概念与结果综述

如果把直线、圆、正方形看作退化的平面、球、立方体,那么,前面所叙述的概念在平面情形及空间情形是没有什么区别的.

有界集　若集 $\mathfrak{D}$ 含于某一立方体(或球),则称 $\mathfrak{D}$ 为有界集.

内点,内部　设 $s \in \mathfrak{D}$,若存在数 r,使以 x 为心,r 为半径的球含于 $\mathfrak{D}$,则称 x 为 $\mathfrak{D}$ 的内点. $\mathfrak{D}$ 的内点构成的集叫 $\mathfrak{D}$ 的内部,记为 $\mathfrak{D}^{\circ}$.

集的内部可以是空集,如有限点集.

外点,外部　设 $x \in \mathfrak{D}$,若存在实数 r,使以 x 为球心,r 为半径的球与 $\mathfrak{D}$ 没有公共点,则称 x 为 $\mathfrak{D}$ 的外点. 外点构成的集叫 $\mathfrak{D}$ 的外部.

边界点,边界　设 $x \in \mathfrak{D}$,若对任意正实数 r,以 x 为心,r 为半径的球内既有 $\mathfrak{D}$ 的内点,又有 $\mathfrak{D}$ 的外点,则称 x 为 $\mathfrak{D}$ 的边界点. $\mathfrak{D}$ 的边界点构成的集叫 $\mathfrak{D}$ 的边界.

闭集的定义同前. 闭集是它的内部与边界的并集. 有限点集是闭集.

命题 1　任意个凸集的交集是凸集.

证明　以 n 个为例. 设 $\mathfrak{D}_1,\cdots,\mathfrak{D}_n$ 是凸集,A,B 是 $\mathfrak{D}_1 \cap \cdots \cap \mathfrak{D}_n$ 的两个点,$A \neq B$. 对每个 $i=1,2,\cdots,n$, $A,B \in \mathfrak{D}_i$. 由于 $\mathfrak{D}_i$ 凸,故线段 $AB \subset \mathfrak{D}_i(i=1,\cdots,n)$,因此

$$AB \subset \mathfrak{D}_1 \cap \cdots \cap \mathfrak{D}_n$$

即 $\mathfrak{D}_1 \cap \cdots \cap \mathfrak{D}_n$ 是凸集.

半空间和凸多面体是凸集. 凸集的内部是凸集.

内部非空的有界闭集 $\mathfrak{D}$ 为凸集的充要条件是过 $\mathfrak{D}$ 的内点的任意直线与 $\mathfrak{D}$ 的边界交于两点.

直径的定义不变. 不过第 1 章的命题 11 的空间情形要复杂得多. 在 1957 年前后,有人证明了:

命题 2　空间的 n 个点的集的直径至多有 $2n-2$ 条.

在空间里,承托直线换成承托平面.

承托平面 若集 $\mathfrak{D}$ 在平面 H 的一侧且 $\mathfrak{D}\cap H\neq\varnothing$，则称 H 为 $\mathfrak{D}$ 的承托平面. 这里的 $\varnothing$ 表示空集.

定理 若 $\mathfrak{D}$ 是有内点的凸集，P 是与 $\mathfrak{D}$ 不相交的直线，则存在平面 M，使 $M\supset P$ 且 $M\cap\mathfrak{D}^{\circ}=\varnothing$.

下面是证明的思路. 把 $\mathfrak{D}$ 与 P 投影到与 P 垂直的平面 H 上(图 1). 可以证明，$\mathfrak{D}$ 的投影 $\mathfrak{D}_H$ 也是有内点的凸集，P 的投影 $P_H\notin\mathfrak{D}_H$. 于是，平面 H 内存在直线 l 使 $l\cap\mathfrak{D}^{\circ}{}_H=\varnothing$. 由直线 l 与 P 确定的平面 M 即为所求.

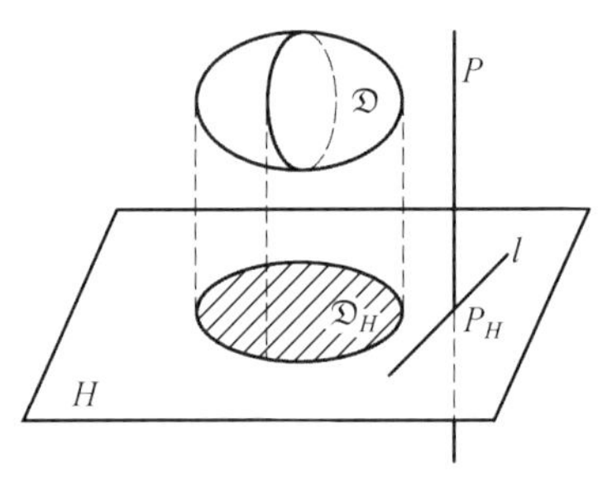

图 1

海莱定理 在空间中，若 $n(\geqslant 4)$ 个凸集中任意 4 个有非空交集，则这 n 个凸集的交集非空.

我们总共引进了与凸集有关的四个数：直径 D、宽度 d、内径 r、外径 R. 它们之间可以发生 12 种大小关系. 其中

$$r\leqslant\frac{1}{2}d,r\leqslant R,d\leqslant D,D\leqslant 2R$$

四种是明显的，从它们可推知

$$d\leqslant 2R,r\leqslant\frac{1}{2}D$$

下述四种关系对任何 λ 都不成立

$$D \leqslant \lambda r, R \leqslant \lambda r, R \leqslant \lambda d, D \leqslant \lambda d$$

这样，真正要考虑的是 R 与 D，r 与 d 之间的关系. 我们已证明过，在平面情形

$$r \geqslant \frac{1}{3}d, R \leqslant \frac{D}{\sqrt{3}}$$

对空间情形，结论是

$$r \geqslant \frac{d}{2\sqrt{3}}, R \leqslant \frac{\sqrt{6}D}{4}$$

它们的证明是复杂的.

空间情形的覆盖定理是把平面情形的“三”改为“四”得到的.

对平面情形，解决覆盖定理是把 $\mathfrak{D}$ 嵌进对边之间的距离为 D 的正六边形中. 对空间情形，是把 $\mathfrak{D}$ 嵌进对边之间的距离为 D 的正八面体中. 限于篇幅，我们在下一节只对球说明覆盖定理.

§2　球的覆盖问题

很容易把直径为 D 的球分成直径小于 D 的四部分. 我们要证明的是：

命题 3　直径为 D 的球不能分成直径小于 D 的三部分.

为了帮助理解下面的证明，我们先就平面图形看一个明显的事实.

如图 2，圆 O 被关于 O 中心对称的曲线 l 分为两半，在其中一半内有一图形 S_1，它的边界有四段，其中两段 l_1, l_2 不相交，也不与 l 相交. 在这些条件下，l_1, l_2

关于O的中心对称象l_1',l_2'也不与l相交,l_1'与l_2'也不相交.l_1,l_2,l_1',l_2'把圆分成五部分,其中四部分成为两对中心对称图形,剩下的含l的那部分记为$\mathfrak{D}$,$\mathfrak{D}$是自身中心对称的.由于l_1,l_2不与l相交,$\mathfrak{D}$被l分成的两部分都不会是一条线,因而总可以在$\mathfrak{D}$内作出一个含l的带状区域与其他四个区域不相交,如图2的虚线所示.

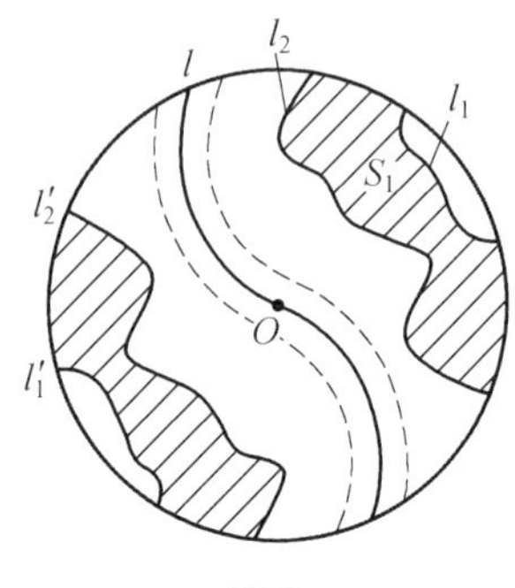

图 2

下面的证明中,第一步就是这一事实的空间情形.

这里要用到一个名词:自身不相交的闭曲线.这是指只形成一个圈的曲线,像"0"一样.像"8"字形这样的闭曲线有两个圈,是自身相交的闭曲线.

其次注意,任给一个图形,它的边界可以不止一条闭曲线,如圆环的边界就是两个圆,而图3所示的图形的边界有三条闭曲线l_1,l_2,l_3.

引理 若在球面S上有n条闭曲线,自身不相交,两两不相交,则它们把S分成$n+1$部分.

这个引理在直观上是很明显的.一条自身不相交的闭曲线把球面分成两部分.再加一条(由于与前一条不相交,只能加在前面所分成的两部分之一内)把其中的一部分分成两部分,合起来分成三部分.其余类

推.不过,这个结论的严格证明不简单,属于拓扑学的内容.

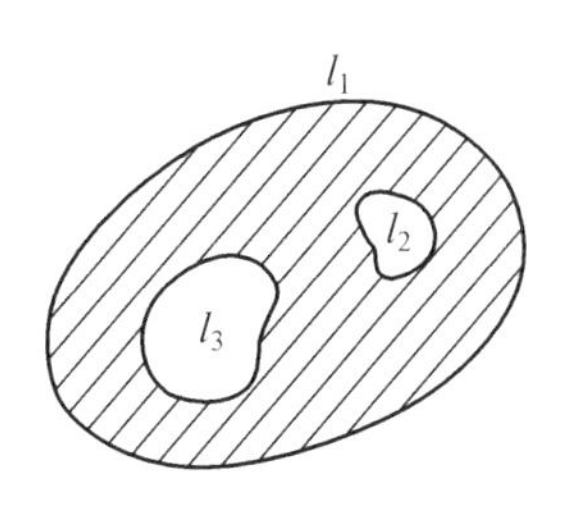

图 3

命题 3 的证明　用反证法.设命题成立,球被分成直径小于 D 的三部分.若这三部分中只有一或两部分包含球面 S 的点,则证明是容易的.现设这三部分都包含球面 S 上的点,则 S 也被分成直径小于 D 的三部分 S_1, S_2, S_3.设 S_1 的直径为 D_1,它关于球心的中心对称象为 S'_1.

第一步.证明 S 有一带状区域,它关于球心中心对称,不与 S_1 及 S'_1 相交.

像对地球划分经纬线一样地把球面 S 划分成如图 4 所示的小片(注意图上经线的取法),划分的要求是把经纬线取得使各小片的直径小于 $\frac{D-D_1}{3}$.

设 G_1 是与 S_1 有公共点的小片组成的图形(图 5 上粗实线围成的图形),则 G_1 的直径与 S_1 的直径至多相差边上两小片的直径,故 G_1 的直径 $< D_1 + \frac{2(D-D_1)}{3} < D$.

G_1 的边界由有限条闭曲线构成,它们自身不相交,彼此也不相交(这个结论放最后一步证明).设这些闭曲线为 l_1, l_2, $\cdots$, l_n.

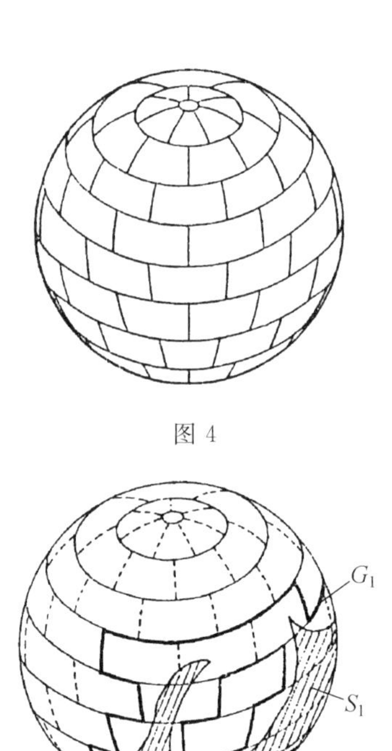

图 4

图 5

设 G_1' 是 G_1 关于球心的中心对称象. 易知 G_1 与 G_1' 没有公共点(若有,则此点及其中心对称象都属于 G_1,从而 G_1 的直径将为 D). $l_1, l_2, \cdots, l_n$ 及其中心对称象 $l_1', \cdots, l_n'$ 都自身不相交,彼此不相交.

由引理,这 $2n$ 条闭曲线把球面分成 $2n+1$ 个区域. 这些区域中,有一部分成对地中心对称(有多少对可以不必管它),因而至少有一个区域是自身中心对称的,记为 H.

由于 H 的边界是上述 $2n$ 条曲线中的两条,而这两条曲线不相交,故 H 的任何一部分都不会是一条线,并且,它与 G_1, G_1' 至多只会有公共的边界. 又由于 H 是

这 $2n+1$ 个区域中的一个，它本身不会再分成不相交的两片，因此，任取 H 的一个内点 A，A 与它的中心对称象 A' 可以用 H 内的一条曲线 l 连接，l 的中心对称象 l' 也在 H 内，l 与 l' 合起来是一条闭曲线，与 G_1，G_1' 都不相交，所以，沿 l 与 l' 可作一条带形 $\mathfrak{D}$ 与 G_1，G_1' 不相交(图 6).

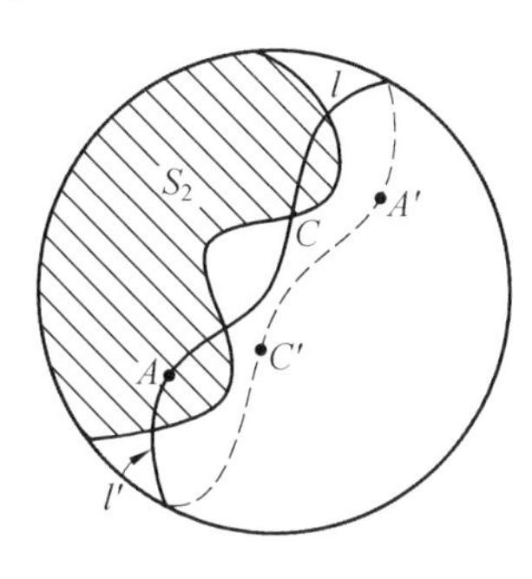

图 6

第二步. 证明 l 或 l' 上存在一点不属于 S_1，S_2，S_3，从而命题得到证明.

由假设，$\mathfrak{D}$ 内的点不是属于 S_2 就是属于 S_3，但 $\mathfrak{D}$ 的直径是 D，所以 $\mathfrak{D}$ 与 S_2，S_3 都相交. 这样 S_2 的边界点如果在 $\mathfrak{D}$ 内，也一定是 S_3 的边界点，设 C 是这样的一个点. 于是

$$C \notin S_1, C \in S_2 \cap S_3$$

由于 S_2，S_3 的直径小于 D，点 C 的中心对称象 $C' \notin S_1 \cap S_2 \cap S_3$(图 6，7).

第三步. 最后还要证明 G_1 的边界由有限条自身不相交，彼此不相交的闭曲线组成.

首先，根据我们对 G_1 的取法，边界不会自身相交(如果边界出现如图 8 实线所示的情况，两小片 K_1，K_2

之一也应属于G_1).

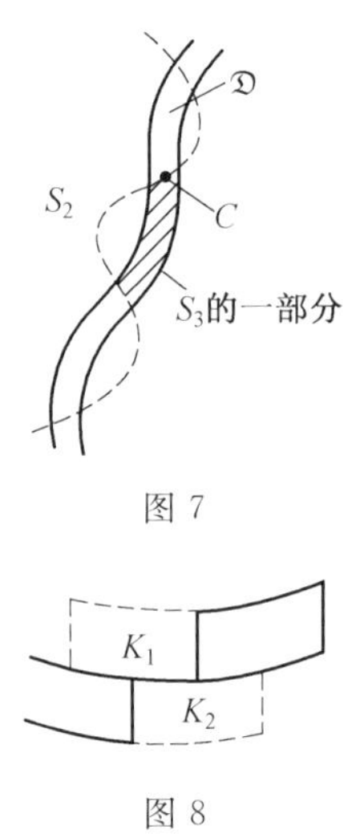

图 7

图 8

其次,G_1的边界是由一段段经线与纬线组成的,它要么是一个圆(它当然是闭曲线),要么出现拐角.我们只要考虑有拐角的情形.

每个拐角点是三小片球面的公共点,其中只会有一片或两片含于G_1,因此,在每个拐角点,能够沿确定的方向行走(图9).

图 9

这样,从G_1边界上的一点出发行走时,不会走出圈来,也不会走到有叉路的地方,而总是沿确定的方向一直向前走.由于G_1的边界是有限长,又是不会中断的,故最终将回到出发位置,即边界曲线是闭曲线.

如果不止一条边界曲线,易知不会有公共点.

最后,因为 G_1 由有限片小球面所组成,故边界曲线只会是有限条.

第5章 若干涉及凸图形与凸子集的初等问题

设 C 为 $\mathbf{R}^3$ 上的凸子集，$C_1,C_2,\cdots,C_n$ 是由平移 C 后得到的 n 个凸子集，满足 $C_i\cap C\neq\varnothing$，且对 $i\neq j$，C_i 和 C_j 至多只能在边界上有公共点.证明：

1）若 C 为中心对称图形，则 $n\leqslant 27$，且 27 为最佳上界；

2）若 C 为空间中任意凸子集，则 $n\leqslant 27$，且 27 为最佳上界.

（2007，第 24 届伊朗数学奥林匹克第二轮）

证明 1）不失一般性，不妨设凸子集 C 关于空间坐标原点对称.设向量 $\boldsymbol{v}_i(i=1,2,\cdots,n)$ 是从凸子集 C 平移到凸子集 C_i 的方向向量，由于

$$C_i\cap C\neq\varnothing$$

必存在 $\boldsymbol{x},\boldsymbol{y}\in C$，使得

$$\boldsymbol{v}_i+\boldsymbol{x}=\boldsymbol{y}$$

即

$$\boldsymbol{v}_i=\boldsymbol{y}-\boldsymbol{x}$$

由于凸子集 C 关于空间坐标原点对称，故上式又可表述为

$$\boldsymbol{v}_i=\boldsymbol{y}+(-\boldsymbol{x})$$

（$\boldsymbol{y},-\boldsymbol{x}$ 均为凸子集 C 中的点）.

考虑

$$3C=\{3\boldsymbol{x}\mid \boldsymbol{x}\in C\}$$

接下来证明：凸子集 $C_i(i=1,2,\cdots,n)$ 均包含于 $3C$ 中.

由于凸子集 C_i 中的每个点均能表示成 $\boldsymbol{v}_i+\boldsymbol{t}(\boldsymbol{t}\in C)$，即能表示成 $\boldsymbol{y}+(-\boldsymbol{x})+\boldsymbol{t}$，因为 $\boldsymbol{y},-\boldsymbol{x},\boldsymbol{t}\in C$，所以 $\dfrac{\boldsymbol{y}+(-\boldsymbol{x})+\boldsymbol{t}}{3}$ 也在凸子集 C 中，即 $\boldsymbol{y}+(-\boldsymbol{x})+\boldsymbol{t}$ 在 $3C$ 中.

易见，$3C$ 的体积为凸子集 C 的体积的 27 倍，故满足题意的凸子集 C_i 至多有 27 个. 当且仅当将 $3C$ 划分为 27 份全等区域时，n 取到 27.

2）对任意的凸子集 A，记集合

$$A'=\{\boldsymbol{x}-\boldsymbol{y}\mid \boldsymbol{x},\boldsymbol{y}\in A\}$$

由于

$$\boldsymbol{x}-\boldsymbol{y}\in A'$$

则

$$\boldsymbol{y}-\boldsymbol{x}\in A'$$

故集合 A' 关于原点对称.

设向量 $\boldsymbol{v}_i(i=1,2,\cdots,n)$ 是从凸子集 C 平移至凸子集 C_i 的方向向量，记

$$D_i=C'+2\boldsymbol{v}_i\quad(i=1,2,\cdots,n)$$

由于 $C_i\cap C\neq\varnothing$，故存在 $\boldsymbol{x},\boldsymbol{y}\in C$，使得

$$\boldsymbol{v}_i+\boldsymbol{x}=\boldsymbol{y}$$

又因为

$$2\boldsymbol{v}_i+\boldsymbol{x}-\boldsymbol{y}=(\boldsymbol{v}_i+\boldsymbol{x})+(\boldsymbol{v}_i-\boldsymbol{y})=\boldsymbol{y}-\boldsymbol{x}$$

所以

$$D_i \cap C' \neq \varnothing$$

若 D_i 与 $D_j(i \neq j)$ 有公共点，则存在 $\boldsymbol{x},\boldsymbol{y},\boldsymbol{z},\boldsymbol{w} \in C$，满足

$$2\boldsymbol{v}_i + (\boldsymbol{x} - \boldsymbol{y}) = 2\boldsymbol{v}_j + (\boldsymbol{z} - \boldsymbol{w})$$

即

$$\boldsymbol{v}_i + \frac{\boldsymbol{x} + \boldsymbol{w}}{2} = \boldsymbol{v}_j + \frac{\boldsymbol{y} + \boldsymbol{z}}{2}$$

由于 C 为凸子集，故 $\frac{\boldsymbol{x} + \boldsymbol{w}}{2}$，$\frac{\boldsymbol{y} + \boldsymbol{z}}{2}$ 均在凸子集 C 中.

因此

$$\boldsymbol{v}_i + \frac{\boldsymbol{x} + \boldsymbol{w}}{2} \in C_i, \boldsymbol{v}_j + \frac{\boldsymbol{y} + \boldsymbol{z}}{2} \in C_j$$

又因为

$$\boldsymbol{v}_i + \frac{\boldsymbol{x} + \boldsymbol{w}}{2} = \boldsymbol{v}_j + \frac{\boldsymbol{y} + \boldsymbol{z}}{2}$$

所以 $\boldsymbol{v}_i + \frac{\boldsymbol{x} + \boldsymbol{w}}{2}$ 与 $\boldsymbol{v}_j + \frac{\boldsymbol{y} + \boldsymbol{z}}{2}$ 在凸子集 C_i 与 C_j 的相交区域内.

而由题意，知凸子集 C_i 与 C_j 的相交区域必在某一个平面 S 内，记

$$S \cap (C_i \cup C_j) = T$$

由 $\boldsymbol{v}_i + \frac{\boldsymbol{x} + \boldsymbol{w}}{2}$ 与 $\boldsymbol{v}_j + \frac{\boldsymbol{y} + \boldsymbol{z}}{2}$ 均在 T 内，则 $\boldsymbol{v}_i + \boldsymbol{x}$，$\boldsymbol{v}_i + \boldsymbol{w}$，$\boldsymbol{v}_j + \boldsymbol{y}$，$\boldsymbol{v}_j + \boldsymbol{z}$ 也均在 T 内. 故

$$2\boldsymbol{v}_i + (\boldsymbol{x} - \boldsymbol{y}) = (\boldsymbol{v}_i + \boldsymbol{v}_j) + (\boldsymbol{v}_i + \boldsymbol{x}) - (\boldsymbol{v}_j + \boldsymbol{y})$$

在 $(\boldsymbol{v}_i + \boldsymbol{v}_j) + T'$ 内.

由于 T 在某一平面内，故 T' 也必在某一个平面内.

因此，D_i 与 D_j 的相交区域也在某一平面内.

至此，问题可转化为诸 D_i 在第 1) 问的情形.

凸与非凸的多边形

第6章

下面先介绍一些基础知识.

1. 有几个不同的(然而是初等的)凸多边形的定义.引入其中最有名且经常遇到的.多边形称为凸的,如果下列的条件之一成立:

1) 它位于自己的任一条边的一侧(也就是,多边形的边的延长线不与它的另外的边相交).

2) 它是若干的半平面的交(即公共部分).

3) 端点属于多边形的点的任意线段整个包含在这个多边形内.

2. 如果端点为图形中的点的任意线段整个包含在这个图形内,这个图形称为凸图形.

3. 在解本章的某些问题时要利用凸包和承托直线的概念.

§1 凸多边形

例1 在平面上已知 n 个点，并且它们任意的四个点都是凸四边形的顶点，证明：这些点是凸 n 边形的顶点.

提示 考察已知点的凸包.它是个凸多边形.需要证明，所有的已知点是它的顶点.假设有一个已知点（点 A）不是顶点，也就是，它在这个多边形的内部或边上.用由凸包的一个顶点引的对角线能分凸包为三角形；点 A 属于它们中的一个三角形.这个三角形的顶点和点 A 不能是凸四边形的顶点，得出矛盾.

例2 在平面上已知五个点，并且它们中任意三个点都不共线，证明：这些点中有四个点是凸四边形的顶点.

提示 考察已知点的凸包.如果它是五边形的四个顶点，那么全部显然.现在设凸包是 $\triangle ABC$，而点 D 和 E 在它的内部.点 E 在 $\triangle ABD$，$\triangle BCD$，$\triangle CAD$ 之一的内部.为确定起见，设点 E 在 $\triangle ABD$ 的内部.用 H 表示直线 CD 和 AB 的交点.点 E 在 $\triangle ADH$ 和 $\triangle BDH$ 之一的内部.如果，例如，E 位于 $\triangle ADH$ 的内部，那么 $AEDC$ 是凸四边形（图1）.

例3 正方形 $A_1A_2A_3A_4$ 的内部有一个凸四边形 $A_5A_6A_7A_8$.在 $A_5A_6A_7A_8$ 内选取一点 A_9，证明：由这9个点中能够选出5个点，是一个凸五边形的顶点.

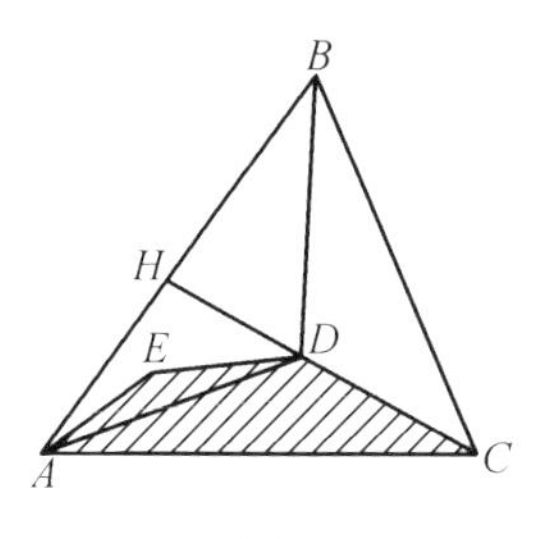

图 1

提示　假设所需要的凸五边形不存在. 由点 A_9 过点 A_5, A_6, A_7, A_8 引射线. 这些射线分平面为 4 个角,它们每一个都小于 180°. 如果这四个角中有一个内有 A_1, A_2, A_3, A_4 中的两个点,那么立即得到需要的五边形,所以这些角的内部恰有一个指出的点,则射线 A_9A_5 和 A_9A_7 形成的两个角的每一个的内部有两个已知点. 考察这两个角中小于 180° 的那个角,重新得到需要的五边形.

例 4　在平面上已知某些个正 n 边形,证明:它们顶点的凸包的角不少于 n 个.

提示　设已知 n 边形顶点的凸包是 m 边形并且 $\varphi_1, \cdots, \varphi_m$ 是它的角. 因为对凸包的每个角都附着正 n 边形的角,则

$$\varphi_i \geqslant \left(1-\frac{2}{n}\right)\pi$$

(右边是正 n 边形的角的量),所以

$$\varphi_1+\cdots+\varphi_m \geqslant m\left(1-\frac{2}{n}\right)\pi=\left(m-\frac{2m}{n}\right)\pi$$

另一方面

$$\varphi_1+\cdots+\varphi_m=(m-2)\pi$$

因此

$$(m-2)\pi \geqslant \left(m-\frac{2m}{n}\right)\pi$$

也就是

$$m \geqslant n$$

例 5 任意的凸一百边形能够表示为 n 个三角形的交(也就是公共部分),求所有这样的数 n 中的最小者.

提示 首先注意,50 个三角形就足够了.实际上,设 $\triangle_k$ 是边位于射线 A_kA_{k-1} 和 A_kA_{k+1} 上的三角形,且它包含凸多边形 $A_1\cdots A_{100}$,则这个多边形是 $\triangle_2$,$\triangle_4$,…,$\triangle_{100}$ 的交.另一方面,如图 2 绘出的一百边形不能表示为少于 50 个三角形的交.实际上,如果它的边的三个位于一个三角形的边上,那么这些边的一个是边 A_1A_2.这个多边形的所有的边位于 n 个三角形的边上,所以

$$2n+1 \geqslant 100$$

即

$$n \geqslant 50$$

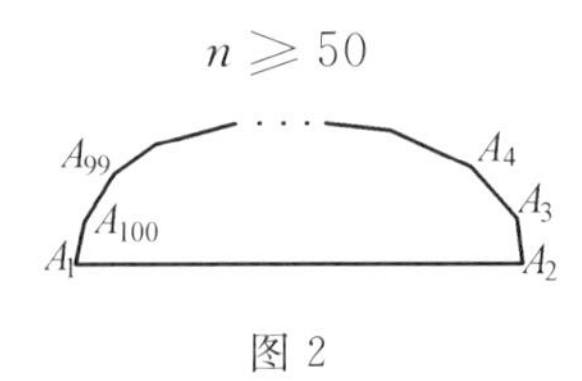

图 2

例 6 如果凸七边形的三条对角线相交于一点,则称这个七边形是奇异的,证明:稍微动一动奇异七边形的一个顶点,可以得到非奇异的七边形.

提示 设 P 是凸七边形 $A_1\cdots A_7$ 的对角线 A_1A_4 和 A_2A_5 的交点.对角线 A_3A_7 和 A_3A_6 的一条,为确定起见,对角线 A_3A_6 不过点 P.六边形 $A_1\cdots A_6$ 的对角线的交点是有限数,所以在点 A_7 的附近可以选取这样的

点 A_7',使得直线 A_1A_7',…,A_6A_7'不过这些点,也就是,七边形 $A_1\cdots A_7'$不是奇异的.

例 7　凸多边形 $A_1\cdots A_n$ 位于圆 S_1 的内部,而凸多边形 $B_1\cdots B_m$ 位于圆 S_2 的内部,证明:如果这两个多边形相交,那么点 A_1,…,A_n 中有一个位于圆 S_2 的内部,或者点 B_1,…,B_m 中有一个位于圆 S_1 的内部.

提示　假设点 A_1,…,A_n 位于圆 S_2 外,而点 B_1,…,B_m 位于圆 S_1 外,则圆 S_1 不能位于圆 S_2 内,且圆 S_2 不能位于圆 S_1 内. 圆 S_1 和 S_2 的位置不能互相外离(或者外切). 因为换言之,多边形 $A_1\cdots A_n$ 和 $B_1\cdots B_m$ 不能是相交的,因此圆 S_1 和 S_2 相交. 在这时多边形 $A_1\cdots A_n$ 位于圆 S_1 内和圆 S_2 外,而多边形 $B_1\cdots B_m$ 位于圆 S_2 内和圆 S_1 外,因此这两个多边形位于过圆 S_1 和 S_2 的交点引的直线的不同侧,则两个多边形不能相交. 导致矛盾.

例 8　证明:存在这样的数 N,使得任意三个点都不共线的 N 个点中可以选出 100 个点是凸多边形的顶点.

提示　证明更为一般的论断. 设 p,q 和 r 是自然数,并且 $p,q\geqslant r$,则存在数

$$N=N(p,q,r)$$

具有下面的性质:如果 N 元集合 S 的所有 r 元子集用任意方式分为两个不交的簇 α 和 β,那么,要么存在集合 S 的 p 元子集,它的全部 r 元子集包含在 α 中,要么存在 q 元子集,它的全部 r 元子集包含在 β 中(拉姆塞定理).

需要的论断容易从拉姆塞定理推出. 实际上,设

$$N=N(n,5,4)$$

并且簇 α 由 N 元点集的这样的四元子集组成，它的凸包是四边形，则存在已知点集的 n 元子集，它的任意四元子集的凸包是四边形，因为五元子集的任意四元子集的凸包不存在三角形（参见例 2），剩下利用例 1 的结果.

现在证明拉姆塞定理，容易检验，作为 $N(p,q,1)$，$N(r,q,r)$ 和 $N(p,r,r)$ 可以分别取数 $p+q-1$，p 和 q. 现在证明，如果 $p>r$ 和 $q>r$，那么作为 $N(p,q,r)$ 可以取数 $N(p_1,q_1,r-1)+1$，其中

$$p_1=N(p-1,q,r),q_1=N(p,q-1,r)$$

实际上，由 $N(p,q,r)$ 元集合的集合 S 中选取一个元素和划分余下的集合 S' 的 $r-1$ 元子集为两簇：簇 α'（相应的 β'）由这样的子集组成，它的对象选自包含在簇 α（相应的 β）中的元素，则要么存在集合 S' 的 p_1 元子集，它的所有 $r-1$ 元子集包含在簇 α' 中，要么存在 q_1 元子集，它的所有 $r-1$ 元子集包含在簇 β' 中. 考察第一种情形，因为

$$p_1=N(p-1,q,r)$$

则要么存在集合 S' 的 q 元子集，它的所有 r 元子集在 β 中（则这 q 个元素是所求的），要么存在集合 S' 的 $p-1$ 元子集，它的所有 r 元子集在 α 中（则这些 $p-1$ 元同选出的元素一起是所求的），第二种情形的讨论类似.

于是拉姆塞定理的证明可以对 r 进行归纳，并且在证明中利用对 $p+q$ 归纳的步骤.

例 9 凸 n 边形被不相交的对角线分成三角形. 考察这样的分法变换，在这个变换下，$\triangle ABC$ 和 $\triangle ACD$ 替代为 $\triangle ABD$ 和 $\triangle BCD$. 设 $P(n)$ 是能够将任意分法变为任意另外分法的最小的变换数，证明：

1) $P(n) \geqslant n-3$.

2) $P(n) \leqslant 2n-7$.

3) 当 $n \geqslant 13$ 时, $P(n) \leqslant 2n-10$.

提示　1) 设 A 和 B 是 n 边形相邻的顶点. 考察 n 边形由顶点 A 引出的对角线的分法和由顶点 B 引出的对角线的分法, 这些分法没有共同的对角线, 而每个变换改变的只是一条对角线.

2) 对 n 的归纳容易证明, 任意分法能变为由已知顶点 A 引出的对角线的分法, 不多于 $n-3$ 次变换. 其实, 当 $n=4$ 时这是显然的. 当 $n>4$ 时, 总能作一次变换, 使得出现由顶点 A 引出的对角线(如果这条对角线不是). 这条对角线分 n 边形为 k 边形和 l 边形, 其中

$$k+l=n+2$$

剩下注意

$$(k-3)+(l-3)+1=n-3$$

同样显然, 如果已知由顶点 A 引出的 m 条分法的对角线, 那么需要不多于 $n-3-m$ 次变换, 也就是能够节省 m 次变换.

如果给出两个分法, 那么它们能够在 $2(n-3)$ 次变换后变为由顶点 A 引出的对角线的分法. 可以节省挑出 A 作为顶点的一次变换, 它是一个分法的一条对角线引出的顶点, 所以由任意分法不超过 $2n-7$ 次变换可以变为任何另外的分法(进行通过由顶点 A 引出的对角线的分法).

3) 两个分法包含 $2(n-3)$ 条对角线, 所以由每个顶点引出两个已知分法的对角线 $\frac{4(n-3)}{n}=4-\frac{12}{n}$ 条. 当 $n \geqslant 13$ 时, 这个数大于 3, 所以存在一个顶点, 由它

至少引出4条已知分法的对角线.选择它,能够节省不是一次,而是4次变换.

例10 证明:在任意的除了平行四边形的凸多边形中,能够选取三条边,当延长它们时形成包围已知多边形的三角形.

提示 如果多边形不是三角形和平行四边形,那么它存在两条不平行的不相邻的边.延长它们直到相交,得到包含原来多边形的具有更少边数的新的多边形.若干次这样操作以后得到三角形或平行四边形.如果得到的是三角形,那么全部证完了,所以认为得到的是平行四边形 $ABCD$.在它的每条边上有原来的多边形的边,并且它的一个顶点,例如 A,不属于原来的多边形(图3).设 K 是位于 AD 上靠近 A 的多边形的顶点,而 KL 是不在 AD 上的多边形的边,则多边形包含在直线 KL,BC 和 CD 形成的三角形内.

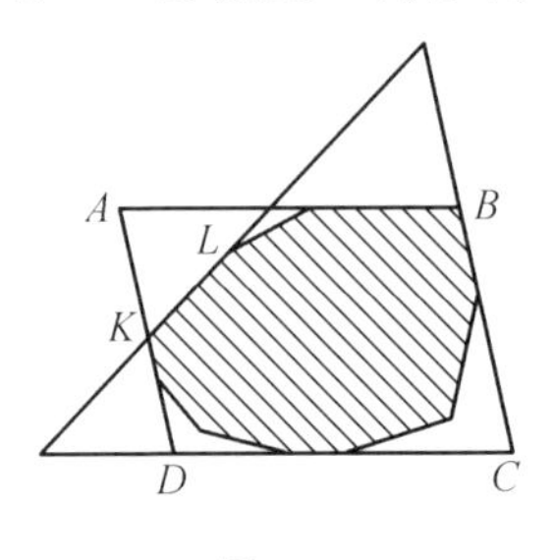

图3

例11 给出凸 n 边形,它的任意两条边不平行,证明:在例10谈到的三角形不少于 $n-2$ 个.

提示 对 n 进行归纳证明.当 $n=3$ 时,论断显然.根据例10,存在直线 a,b 和 c,它们是已知 n 边形的边的延长线并且形成三角形 T,它包含已知的 n 边形.设直线 l 是已知 n 边形的任一另外边的延长线.n 边形的

边(除去位于直线 l 的边以外)的延长线,形成位于三角形 T 内的凸 $n-1$ 边形.根据归纳假设,对于这个 $n-1$ 边形存在 $n-3$ 个需要的三角形.此外,直线 l 与直线 a,b 和 c 中的两条也形成三角形.

注　如果点 $A_2,\cdots,A_n$ 在以 A_1 为中心的圆上,并且 $\angle A_2A_1A_n<90^\circ$,$n$ 边形 $A_1\cdots A_n$ 是凸的,那么对这个 n 边形恰存在 $n-2$ 个需要的三角形.

例 12　点 O 位于凸 n 边形 $A_1\cdots A_n$ 的内部,证明:$\angle A_iOA_j$ 中不少于 $n-1$ 个不是锐角.

提示　对 n 进行归纳证明.当 $n=3$ 时,证明显然.现在考察 n 边形 $A_1\cdots A_n$,其中 $n\geqslant 4$.点 O 位于某个 $\triangle A_pA_qA_r$ 的内部.设 A_k 是已知多边形的不同于点 A_p,A_q 和 A_r 的顶点.由 n 边形 $A_1\cdots A_n$ 去掉 A_k 得到 $n-1$ 边形,对它可以运用归纳假设.此外,$\angle A_kOA_p$,$\angle A_kOA_q$ 和 $\angle A_kOA_r$ 不能全是锐角,因为这些角中某两个的和大于 180°.

例 13　在圆中内接有凸 n 边形 $A_1\cdots A_n$,同时它的顶点中没有对径点,证明:如果 $\triangle A_pA_qA_r$ 中至少有一个是锐角三角形,那么这样的锐角三角形不少于 $n-2$ 个.

提示　对 n 进行归纳证明.当 $n=3$ 时,论断显然.设 $n\geqslant 4$,固定一个锐角 $\triangle A_pA_qA_r$ 且去掉与这个三角形顶点不同的顶点 A_k.对得到的 $n-1$ 边形可以运用归纳假设.此外,如果,例如点 A_k 位于 $\overset{\frown}{A_pA_q}$ 上并且

$$\angle A_kA_pA_r\leqslant\angle A_kA_qA_r$$

那么 $\triangle A_kA_pA_r$ 是锐角三角形.实际上

$$\angle A_pA_kA_r=\angle A_pA_qA_r$$

$$\angle A_pA_rA_k<\angle A_pA_rA_q$$

$$\angle A_kA_pA_r\leqslant 90^\circ$$

而这意味着

$$\angle A_kA_pA_r < 90°$$

例 14 1) 证明:平行四边形不能被与它位似的三个小平行四边形所覆盖.

2) 证明:除平行四边形以外的任意凸多边形能被与它位似的三个小的多边形所覆盖.

提示 1) 设 $ABCD$ 是已知的平行四边形. 在与它位似的小的平行四边形中,平行于边 AB 的任意线段,严格小于 AB. 这不仅对于边,而且对于对角线也同样是对的,所以平行四边形的四个顶点的每一个应当被自己的平行四边形所覆盖.

2) 设凸多边形 M 不是平行四边形. 利用例 10 的结果,选取多边形 M 的三条边,当它们延长以后形成覆盖多边形 M 的 $\triangle ABC$. 然后在这三条边上选取点 A_1,B_1 和 C_1,区别于多边形的顶点(点 A_1 位于直线 BC 上,依此类推). 最后,选取多边形 M 内部的任意点 O. 线段 OA_1,OB_1 和 OC_1 分割 M 为三部分. 考察中心为 A 的位似. 如果位似系数足够地接近 1,那么多边形 M 完整地覆盖由 OB_1 和 OC_1 分割的这部分,两个其余的部分覆盖类似.

§2 等周不等式

下面将研究由光滑或者逐段光滑的[①]曲线界限的图形. 界限这个图形的曲线的长叫作图形的周长.

---

① 由有限条光滑曲线弧组成.

例 15　证明:对于任意的非凸图形 ψ,存在周长比 ψ 小的凸图形且面积比 ψ 大.

提示　在每个方向对图形 ψ 引支撑直线并且考察由这些直线得到的包含 ψ 的所有的半平面的交.结果得到凸图形 Φ.它包含 ψ,所以它的面积比较大,Φ 的边界曲线与 ψ 的边界曲线不同,某些曲线(或折线)段被直线段所代替,所以,Φ 的周长小于 ψ 的周长.

例 16　证明:如果存在图形 Φ',它的面积不小于图形 Φ 的面积,而 Φ' 的周长小于 Φ 的周长,那么存在与 Φ 的周长相同而面积比它大的图形.

提示　设 P 和 P' 是图形 Φ 和 Φ' 的周长,S 和 S' 是它们的面积.在系数为 $\frac{P}{P'}>1$ 的位似下,图形 Φ' 变为周长等于 P 的图形,而面积等于

$$\left(\frac{P}{P'}\right)^2 S'>S$$

例 17　证明:如果凸图形 Φ 的任意弦分它为周长相等但面积不等的两部分,那么存在凸图形 Φ' 与 Φ 具有同样的周长,但面积比 Φ 大.

提示　设弦 AB 分图形 Φ 为两个部分 Φ_1 和 Φ_2,它们的周长相等,而 Φ_1 的面积大于 Φ_2 的面积,则由 Φ_1 和由 Φ_1 关于 AB 对称的图形组成的图形,与 Φ 具有同样的周长,但面积比 Φ 大.

得到的图形能出现非凸的,在这种情形,利用例 15 和 16 的结果,能够作同样的周长和更大面积的凸图形.

例 18　证明:如果凸图形 Φ 不是圆,那么存在凸图形 Φ',与 Φ 具有同样的周长,但面积比 Φ 大.

提示　考察平分图形 Φ 的周长的弦 AB. 如果 AB 分图形 Φ 为不同面积的两部分，那么根据例 17 存在图形 Φ'，它与 Φ 具有同样的周长，但有较大的面积. 所以将认为，弦 AB 分图形 Φ 为相等面积的两部分. 在 Φ 的边界上存在点 P，对点 P 有 $\angle APB \neq 90^\circ$，因为不然的话，Φ 就是直径为 AB 的圆. 作需要的图形 Φ'. 作 $\mathrm{Rt}\triangle P_1A_1B_1$，它的直角边

$$P_1A_1 = PA$$

和

$$P_1B_1 = PB$$

并且把弦 PA 和 PB 截出的弓形靠在它的直角边上(图 4). 如果现在用直线 A_1B_1 截断这个弓形，那么，它的一个部分关于边界同直线 A_1B_1 的交点的反射，得到位于直线 A_1B_1 同一侧的图形. 附着在直角边 A_1P_1 和 P_1B_1 的弓形不能交叉，因为在点 P_1 的承托直线间的角等于

$$90^\circ + \varphi_1 + \varphi_2 = 90^\circ + (180^\circ - \angle APB) < 270^\circ$$

设 Φ' 是由作的图形和它关于直线 A_1B_1 对称的图形组成的图形，则 Φ' 与 Φ 具有同样的周长，但有较大的面积，因为

$$S_{\triangle A_1P_1B_1} = \frac{1}{2}A_1P_1 \cdot B_1P_1 > \frac{1}{2}AP \cdot BP\sin\angle APB = S_{\triangle APB}$$

注　这些讨论没有证明，已知周长的所有图形中具有最大面积的是圆. 没有证明，已知周长的所有图形中存在面积最大的图形.

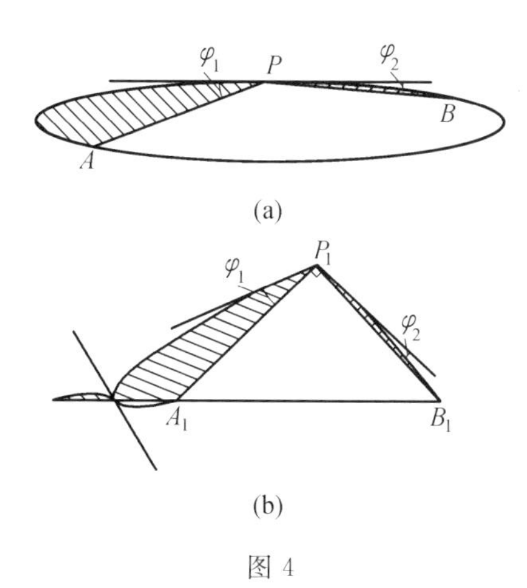

图 4

例 19　1）证明：在顶角和周长都给定的所有凸四边形中，圆外切四边形具有最大的面积.

2）证明：在顶角 A_i 和周长都给定的所有凸 n 边形 $A_1\cdots A_n$ 中，圆外切 n 边形具有最大的面积.

提示　因为所有的相似的多边形面积与周长的平方之比为常值，所以只需证明，在所有给定顶角的凸多边形中，面积与周长平方之比对圆外切多边形将有最大值.

1）首先考察当四边形 $ABCD$ 有一个角为α的平行四边形的情况. 如果它的边等于 a 和 b，那么面积与周长平方之比等于

$$\frac{ab\sin\alpha}{4(a+b)^2}\leqslant\left(\frac{a+b}{2}\right)^2\frac{\sin\alpha}{4(a+b)^2}=\frac{1}{16}\sin\alpha$$

同时仅当 $a=b$ 时，也就是，当 $ABCD$ 是菱形时，达到等式，而菱形是圆外切四边形.

现在认为 $ABCD$ 不是平行四边形，则它的两条边的延长线相交. 为确定起见，设射线 AB 和 DC 相交于

点E.引直线$B'C' \parallel BC$,与$\triangle AED$的内切圆相切(图5,点B'和C'位于边AE和DE上).设r是$\triangle AED$的内切圆的半径,O是内切圆的圆心,则

$$S_{\triangle EB'C'}=S_{\triangle EB'O}+S_{\triangle EOC'}-S_{\triangle OB'C'}=\frac{r}{2}(EB'+EC'-B'C')=qr$$

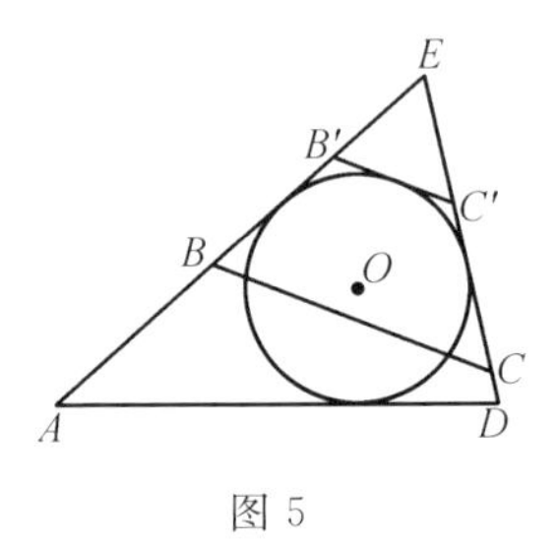

图 5

其中

$$q=\frac{1}{2}(EB'+EC'-B'C')$$

所以

$$S_{ABCD}=S_{\triangle AED}-S_{\triangle EBC}=S_{\triangle AED}-k^2 S_{\triangle EB'C'}=pr-k^2 qr$$

其中,p是$\triangle AED$的半周长,$k=\frac{EB}{EB'}$.现在计算四边形$ABCD$的周长.四边形$ABCD$和$\triangle EBC$的周长的和等于$\triangle AED$的周长与$2BC$的和,所以四边形$ABCD$的周长等于

$$2p-(EB+EC-BC)=2p-2kq$$

因此,四边形$ABCD$的面积对它的周长平方之比等于$\frac{pr-k^2 qr}{4(p-kq)^2}$.对于圆外切四边形$AB'C'D$,这个比等于$\frac{pr-qr}{4(p-q)^2}$,因为对它,$k=1$.剩下证明不等式

$$\frac{pr-k^2qr}{4(p-kq)^2}\leqslant\frac{pr-qr}{4(p-q)^2}$$

也就是

$$\frac{pr-k^2qr}{4(p-kq)^2}\leqslant\frac{1}{p-q}$$

(由于 $p>q$,能约去 $p-q$). 不等式

$$(p-k^2q)(p-q)\leqslant(p-kq)^2$$

是对的,因为它能化为形式

$$-pq(1-k)^2\leqslant 0$$

仅当 $k=1$,也就是当四边形 $ABCD$ 是圆外切四边形的情况,得到等式.

2) 对 n 引进归纳法的证明,对 $n=4$,论断的证明在问题1)中,从 $n\geqslant 5$ 开始归纳步骤的证明,任意 n 边形有这样的边,附着于它的两个角的和大于 $180°$. 实际上,全部附着于边的各对角的和,等于 n 边形所有角之和的2倍,所以,对于一个边,附着于它的两个角的和不小于

$$\frac{(n-2)\cdot 360°}{n}\geqslant 360°\times\frac{3}{5}>180°$$

为确定起见,设顶角 $\angle A_1$ 和 $\angle A_2$ 的和大于 $180°$,则射线 A_nA_1 和 A_3A_2 相交在点 B(图6). 考察这样的辅助的圆外切 n 边形 $A'_1\cdots A'_n$,它的边平行于 n 边形 $A_1\cdots A_n$ 的边.

用 B' 表示射线 $A'_nA'_1$ 和 $A'_3A'_2$ 的交点,为了简化计算,将认为 $n-1$ 边形 $BA_3A_4\cdots A_n$ 和 $B'A'_3A'_4\cdots A'_n$ 的周长一样并等于 P(这从多边形的相似变换能够得到).

设 r 是多边形 $A'_1\cdots A'_n$ 的内切圆的半径,则多边形 $B'A'_3A'_4\cdots A'_n$ 的面积等于 $\frac{rP}{2}$. 根据归纳假设,$n-1$ 边形

$BA_3A_4\cdots A_n$ 的面积不大于 $B'A'_3A'_4\cdots A'_n$的面积,也就是,它等于$\frac{\alpha rP}{2}$,其中 $\alpha\leqslant 1$,并且 $\alpha=1$ 只在多边形 $B'A'_3A'_4\cdots A'_n$ 是圆外切多边形的情况.

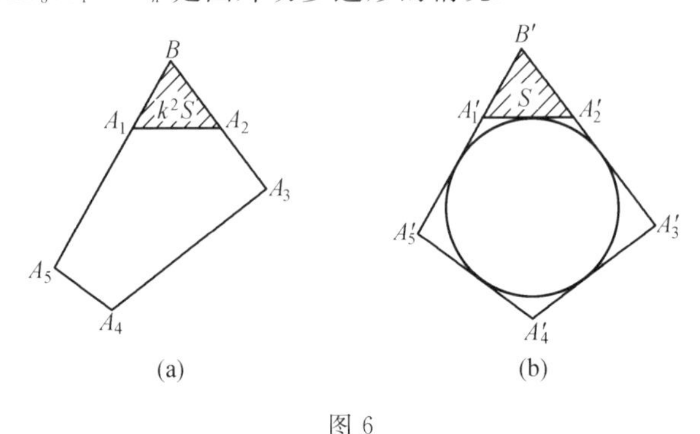

(a)　(b)

图 6

设 $\triangle A'_1A'_2B'$ 的面积等于 S,而 $\triangle A_1A_2B$ 和 $\triangle A'_1A'_2B'$ 的相似系数等于 k,则 $\triangle A_1A_2B$ 的面积等于k^2S,显然

$$S=\frac{1}{2}rA'_1B'+\frac{1}{2}rA'_2B'-\frac{1}{2}rA'_1A'_2=\frac{1}{2}rq$$

其中

$$q=A'_1B'+A'_2B'-A'_1A'_2$$

所以多边形 $A_1\cdots A_n$ 和 $A'_1\cdots A'_n$的面积分别等于$\frac{r(P-q)}{2}$ 和$\frac{r(\alpha P-k^2q)}{2}$,而它们的周长等于 $P-q$ 和 $P-kq$,剩下证明

$$\frac{\alpha P-k^2q}{(P-kq)^2}\leqslant\frac{P-q}{(P-q)^2}=\frac{1}{P-q}$$

并且仅当$\alpha=1$ 和 $k=1$ 时取等号(如果 $\alpha=1$,那么多边形 $BA_3A_4\cdots A_n$ 和 $B'A'_3A'_4\cdots A'_n$全等,而如果在这种情况下还有 $k=1$,那么

$$\triangle A_1A_2B \backsim \triangle A_1'A_2'B'$$

也即多边形 $A_1\cdots A_n$ 和 $A_1'\cdots A_n'$ 全等). 不复杂的计算表明,不等式

$$(P-q)(\alpha P-k^2q)\leqslant(P-kq)^2$$

等价于不等式

$$0\leqslant Pq(1-k)^2+(1-\alpha)(P-q)P$$

后一个不等式是正确的,并且仅当 $\alpha=1$ 和 $k=1$ 时得到等式.

例 20　证明:圆的面积大于任意的同样周长的其他图形的面积. 换言之,如果图形的面积等于 S,而周长等于 P,那么

$$S\leqslant\frac{P^2}{4\pi}$$

并且仅在圆的情形达到相等(等周不等式).

提示　对于任意的非凸图形存在与它的周长相等但面积更大的凸图形(例15和例16),所以仅限于凸图形来讨论即可.

设 Φ 是不同于圆的凸图形,K 是圆. 必须证明,K 的面积对周长平方的比,较 Φ 来得大. Φ 和 K 的面积与周长能够作为围绕 Φ 和 K 的外切多边形的面积与周长,由它的所有顶点的角趋于零时的极限来确定. 设圆 K 有某个外切多边形. 考察另一个多边形,它的边分别与第一个多边形的边平行,而又围绕外切于 Φ. 对第一个多边形的面积与周长平方的比,大于第二个多边形的对应比值(例19). 取极限,得到对 K 的面积与周长平方的比值不小于对 Φ 的相应的比值.

如果不同于圆的图形 Φ 的周长为1,那么它的面积不能等于周长为1的圆的面积,因为此时存在周长

为1的图形Φ',它的面积大于Φ的面积(例18),也就是大于周长为1的圆的面积.

注 另外的证明需要引进例30的结论.

例21 证明:如果凸多边形$A_1\cdots A_n$和$B_1\cdots B_n$的对应边相等,并且多边形$B_1\cdots B_n$是圆外切的,那么它的面积不小于多边形$A_1\cdots A_n$的面积.

提示 设K是内接多边形$B_1\cdots B_n$的圆.在多边形$A_1\cdots A_n$的每个边A_iA_{i+1}上向形外作弓形,使它等于在圆K上由边B_iB_{i+1}截下的弓形.并且考察由多边形$A_1\cdots A_n$和这些弓形所组成的图形Φ.两个这样的弓形仅当

$$\angle A_{i-1}A_iA_{i+1}-\angle B_{i-1}B_iB_{i+1}>180^\circ$$

时才能相交(图7),而这是不可能的,因为多边形$A_1\cdots A_n$是凸的,所以

$$S_\Phi=S_{A_1\cdots A_n}+S\text{ 和 }S_K=S_{B_1\cdots B_n}+S$$

其中S是弓形的面积之和.同样显然

$$P_\Phi=P_K$$

因此,等周不等式有

$$S_K\geqslant S_\Phi$$

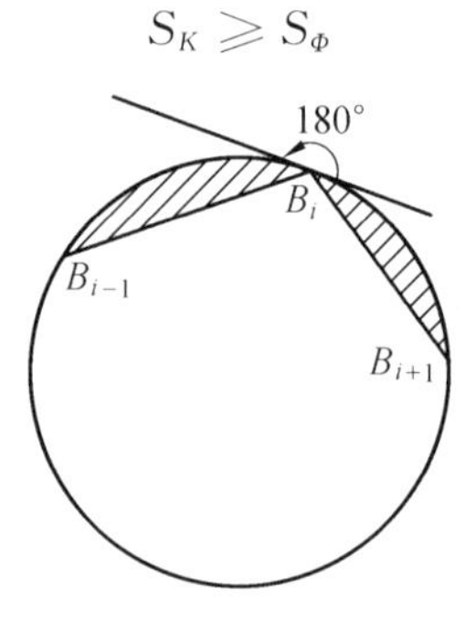

图7

即

$$S_{B_1\cdots B_n} \geqslant S_{A_1\cdots A_n}$$

而仅当Φ是圆，且多边形$A_1\cdots A_n$是圆内接四边形的情况得到等式.

例 22　不自交的折线分布在给定的半平面上，并且折线的两端在这半平面的边界上. 折线的长等于L，而折线与半平面的边界围成的多边形的面积等于S，证明

$$S \leqslant \frac{L^2}{2\pi}$$

提示　对已知的多边形添加它关于半平面的边界对称的多边形. 得到的多边形的面积为$2S$，周长为$2L$，所以根据等周不等式有

$$2S \leqslant \frac{(2L)^2}{4\pi}$$

也就是

$$S \leqslant \frac{L^2}{2\pi}$$

例 23　求分等边三角形为两个面积相等的图形的最小曲线的长.

提示　考察分等边$\triangle ABC$的面积为$\frac{S}{2}$的两个图形的曲线. 有两种情形：要么曲线由三角形的一个顶点（为确定起见，由顶点A）分它的对边，要么曲线是封闭的. 在第二种情形，根据例 20，曲线的长不小于$\sqrt{2\pi S}$. 现在考察第一种情形. 曲线的形式当依次关于直线AC，AB_1，AC_2，AB_2和AC_1对称（图 8）形成限制的图形的面积为$3S$的封闭的曲线，所以所求的曲线是圆心在点A，半径为$\sqrt{\frac{3S}{\pi}}$的圆弧. 它的长等于

$$\sqrt{\frac{\pi S}{3}}<\sqrt{2\pi S}$$

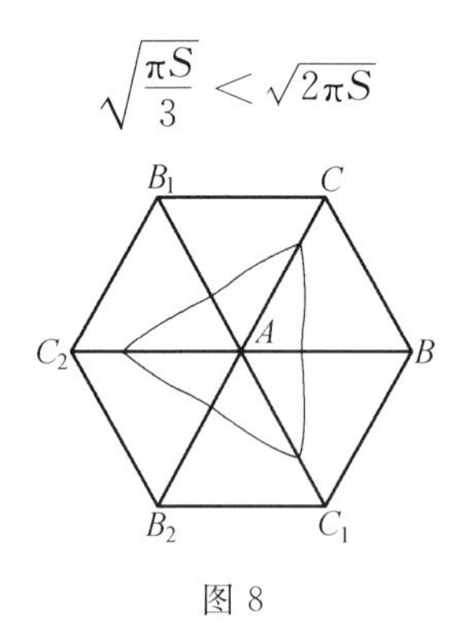

图 8

§3　施泰纳对称化

设 M 是凸图形，l 是某条直线. 多边形 M 关于直线 l 的施泰纳对称化是由下列方式得到的图形 Φ. 过直线 l 的每个点 X 引垂直于 l 的直线 m. 如果直线 m 交多边形 M 得长为 a 的线段，那么在 m 上作长为 a 的线段使其中点在点 X. 所作的线段形成的图形就是 Φ.

例 24　证明：凸多边形的施泰纳对称化是凸多边形.

提示　设 M' 是凸图形 M 关于直线 l 的施泰纳对称化. 需要证明，如果 A 和 B 是 M' 的点，那么整个线段 AB 属于 M'. 考察过点 A 和 B 的垂直于 l 的直线交 M' 的两条线段. 这两条直线交 M 为两条这样长的线段. 这些线段的凸包是整个位于 M 中的梯形. 这个梯形在对称化后得到位于 M' 中的梯形. 线段 AB 属于得到的梯形，所以它属于 M'.

例 25　证明：在施泰纳对称化后多边形的面积不

改变,而它的周长不增加.

提示　过多边形 M 的每个顶点引垂直于直线 l 的直线,这些直线分割多边形为梯形(某些梯形可能退化为三角形). 在施泰纳对称化以后,每个这样的梯形改变为还是这些底边且高相同的等腰梯形. 显然,在这个替代下梯形的面积不变. 剩下检验周长不会增加. 在此时,只需考察当梯形退化为三角形的情形就够了. 实际上,如果 $ABCD$ 是底为 AB 和 CD 的梯形,其中 $AB \leqslant CD$,那么由它可以截出平行四边形 $ABCD'$.

于是,设 ABC 是三角形,它的边 AB 固定,而顶点 C 沿平行于 AB 的直线 m 运动. 设 B' 是点 B 关于直线 m 的对称点,则

$$AC + CB = AC + CB' \geqslant AB'$$

当且仅当 $AC = CB$ 时取等号.

§4　闵可夫斯基和

例 26*　设 A 和 B 是固定点,λ 和 μ 是固定的数. 选取任意点 X 并用等式

$$\overrightarrow{XP} = \lambda\,\overrightarrow{XA} + \mu\,\overrightarrow{XB}$$

给出点 P,证明:当且仅当 $\lambda + \mu = 1$ 时,点 P 的位置与点 X 的选取无关. 同时证明,在这种情况下点 P 在直线 AB 上.

提示　如果

$$\overrightarrow{XP} = \lambda\,\overrightarrow{XA} + \mu\,\overrightarrow{XB}$$

则

$$\overrightarrow{AP} = \overrightarrow{AX} + \overrightarrow{XP} = (\lambda - 1)\,\overrightarrow{XA} + \mu\,\overrightarrow{XB} =$$

$$(\lambda-1+\mu)\overrightarrow{XA}+\mu\overrightarrow{AB}$$

所以,当且仅当

$$\lambda-1+\mu=0$$

时,向量$\overrightarrow{AP}$与点X的选取无关.在这种情况下

$$\overrightarrow{AP}=\mu\overrightarrow{AB}$$

所以点P在直线AB上.

如果$\lambda+\mu=1$,那么点P将表示为$\lambda A+\mu B$.

设M_1和M_2是凸多边形,λ_1和λ_2是正数,它们的和等于1.图形$\lambda_1M_1+\lambda_2M_2$由形为$\lambda_1A_1+\lambda_2A_2$的点所组成,其中$A_1$是$M_1$的点,$A_2$是$M_2$的点,称为多边形$M_1$和$M_2$的闵可夫斯基和.不仅对于凸多边形,而且对于任意图形(不必是凸的)都可以考察闵可夫斯基和.

类似地,对正数$\lambda_1,\cdots,\lambda_n$,它们的和等于1,可以研究图形$\lambda_1M_1+\cdots+\lambda_nM_n$.对于$\lambda_1+\cdots+\lambda_n\neq1$研究图形$\lambda_1M_1+\cdots+\lambda_nM_n$,但在这种情况,图形在平移下是精确的:当图形的点$X$变化是沿某个向量移动的.

例27 1)证明:如果M_1和M_2是凸多边形,那么$\lambda_1M_1+\lambda_2M_2$是凸多边形,它的边数不超过多边形$M_1$和$M_2$的边数的和.

2)设P_1和P_2是多边形M_1和M_2的周长,证明:多边形$\lambda_1M_1+\lambda_2M_2$的周长等于$\lambda_1P_1+\lambda_2P_2$.

提示 设$\lambda_1A_1+\lambda_2A_2$和$\lambda_1B_1+\lambda_2B_2$是图形$\lambda_1M_1+\lambda_2M_2$的点(这里$A_i$和$B_i$是多边形$M_i$的点),则图形$\lambda_1M_1+\lambda_2M_2$包含顶点为$\lambda_1A_1+\lambda_2A_2$,$\lambda_1B_1+\lambda_2A_2$,$\lambda_1B_1+\lambda_2B_2$,$\lambda_1A_1+\lambda_2B_2$的平行四边形.由此推出,凸图形$\lambda_1M_1+\lambda_2M_2$包含这个平行四边形的对角线.

假设多边形 M_1 和 M_2 位于某条直线 l 的同一侧. 将这条直线平行于自身移动，直到它第一次不接触 M_1 和 M_2（一般来说，在不同的时刻）. 设 a_1 和 a_2 是直线 l 在接触 M_1 和 M_2 的瞬间沿着它交得的线段长度（当直线 l 不平行于多边形 M_i 的边时，$a_i=0$），则直线 l 在同图形 $\lambda_1M_1+\lambda_2M_2$ 接触的瞬间交它的线段长为 $\lambda_1a_1+\lambda_2a_2$. 数 $\lambda_1a_1+\lambda_2a_2$ 不为零，仅在数 a_1 和 a_2 之一不为零的情况.

例 28　设 S_1 和 S_2 是多边形 M_1 和 M_2 的面积，证明：多边形 $\lambda_1M_1+\lambda_2M_2$ 的面积 $S(\lambda_1,\lambda_2)$ 等于 $\lambda_1^2S_1+2\lambda_1\lambda_2S_{12}+\lambda_2^2S_2$，其中 S_{12} 只与 M_1 和 M_2 有关.

提示　取多边形 M_i 内部的点 O_i，并且以 O_i 为顶点分它为三角形. 多边形 $\lambda_1M_1+\lambda_2M_2$ 以

$$O=\lambda_1O_1+\lambda_2O_2$$

为顶点分为三角形. 重新作为在例 27 的解，取直线 l 并且考察直线 l 在同图形 M_1 和 M_2 首次接触的瞬间交它的线段. 设 a_1 和 a_2 是这两条线段的长. 底边为 a_1 和 a_2 且高为 h_1 和 h_2 的三角形对与底为 $\lambda_1a_1+\lambda_2a_2$ 且高为 $\lambda_1h_1+\lambda_2h_2$ 的三角形相对应. 剩下注意

$$(\lambda_1a_1+\lambda_2a_2)(\lambda_1h_1+\lambda_2h_2)=$$
$$\lambda_1^2a_1h_1+\lambda_1\lambda_2(a_1h_2+a_2h_1)+\lambda_2^2a_2h_2$$

例 29　证明

$$S_{12}\geqslant\sqrt{S_1S_2}$$

也就是

$$\sqrt{S(\lambda_1,\lambda_2)}\geqslant\lambda_1\sqrt{S_1}+\lambda_2\sqrt{S_2}\text{（布伦）}$$

提示　首先考察 M_1 和 M_2 是具有平行的边的长方形的情况. 设 a_1 和 b_1 是长方形 M_1 的边长，a_2 和 b_2 是长方形 M_2 的边长（边 a_1 平行于边 a_2），则 λ_1M_1+

$\lambda_2 M_2$ 是边为 $\lambda_1 a_1+\lambda_2 a_2$ 和 $\lambda_1 b_1+\lambda_2 b_2$ 的长方形. 这样一来,必须检验不等式

$$(\lambda_1 a_1+\lambda_2 a_2)(\lambda_1 b_1+\lambda_2 b_2)\geqslant$$
$$(\lambda_1\sqrt{a_1 b_1}+\lambda_2\sqrt{a_2 b_2})^2$$

也就是

$$a_1 b_2+a_2 b_1\geqslant 2\sqrt{a_1 a_2 b_1 b_2}$$

这是两个数之间的算术平均与几何平均不等式.

现在考察这样的情形,当多边形 M_1 用下面的方式作出:$n-1$ 条水平的直线分它为 n 个面积为$\frac{S_1}{n}$ 的长方形;多边形 M_2 的作法类似. 则带有一致的号码数的和的面积不小于

$$\left(\lambda_1\sqrt{\frac{S_1}{n}}+\lambda_2\sqrt{\frac{S_2}{n}}\right)^2=\frac{1}{n}(\lambda_1\sqrt{S_1}+\lambda_2\sqrt{S_2})^2$$

每个这样的和都包含在多边形 $\lambda_1 M_1+\lambda_2 M_2$ 中. 同样显然,所有 n 个这样的长方形的和不彼此重叠,因为平行直线 l_1 和 l_1' 限制的带形与平行直线 l_2 和 l_2' 限制的带形的和,是直线 $\lambda_1 l_1+\lambda_2 l_2$ 和 $\lambda_1 l_1'+\lambda_2 l_2'$ 限制的带形(假设直线 l_1 在 l_1' 上面,而直线 l_2 在 l_2' 上面). 因此,多边形 $\lambda_1 M_1+\lambda_2 M_2$ 的面积不小于 $(\lambda_1\sqrt{S_1}+\lambda_2\sqrt{S_2})^2$.

多边形 M_1 和 M_2 可以用考察上面形式的多边形任意精确地逼近,所以在一般形式的凸多边形的情形需要的不等式用极限过程来证明.

注 不等式 $S_{12}\geqslant\sqrt{S_1 S_2}$ 称为布伦-闵可夫斯基不等式. 与此联系,闵可夫斯基证明了这个不等式当且仅当多边形 M_1 和 M_2 位似时变为等式.

例 30 1) 设 M 是凸多边形,它的面积等于 S,而周长等于 P,D 是半径为 R 的圆,证明:图形 $\lambda_1 M+\lambda_2 D$

的面积等于$\lambda_1^2 S+\lambda_1\lambda_2 PR+\lambda_2^2\pi R^2$.

2）证明：$S\leqslant\frac{P^2}{4\pi}$.

提示　1）图形$\lambda_1 M+\lambda_2 D$是由与以系数λ_1位似于M的多边形的距离不大于$\lambda_2 R$的点组成的.这个图形的面积等于$\lambda_1^2 S+\lambda_1\lambda_2 PR+\lambda_2^2\pi R^2$.

2）根据布伦不等式

$$\lambda_1^2 S+\lambda_1\lambda_2 PR+\lambda_2^2\pi R^2\geqslant(\lambda_1\sqrt{S}+\lambda_2\sqrt{\pi R^2})^2$$

即

$$PR\geqslant 2\sqrt{S\pi R^2}$$

所以

$$S\leqslant\frac{P^2}{4\pi}$$

例31　证明：凸多边形当且仅当它能表示为某些线段之和的形式时具有对称中心.

提示　如果$I_1,\cdots,I_n$是分布在平面上的线段，而$O_1,\cdots,O_n$是它们的中点，那么多边形$\lambda_1 I_1+\cdots+\lambda_n I_n$关于点$\lambda_1 O_1+\cdots+\lambda_n O_n$对称.

现在考察具有对称中心O的凸多边形$A_1\cdots A_{2n}$.平行地移动线段$A_1A_2,A_2A_3,\cdots,A_nA_{n+1}$，使得它们的中点与点$O$重合.这些线段增加了$n$次，剩下它们的中点不动.设$I_1,\cdots,I_n$是得到的线段，则和$\frac{1}{n}I_1+\cdots+\frac{1}{n}I_n$是原来的多边形.

§5　赫利定理

例32　1）在平面上给出四个凸图形，并且它们中任意三个具有公共点，证明：这时全部四个图形具有公共点.

2）在平面上给出 n 个凸图形，并且它们中任意三个具有公共点. 证明：这时全部 n 个图形具有公共点.（赫利定理）

提示 1）用 M_1，M_2，M_3 和 M_4 表示给出的图形. 设 A_i 是除 M_i 以外的所有图形的交点. 点 A_i 的分布可能有两种变式.

①A_i 中的一个点，例如 A_4，它位于其余三个点形成的三角形的内部. 因为点 A_1，A_2，A_3 属于凸图形 M_4，那么 $\triangle A_1A_2A_3$ 的所有点属于 M_4，所以点 A_4 属于 M_4，而根据自己的定义，它属于其余的图形.

②$A_1A_2A_3A_4$ 是凸四边形. 设 C 是对角线 A_1A_3 和 A_2A_4 的交点. 我们证明，点 C 属于所有给出的图形. 两个点 A_1 和 A_3 属于图形 M_2 和 M_4，所以线段 A_1A_3 属于这些图形. 类似地，线段 A_2A_4 属于图形 M_1 和 M_3，因此线段 A_1A_3 和 A_2A_4 的交点属于所有给出的图形.

2）对图形的个数进行归纳证明. 对 $n=4$ 的论断已经证明. 我们证明，如果论断对 $n \geqslant 4$ 个图形成立，那么对 $n+1$ 个图形，它也是对的. 设给出凸图形 Φ_1，…，Φ_n，Φ_{n+1}，它们中每三个都具有公共点. 考察替换它们的图形Φ_1，…，Φ_{n-1}，Φ'_n，其中 Φ'_n是 Φ_n 与 Φ_{n+1} 的交. 显然，图形 Φ'_n也是凸的. 我们将证明，新图形中的任意三个具有公共点. 在此时能够产生怀疑的只是对于包含Φ'_n的三图形组，但由前面的问题得出，图形 Φ_i，Φ_j，Φ_n 和 Φ_{n+1} 总具有公共点，因此根据归纳假设，Φ_1，…，Φ_{n-1}，Φ'_n具有公共点，也就是，Φ_1，…，Φ_n，Φ_{n+1} 具有公共点.

例 33　1）给出凸多边形. 已知对于它的任意三条边能够选取多边形内的点 O，使得由点 O 向这三条边引的垂线落在边的本身，而不在它们的延长线上，证明：这个点 O 能对所有的边同时选取.

2）证明：在凸四边形的情形，这个点 O 能够选取，如果它对于任意两条边可以选取的话.

提示　1）对于已知多边形的每个边 AB，考察过点 A 和 B 引的直线 AB 的垂线限定的带形. 对此组成的凸图形再增加多边形本身. 根据条件，这些图形中任意三个具有公共点，所以根据赫利定理，所有这些图形具有公共点.

2）设 $ABCD$ 是给定的凸四边形. 根据问题 1）只需检验，需要的点 O 可以对它的任意选取的三条边就足够了. 我们证明，例如，它可以对选取的边 AB，BC 和 CD 来进行. 设 X 是四边形所有这样点的集合，由这样的点引向边 AB 和 CD 的垂线，垂足位于自身的边上. 考察三种情形：

①$\angle B$ 和 $\angle C$ 是非钝角，则过集合 X 的任意点.

②$\angle B$ 和 $\angle C$ 是钝角，则过由点 B 和 C 对 AB 和 CD 引的垂线的交点.

③$\angle B$ 是非钝角，$\angle C$ 是钝角，则过位于点 C 引的直线 CD 的垂线上的集合 X 的任意点.

例 34　证明：任意凸七边形的内部存在着不属于任一个由它的相邻四个顶点形成的四边形的点.

提示　考察删去七边形一对相邻顶点剩下的五边形，只需检验它们中任意三个具有公共点. 对于三个五边形删去的不多于六个不同的顶点，也就是，还剩下一个顶点. 如果顶点 A 没被删去，那么在图 9 中涂斜线的三角形属于全部三个五边形.

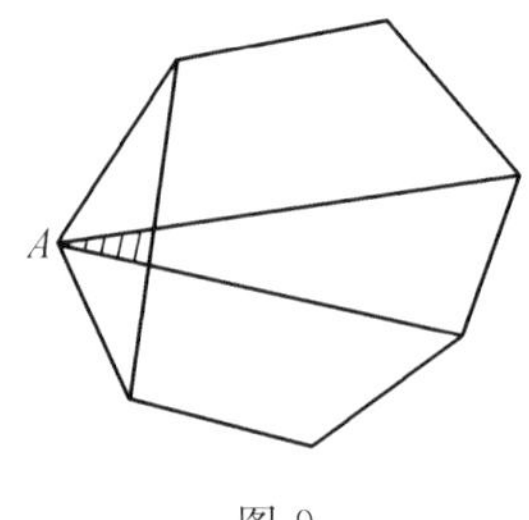

图 9

例 35 给出某些平行的线段,并且对于它们中的任意三条存在同它们相交的直线,证明:存在与所有的线段都相交的直线.

提示 引入 Oy 轴平行于已知线段的坐标系.对于每条线段,考察所有这样的点(a,b)的集合,使得直线

$$y=ax+b$$

与它相交.只需检验,这些集合是凸的,且对它们运用赫利定理.对于端点为(x_0,y_1)和(x_0,y_2)的线段,考察的集合是包含在平行直线

$$ax_0+b=y_1$$

和

$$ax_0+b=y_2$$

之间的带形.

§6 非凸多边形

例 36 任意五边形位于自己的某条边的一侧,这样的边不少于两条,这种说法对吗?

提示　不对，如图 10 所示.

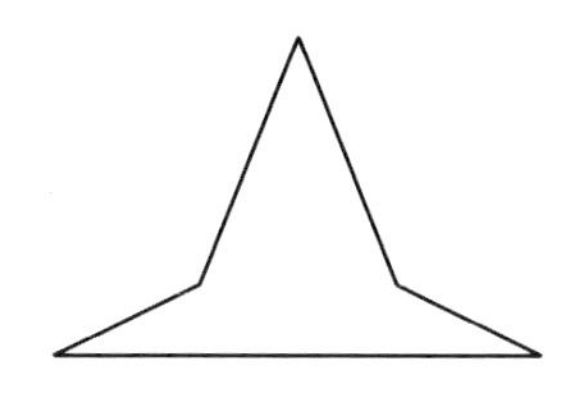

图 10

例 37　1）试画一个多边形和它内部的一点 O，使得从点 O 看它的任意一条边都看不到完整的边.

2）试画一个多边形和它外部的一点 O，使得从点 O 看它的任意一条边都看不到完整的边.

提示　需要的多边形和点画在图 11 中.

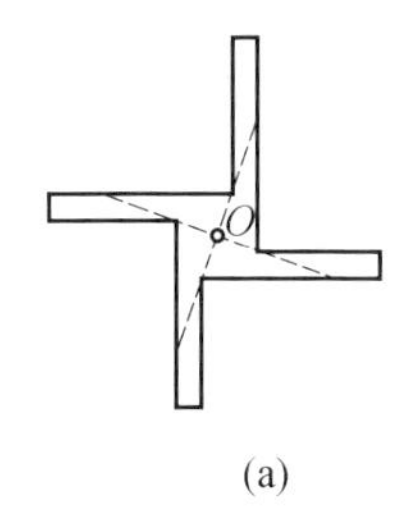

(a)

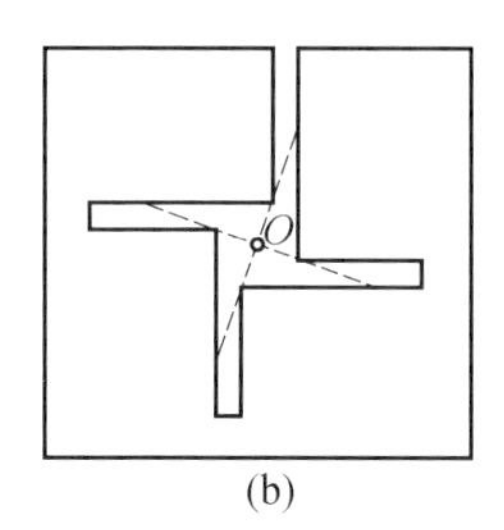

(b)

图 11

例 38　证明：如果多边形由某个点 O 能看全它的边界，那么由平面上任意点能看全它的至少一条边.

提示　设由点 O 看到多边形 $A_1 \cdots A_n$ 的整个周界轮廓，则 $\angle A_iOA_{i+1}$ 不包含多边形除 A_iA_{i+1} 之外的其余的边，所以点 O 位于多边形的内部（图 12），平面上的任意点 X 属于 $\angle A_iOA_{i+1}$ 中的一个，所以由它能看到边 A_iA_{i+1}.

例 39　证明：任意多边形的与小于 180° 的内角邻接的外角之和不小于 360°.

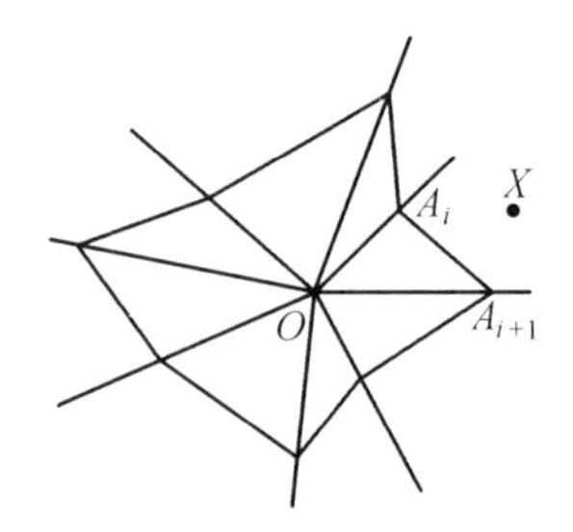

图 12

提示　因为凸 n 边形全部内角都小于 180°，且它们的和等于 $(n-2)\cdot 180^\circ$，所以外角和等于 360°，也就是，在凸多边形的情况下达到等式.

现在设 M 是多边形 N 的凸包. 每个 M 的角包含 N 的小于 180° 的角，且 M 的角能够只大于 N 的角. 也就是，N 的外角不小于 M 的外角(图 13)，所以甚至局限在只是与 M 的角重合的 N 的角，已经得到它们的外角和不小于 360°.

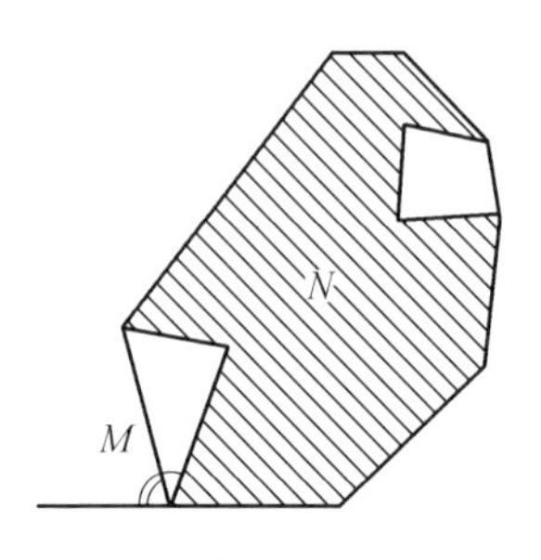

图 13

例 40　1) 证明：任意 $n(n\geqslant 4)$ 边形至少有一条对角线整个位于这个多边形的内部.

2) 请说明，n 边形中能有这样的(整个位于这个多边形内部的)对角线的最小的条数.

提示　1）如果多边形是凸的，那么结论显然．现在假设，多边形在顶点A的内角大于180°．由点A看能看到的边的部分的视角小于180°，所以，由点A至少能看到两个边的部分．因此，存在由点A引出的射线，由点A望去，从一边变到另一边（在图14中画出了全部这样的射线）．这些射线的每一条给出的对角线都整个的位于多边形的内部．

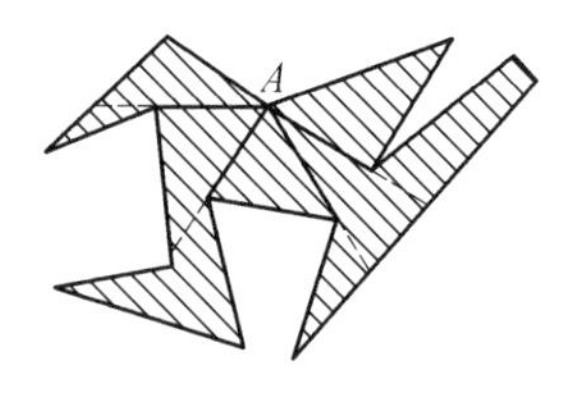

图14

2）由图15看出，正如所作的多边形，位于这个多边形内部的对角线恰有$n-3$条．剩下证明，任意n边形至少有$n-3$条对角线．当$n=3$时，这个结论显然．假设，对所有的k边形，其中$k<n$，结论是对的，证明对于n边形，结论也是对的．根据问题1），n边形能够用对角线分割成两个多边形：$k+1$边形和$n-k+1$边形，并且

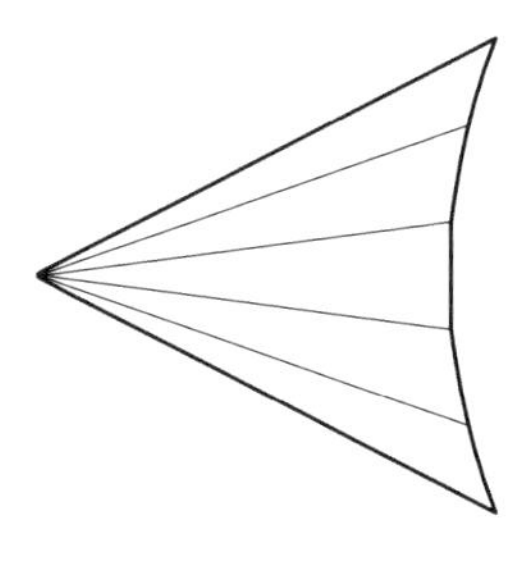

图15

$$k+1<n, n-k+1<n$$

它们至少分别有$(k+1)-3$和$(n-k+1)-3$条对角线位于其所在多边形的内部，所以对于n边形至少有

$$1+(k-2)+(n-k-2)=n-3$$

条位于多边形内部的对角线.

例 41 在非凸n边形中，不能引对角线的顶点的最大个数等于多少？

提示 首先证明，如果A和B是n边形相邻接的顶点，那么由A或者由B能引对角线. 当多边形在顶点A的内角大于180°的情况，拆析在例40的问题1)的解中. 现在假设，顶点A的内角小于180°，设B和C是与A相邻的顶点. 如果$\triangle ABC$内没有多边形的顶点，那么BC是对角线，而如果P是位于$\triangle ABC$内靠近A的多边形的顶点，那么AP是对角线. 因此，n边形中不能引对角线顶点的个数不超过$\left[\frac{n}{2}\right]$(即数$\frac{n}{2}$的整数部分). 另一方面，存在n边形，这个估值可以达到(图16).

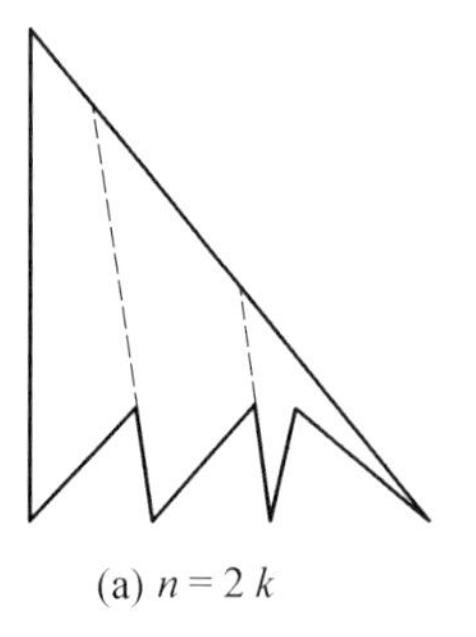

(a) $n=2k$

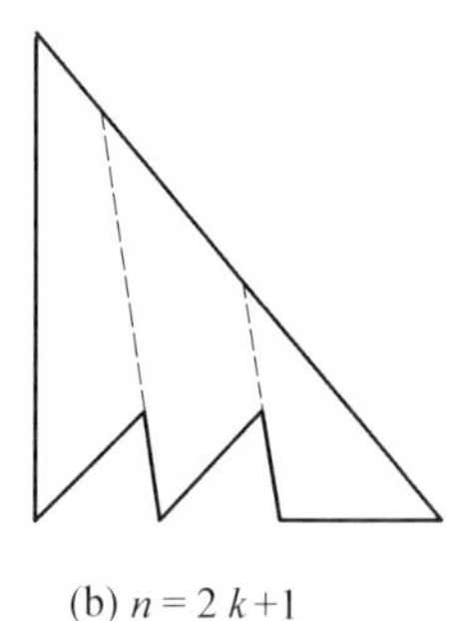

(b) $n=2k+1$

图 16

例 42　证明:任意 n 边形能用不相交的对角线分割为三角形.

提示　用对 n 的归纳证明这个论断.当 $n=3$ 时,它是显然的,假设对所有的 k 边形,其中 $k<n$,论断已经证明,并且对任意的 n 边形证明它.任意的 n 边形可以用对角线分为两个多边形(参见例40的问题1)),并且它们每个的顶点数严格地小于 n,也就是,根据归纳假设,它们能分割为三角形.

例 43　证明:任意 n 边形的内角和等于 $(n-2)\cdot 180°$.

提示　用归纳法证明这个论断.当 $n=3$ 时,它是显然的,假设对所有的 k 边形,其中 $k<n$,论断已经证明,并且对任意的 n 边形证明它.任意的 n 边形可以用对角线分为两个多边形(参见例40中的问题1)),如果它们之一的边数等于 $k+1$,则第二个的边数等于 $n-k+1$.并且这两个数都小于 n,所以这两个多边形的内角和分别等于 $(k-1)\cdot 180°$ 和 $(n-k-1)\cdot 180°$.同样显然,n 边形的内角和等于这两个多边形的内角和,即它等于

$$(k-1+n-k-1)\cdot 180°=(n-2)\cdot 180°$$

例 44　证明:用不相交的对角线分 n 边形所得三角形的个数等于 $n-2$.

提示　得到的三角形所有角的和等于 n 边形的内角和,即它等于 $(n-2)\cdot 180°$(参见例43),所以三角形的个数等于 $n-2$.

例 45　用不相交的对角线分多边形为三角形,证明:由这些对角线中至少有两个截它为三角形.

提示　设 k_i 是已知分法中恰有 i 个边是多边形的边的三角形的个数. 需要证明，$k_2 \geqslant 2$. n 边形的边的数目等于 n，而分割三角形的数目等于 $n-2$(参见例 44)，所以

$$2k_2 + k_1 = n, k_2 + k_1 + k_0 = n - 2$$

由第一个等式减第二个，得到

$$k_2 = k_0 + 2 \geqslant 2$$

例 46　证明：对任意的十三边形能求出恰包含它的一条边的直线. 但当 $n > 13$ 时，存在 n 边形，对于它，这个结论是不对的.

提示　假设存在十三边形，满足在任何一条包含它的边的直线上都还至少有一条边. 过这个多边形的每条边都引直线. 因为它有 13 条边，所以在所引直线中有一条上有奇数条边，即在一条直线上至少有 3 条边. 它们有 6 个顶点并且过每个顶点引的直线上至少有两条边，所以这个十三边形整个不少于 $3 + 2 \times 6 = 15$ 条边，这是不可能的.

对于偶数 $n \geqslant 10$ 需要的例子是"星形"(图 17(a))；对于奇数 n 构造例子的想法如图 17(b) 所示.

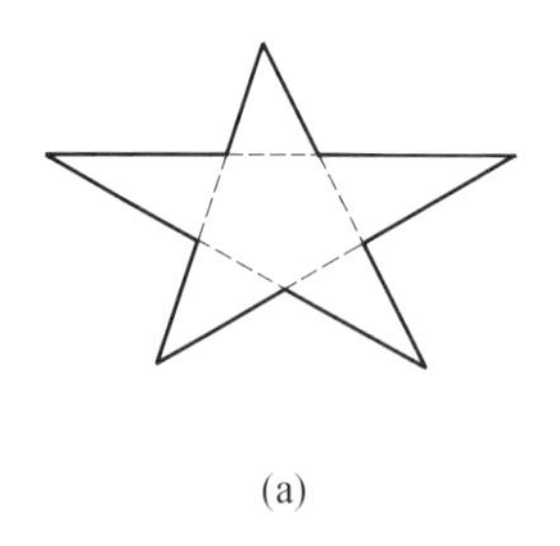

(a)

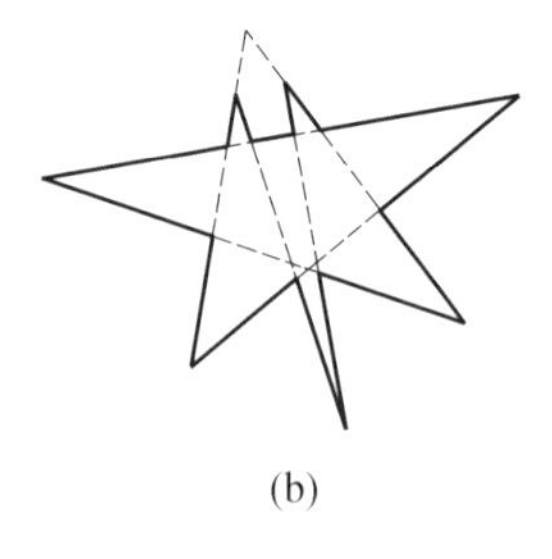

(b)

图 17

例 47　在非凸 n 边形中，锐角的最大个数等于多少？

提示　设 k 是 n 边形中的锐角个数，则 n 边形的角的和小于 $k\cdot 90^\circ+(n-k)\cdot 360^\circ$. 另一方面，$n$ 边形的内角和等于 $(n-2)\cdot 180^\circ$（参见例 43），所以

$$k\cdot 90^\circ+(n-k)\cdot 360^\circ>(n-2)\cdot 180^\circ$$

即

$$3k<2n+4$$

因此

$$k\leqslant\left[\frac{2n}{3}\right]+1$$

其中用 $[x]$ 表示不超过 x 的最大整数. 具有 $\left[\frac{2n}{3}\right]+1$ 个锐角的 n 边形的例子，如图 18 所示.

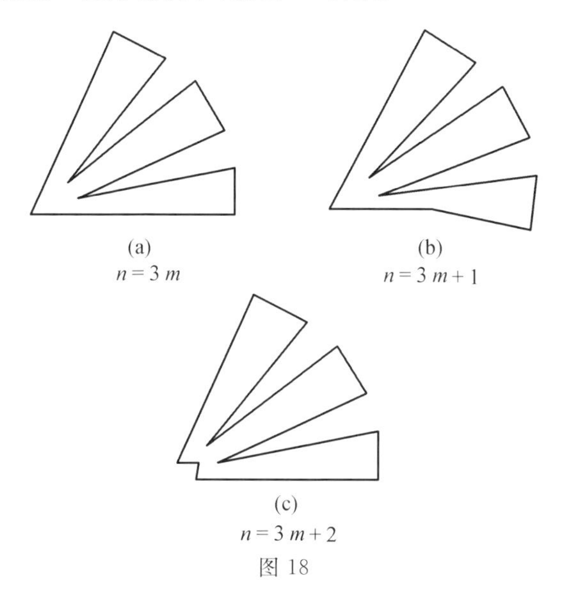

(a) $n=3m$　(b) $n=3m+1$　(c) $n=3m+2$

图 18

例 48 在非凸且边不自交的多边形中进行下面的操作.如果多边形位于直线AB的一侧,其中A和B是不相邻的顶点,那么点A和B分多边形的周界的一个部分关于线段AB的中点作反射,证明:经过若干次这样的操作以后,多边形成为凸的.

提示 在进行这些操作时,多边形的边向量变成和自己一样的向量,而只是它们的顺序有所变化(图19),所以能够得到的只是有限个多边形.此外,每次变化以后,多边形的面积严格增加.因此,过程有限.

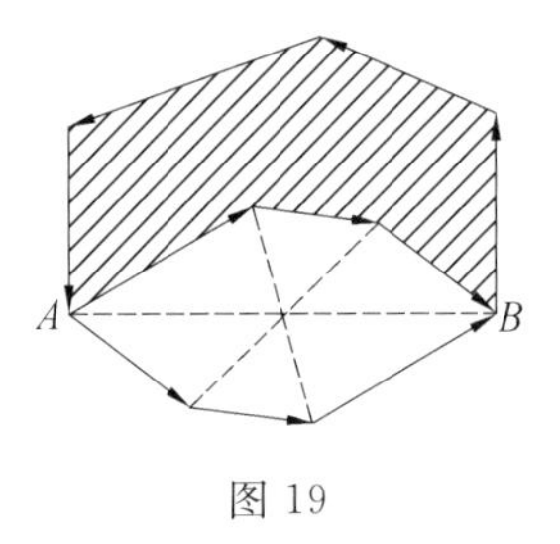

图 19

例 49 数$\alpha_1,\cdots,\alpha_n$满足不等式$0<\alpha_i<2\pi$,它们的和等于$(n-2)\pi$,证明:存在n边形$A_1\cdots A_n$,在它的顶点$A_1,\cdots,A_n$的角是$\alpha_1,\cdots,\alpha_n$.

提示 进行对n归纳的证明.当$n=3$时,论断显然,如果数α_i中有一个等于π,那么归纳的步骤显然,所以可以认为,如果$n\geqslant 4$,那么

$$\frac{1}{n}\sum_{i=1}^{n}(\alpha_i+\alpha_{i+1})=\frac{2(n-2)\pi}{n}\geqslant\pi$$

并且只在四边形时取等号.这意味着,在任意情况下,除平行四边形外($\alpha_1=\pi-\alpha_2=\alpha_3=\pi-\alpha_4$),存在两个相邻的数,它们的和大于$\pi$.不但如此,存在这样的数$\alpha_i$和$\alpha_{i+1}$,满足

$$\pi < \alpha_i + \alpha_{i+1} < 3\pi$$

事实上，如果全部给出的数都小于 π，那么能够取到上面指出的数对；如果 $\alpha_j > \pi$，那么能够取这样的数 α_i 和 α_{i+1}，使得 $\alpha_i < \pi$ 和 $\alpha_{i+1} > \pi$. 设

$$\alpha_i^* = \alpha_i + \alpha_{i+1} - \pi$$

则

$$0 < \alpha_i^* < 2\pi$$

所以根据归纳假设，存在 $n-1$ 边形 M 带有角 $\alpha_1, \cdots, \alpha_{i-1}, \alpha_i^*, \alpha_{i+2}, \cdots, \alpha_n$.

可能有三种情况：

(ⅰ) $\alpha_i^* < \pi$；

(ⅱ) $\alpha_i^* = \pi$；

(ⅲ) $\pi < \alpha_i^* < 2\pi$.

在第一种情况

$$\alpha_i + \alpha_{i+1} < 2\pi$$

所以这两个数之一，例如 α_i，小于 π. 如果 $\alpha_{i+1} < \pi$，那么由 M 映射带有角 $\pi - \alpha_i, \pi - \alpha_{i+1}, \alpha_i^*$ (图 20(a)) 的三角形；如果 $\alpha_{i+1} > \pi$，那么对 M 紧挨着放角为 $\alpha_i, \alpha_{i+1} - \pi, \pi - \alpha_i^*$ 的三角形(图 20(b)). 在第二种情况，由 M 映射为底位于边 $A_{i-1}A_i^*A_{i+2}$ 上的梯形(图 20(c)). 在第三种情况

$$\alpha_i + \alpha_{i+1} > \pi$$

所以这两个数之一，例如 α_i，大于 π. 如果 $\alpha_{i+1} > \pi$，那么对 M 紧挨着放角为 $\alpha_i - \pi, \alpha_{i+1} - \pi, 2\pi - \alpha_i^*$ 的三角形(图 20(d)). 如果 $\alpha_{i+1} < \pi$，那么由 M 映射带有角 $2\pi - \alpha_i, \pi - \alpha_{i+1}$ 和 $\alpha_i^* - \pi$ 的三角形(图 20(e)).

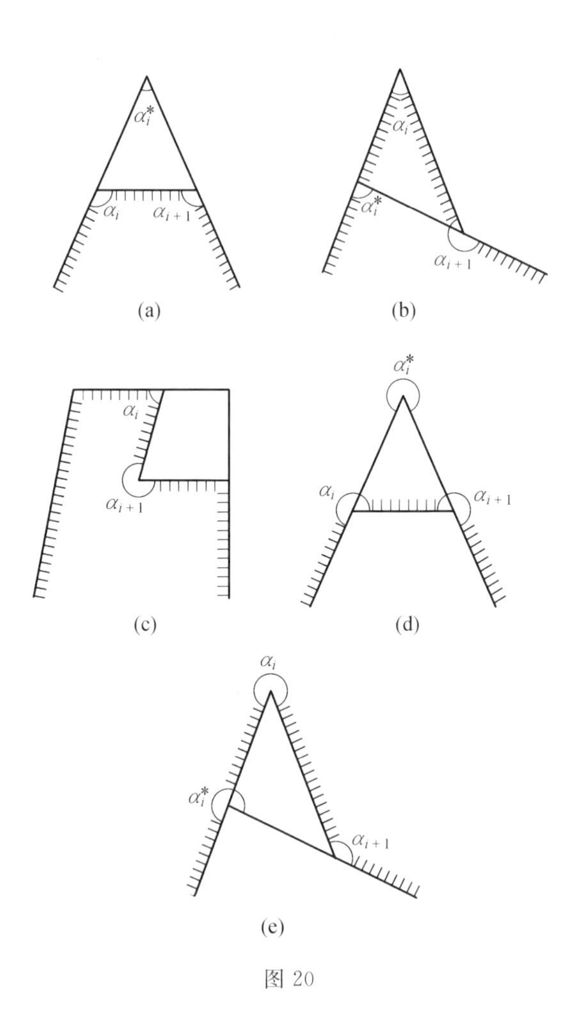
α_i^*
α_i
α_{i+1}
(a)
α_i
α_i^*
α_{i+1}
(b)
α_i
α_{i+1}
(c)
α_i^*
α_i
α_{i+1}
(d)
α_i
α_i^*
α_{i+1}
(e)

图 20

第二编

Barbier 定理

等宽度曲线

第7章

§1 从圆说起

大家知道,圆是到定点(即圆心)等距离的所有点组成的曲线.在日常生活中,车轮是圆的这一特性的实际应用.通常车厢固定在轮轴上,而轮轴由于等长的轮幅,在车轮滚动过程中始终处于地面上的一定高度,因而车子得到一个平稳的水平运动.其实,为了使滚动转化为平稳的水平运动,人们也常用圆的另一特性.例如为了移动重量很大的重物,原始的办法是把重物放在前面的滚柱(横截面为同样大小的圆的木棍或铁棍)上滚动(图1),这时重物就水平地向前移动.重物之所以不会产生忽上忽下的运动,是因为圆——滚柱的横截面——具有下述特性:即圆的任一对平行切线的距离总是相等的(等于该圆的直径). 这性质也可以概括地说成圆在任何方向上有相同的"宽度",所以可以把圆称为等宽度曲线.

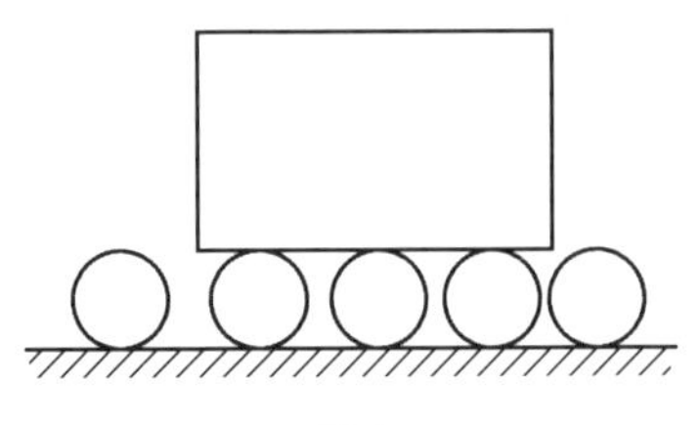

图 1

圆是否是唯一的等宽度曲线? 人们可能在片刻之间想象不出等宽度曲线的其他形状,但可以指出,这种曲线很多,甚至多不胜数. 因此作为滚柱来说,其横截面并不是非圆不可.

§2　等宽度曲线

设 P 为已知曲线 C 上的一点,l 为给定的直线. 过 P 作 l 的垂线,则垂足 Q 称为点 P 在方向 l 上的投影. 曲线 C 上所有点在方向 l 上的投影的全体,称为曲线 C 在方向 l 上的投影. 一般地说,闭曲线 C 在给定方向 l 上的投影是一条线段 AB(图 2),而线段 AB 之长,就称为曲线 C 在方向 l 上的宽度.

在 A 和 B 处垂直于 l 的两条直线中的每一条都至少和 C 有一个公共点,且整条曲线位于该直线的一侧. 具有这种性质的直线称为曲线 C 的支撑直线.

通常,一条闭曲线在一个方向上的宽度可能与它在另一个方向上的宽度不同. 但在每一个方向上,都正

好有两条支撑直线，它们可以按图 2 所示的方法作出，亦可按下述方法确定：取两条相距甚远且垂直于给定直线 l 的直线 s 与 t，使闭曲线 C 位于它们之间，然后让 s 与 t 保持垂直于 l 一起靠近，直到与 C 接触时为止. 这最后位置的直线 s 与 t 就是 C 的支撑直线(图 3)，而 s 与 t 之间的距离就是 C 在方向 l 上的宽度.

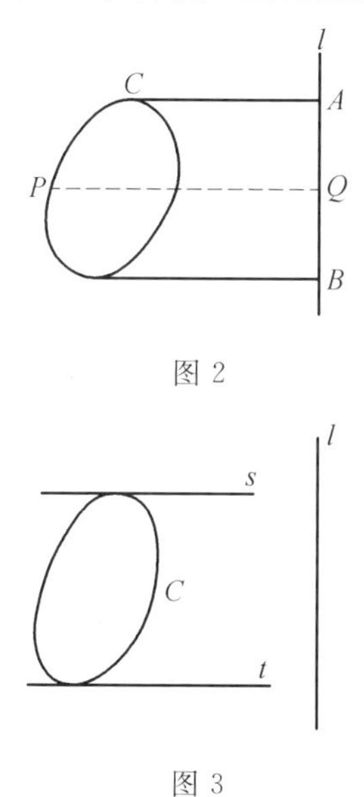

图 2

图 3

应当注意，曲线的支撑直线未必就是它的切线. 图 4 中的直线 s 是曲线在点 T 处的切线但不是支撑直线，而图 5 中的直线 t 是曲线的支撑直线但不是切线.

在任何方向上的宽度都是一样的闭曲线，称为等宽度曲线. 圆是等宽度曲线中一个最简单的例子. 任何等宽度曲线正像圆一样，都是凸的，即它的每条弦(联结曲线上任意两点的线段)都位于它所界的区域内部.

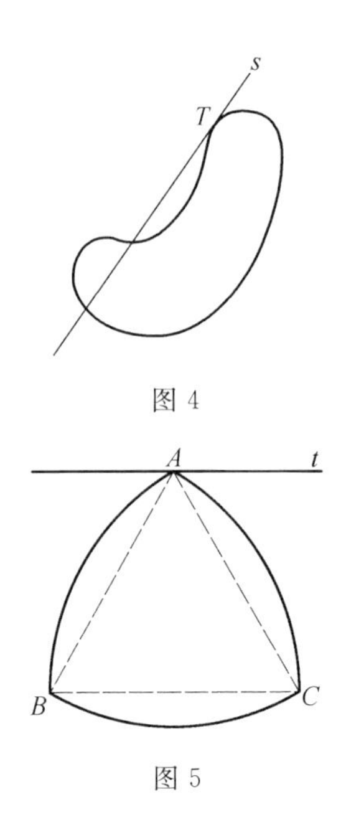

图 4

图 5

§3　由圆弧组成的等宽度曲线

不是圆的等宽度曲线中最简单的一例是图 5 所示的所谓 Reuleaux 曲边三角形，它是以等边三角形的顶点 A，B，C 为圆心，以其边长 b 为半径所作的三段圆弧 $\overset{\frown}{BC}$，$\overset{\frown}{CA}$，$\overset{\frown}{AB}$ 所围成的．它的宽度等于该等边三角形的边长 b．事实上，对任意方向 l，若 $\triangle ABC$ 的某一边（例如 BC）平行于 l（图 6），则过 B，C 且垂直于 l 的直线 s，t，亦垂直于 BC，因而它们分别与 $\overset{\frown}{AB}$，$\overset{\frown}{CA}$ 相切于 B，C，故 s，t 是两条平行的支撑直线，其距离等于 $BC=b$；若 $\triangle ABC$ 的任何一边不与 l 平行，如图 7，则过 A 作 l 的

平行线交$\overset{\frown}{BC}$于D，又过A，D作垂直于AD的直线s，t，这时t切$\overset{\frown}{BC}$于D，因而是一条支撑直线. 又曲边$\triangle ABC$显然在s的一侧，故s也是一条支撑直线，s与t的距离AD仍然等于b.

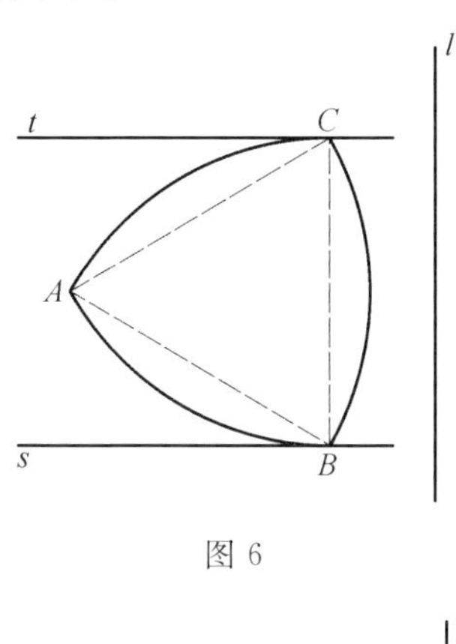

图 6

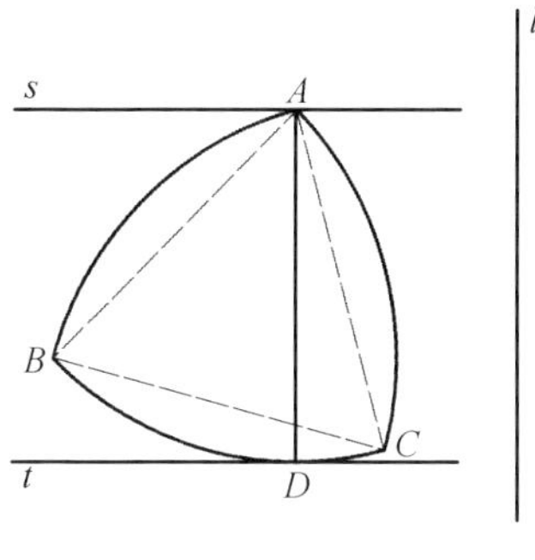

图 7

在 Reuleaux 曲边三角形上有三个顶点A，B，C，过这些点的支撑直线不只一条，这样的点叫角顶. 在角顶上，通常有一束直线都是支撑直线，其中分别与角顶A两侧的弧$\overset{\frown}{AB}$，$\overset{\frown}{AC}$相切于A的两条直线AT，AS就是这束直线的边界(图 8)，$\angle TAS$称为角顶A的顶角. 在

图 8 中,因

$$AT \perp AC, AS \perp AB$$

故

$$\angle SAT' = \angle BAC = 60^\circ$$

所以

$$\angle TAS = 180^\circ - \angle SAT' = 180^\circ - 60^\circ = 120^\circ$$

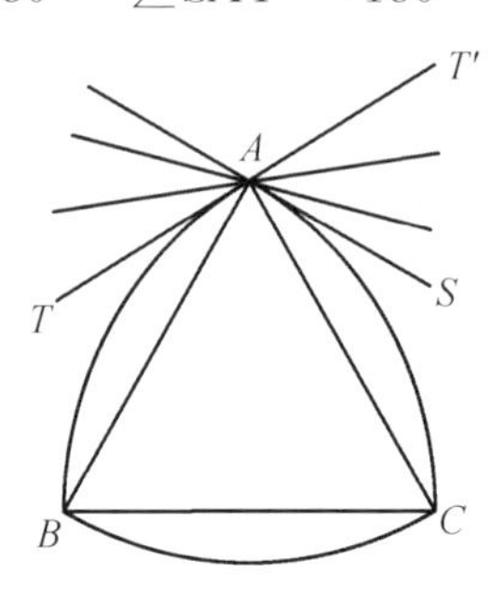

图 8

利用作 Reuleaux 曲边三角形的想法,我们不难作出边数更多的由等半径的圆弧组成的等宽度曲线. 例如,任取一点 B 作为第一个顶点,以 B 为圆心,b 为半径画弧,在该弧上再任取两点 A 和 C 作为新顶点,然后以 C 为圆心,b 为半径画弧通过 B(因为 $BC = b$),在此弧上取另一点 D,以 A,D 为圆心,b 为半径画弧,设它们相交于 E,最后以 E 为圆心,b 为半径画弧,联结 A 和 B(因为 $AE = AB = b$),这样就得到一条等宽度的曲边五边形 $ADBEC$(图 9),至于“等宽度”的事实可仿曲边三角形的情形类似的证明.

用同样的方法,只需多作几步,我们就可以作出等宽度的曲边七边形、九边形 …… 图 10 即为等宽度的七边形. 在以上的作法中,每个角顶都对着一条以 b 为

半径，以该角顶为圆心的圆弧.在图9和图10中，我们已用半径把角顶和所对的圆弧的两个端点联结起来，得到了相应的等边星形多边形，这时每一对过一个角顶的半径组成的角，是该角顶所对圆弧的圆心角.

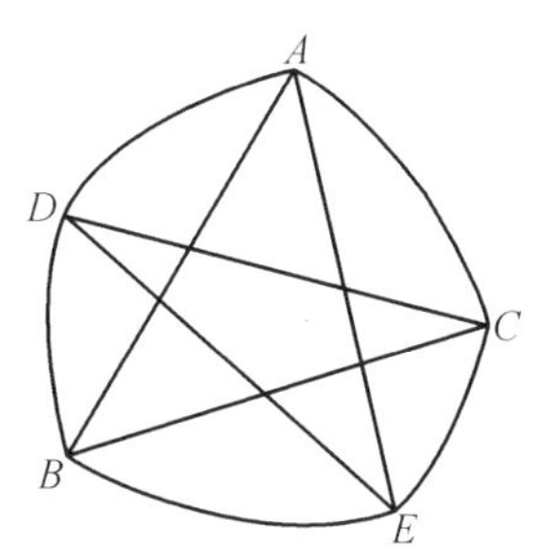

图9

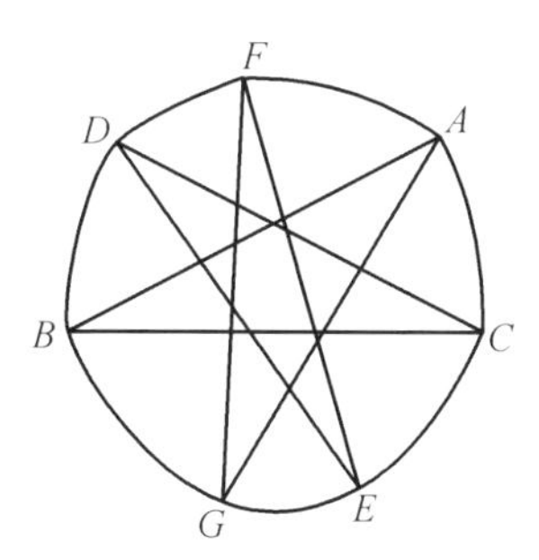

图10

有趣的是，由等半径圆弧组成的等宽度曲线只可能有奇数条边.事实上，我们任意标出曲线上的一个角顶和它所对的边，然后从这个角顶出发沿着曲线行走，我们将依次通过一条边和一个角顶，直到标出的对边.这样，由标出的角顶到标出的边，经过的边和角顶的数目是相同的.设为n.现在，再从标出的角顶出发，按相反的方向沿曲线行走，因为第二条路线上的角顶恰好对着第一条路线上的边，而第二条路线上的边恰好对着第一条路线上的角顶，所以我们又将经过n条边和n个角顶到达标出的边，加上标出的角顶和边，该曲线总共有$2n+1$个角顶和同样多的边.

利用等半径的圆弧构成的等宽度曲线，我们还能作出许多由不等半径的圆弧组成的等宽度曲线. 例如，对由等半径圆弧构成的等宽度曲边五边形$ADBEC$(图9)，我们向两端延长每一条对角线，各端延长的线段长都是d，所得的线段分别是AA_1，AA_2，BB_1，BB_2，CC_1，CC_2，DD_1，DD_2，EE_1，EE_2(图11)，再分别以角顶A，D，B，E，C为圆心，$b+d$为半径画"平行"于对边的圆弧$\overset{\frown}{B_2E_1}$，$\overset{\frown}{E_2C_1}$，$\overset{\frown}{C_2A_1}$，$\overset{\frown}{A_2D_1}$，$\overset{\frown}{D_2B_1}$，然后仍以这些角顶为圆心，以d为半径画弧联结A_1A_2，D_1D_2，B_1B_2，E_1E_2，C_1C_2. 这样我们就得到了宽度为$b+2d$的新的等宽度曲线，它由两种不同半径的圆弧相间联结而成. 值得注意的是，在这些不同半径的圆弧联结点处，例如$\overset{\frown}{A_1C_2}$与$\overset{\frown}{A_1A_2}$的联结点A_1处，曲线的支撑直线恰好是内切于点A_1的大小两圆(B为圆心、$b+2d$为半径与A为圆心、d为半径)的公切线，所以曲线在这些点处是平滑的，新曲线已是没有角顶的曲线了.

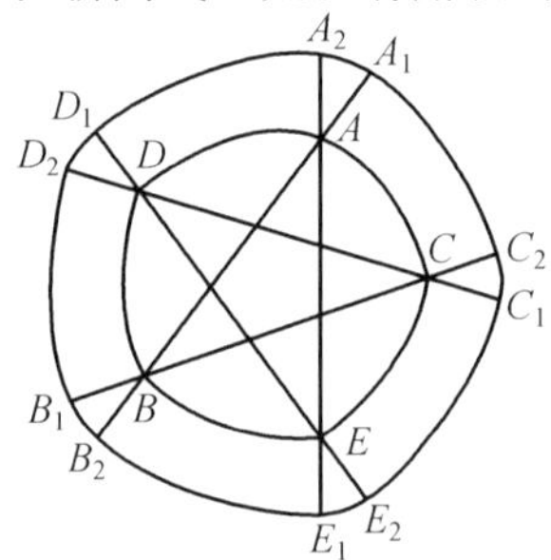

图11

上述作法，启发我们能够构作更一般的等宽度曲线，它的圆弧可以有两种以上不同的半径，如图 12 所示，其中$\overset{\frown}{A_1B_1}$与$\overset{\frown}{A_2B_2}$是以 A 为同一圆心、不同半径的两条圆弧，$\overset{\frown}{B_1C_1}$与$\overset{\frown}{B_2C_2}$是以 B 为同一圆心、不同半径（一般也不同于$\overset{\frown}{A_1B_1}$，$\overset{\frown}{A_2B_2}$的半径）的两条圆弧，等等. 所有这些有同一圆心的所对的两条圆弧的半径之和都相等，等于此等宽度曲线的宽度（即线段 A_1A_2，B_1B_2，… 之长）. 显然该曲线也是没有角顶的曲线.

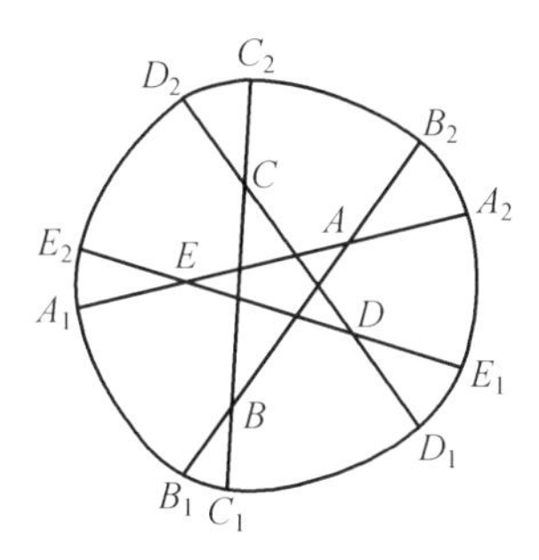

图 12

从以上讨论可知，存在着各种各样的等宽度曲线. 下面我们还将指出，存在着曲线上任意一小段弧都不是圆弧的等宽度曲线.

第8章 等宽度曲线的基本性质

§1 基本性质

下面我们用 Γ 表示一条等宽度曲线，而用 b 表示它的宽度，则下面的一些性质成立：

性质1 若两条平行直线都与 Γ 相交，则它们之间的距离不大于 b.

根据宽度的定义，性质1是显而易见的.

性质2 若点 A,B 都在 Γ 上，则 $AB \leqslant b$.

证明 过 A 与 B 分别作直线 s 与 t 垂直于 AB，则 s 与 t 平行且都与 Γ 相交，而 AB 是它们之间的距离，由性质1立得 $AB \leqslant b$.

性质2表明，以 Γ 上的一点为圆心，b 为半径的圆 K 必包围整个曲线 Γ.

性质 3　若 Γ 的两条支撑直线 s 与 t 互相平行，且分别与 Γ 有公共点 A 与 B，则 AB 垂直于 s 与 t.

证明　由性质 2，知 $AB \leqslant b$. 但 s 与 t 是 Γ 的互相平行的支撑直线，所以它们之间的距离应等于 Γ 的宽度 b. 由于 A 在 s 上，B 在 t 上，因而 AB 不小于 s 与 t 之间的距离，即 $AB \geqslant b$，故 $AB = b$. 由此推出 AB 垂直于 s 与 t.

性质 4　Γ 的每条支撑直线与 Γ 的公共点是唯一的.

证明　若 Γ 的某条支撑直线 s 上至少有 Γ 上的两个点 A 与 B，则令 t 是平行于 s 的另一条支撑直线，C 是 s 与 Γ 的公共点. 由性质 3，CA 与 CB 都垂直于 s，这意味着从直线 s 外一点 C 可作两条直线垂直于 s. 显然这是不可能的，所以 Γ 与 s 只能有唯一的公共点.

性质 4 表明，等宽度曲线 Γ 不可能是如图 1 所示的非凸曲线和如图 2 所示的有一小段直线段的曲线，因为图中 Γ 的支撑直线 s 与 Γ 有两个以上的公共点.

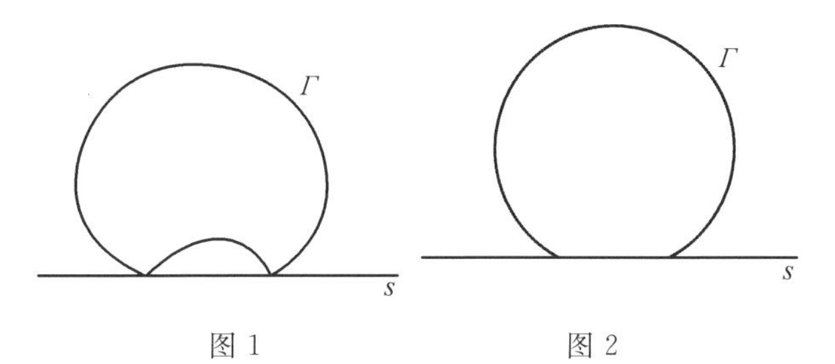

图 1　　　　图 2

性质 5　过 Γ 上的任一点至少有 Γ 的一条支撑直线.

证明　设 P 为 Γ 上的任一点，以 P 为圆心作圆 K_1，使其围住曲线 Γ 且通过 Γ 上的一点 Q(图 3). 显然

K_1 的半径 $r \leqslant b$. 在点 Q 作 K_1 的切线 t,因为 Γ 被 K_1 围住,故 Γ 在 t 的一侧,这表明 t 是 Γ 的一条支撑直线. 在 Γ 的另一侧有平行于 t 的支撑直线 s. 令 s 与 Γ 的交点为 P_1. 由性质 3,有

$$P_1Q \perp s, P_1Q = b$$

又由

$$PQ \perp s$$

知 P,Q,P_1 共线. 若 $r < b$,则 P 在 Q 和 P_1 之间,而 P, Q,P_1 都在 Γ 上,这是不可能的,因为凸曲线不可能与某条直线有三个公共点. 故只可能 $r = b$,于是 P_1 与 P 重合,从而 s 就是 Γ 的通过点 P 的一条支撑直线.

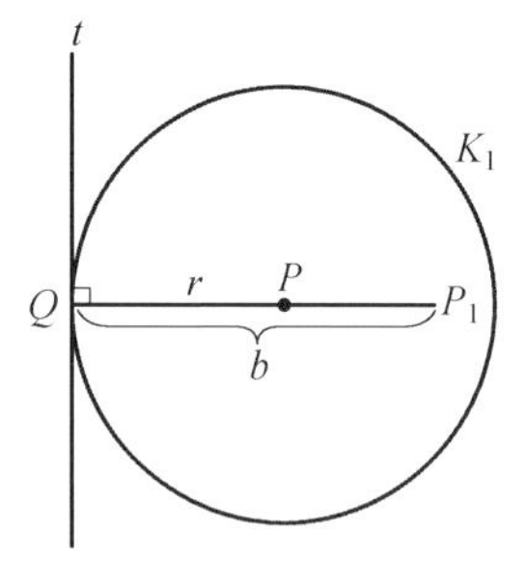

图 3

性质 6 过 Γ 上任一点 P,可作一半径为 b 的圆,使之包围 Γ 且与 Γ 在点 P 的支撑直线相切于点 P.

证明 由性质 5,在点 P 可作一条 Γ 的支撑直线 s,再过点 P 作 s 的垂线,交 Γ 于点 Q,则线段 PQ 应有长度 b. 以 Q 为圆心、b 为半径的圆即为所求. 因为该圆显然与 s 切于点 P,又由性质 2,该圆必包围 Γ.

性质 7 如果圆和 Γ 至少有三个公共点,那么圆的半径至多是 b.

证明 设 P,Q,R 是圆 O 与 Γ 的公共点. 在

$\triangle PQR$ 中，不妨设 $\angle P=\alpha$ 不小于其他两个内角. 由性质 6，可作半径为 b 的圆 K，它包围 Γ 且与 Γ 在点 P 的支撑直线相切于点 P. 由于 K 包围 Γ，故 Q,R 在圆 K 内或圆周上. 若 Q,R 都在圆周上，那么由于过三点只有一个圆，圆 O 与 K 是相同的，因而圆 O 的半径等于 b；若 Q,R 不全在 K 的圆周上，则延长 PQ 和 PR 交 K 于 Q' 和 R'(图 4).

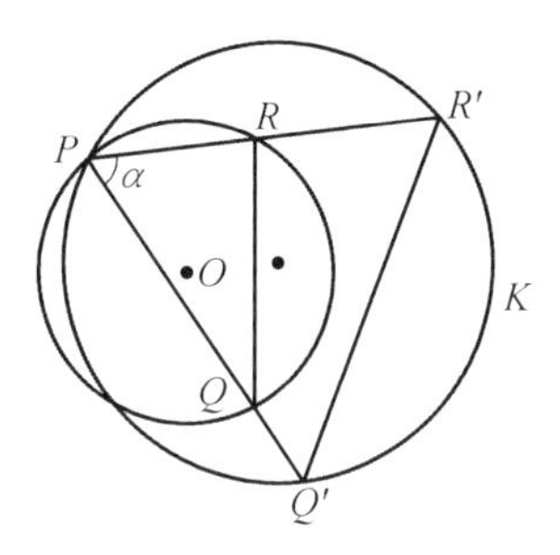

图 4

1)Q,Q' 与 R,R' 中恰有一对是相同的，不妨设 Q 与 Q' 是同一点，这时图 4 中三角形之间的关系如图 5，由三角形的外角大于其不相邻的内角，得

$$\beta>\beta',\delta>\alpha$$

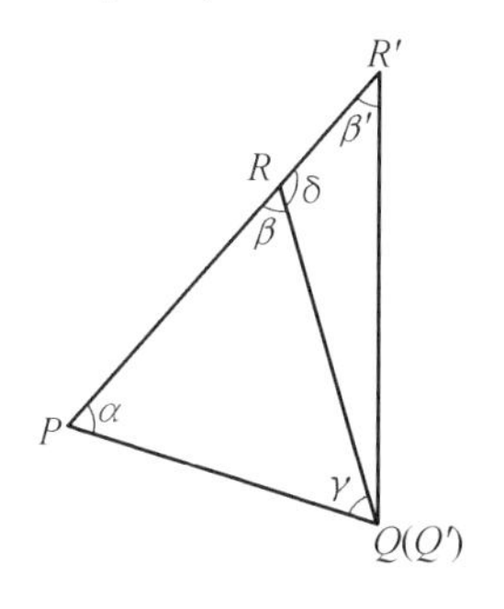

图 5

但已知 $\alpha \geqslant \beta$，故

$$\delta > \alpha \geqslant \beta > \beta'$$

所以

$$Q'R' > QR$$

2）Q 与 Q'，R 与 R' 都是不同的点，这时图 4 中三角形之间的关系如图 6，由于

$$\beta + \gamma = 180^\circ - \alpha = \beta' + \gamma'$$

故 $\beta' > \beta$ 与 $\gamma' > \gamma$ 不能同时成立.不妨设 $\gamma' \leqslant \gamma$，联结 QR'（在 $\beta' \leqslant \beta$ 时，联结 $Q'R$），令 $\angle R'QQ' = \delta$，则 $\delta > \alpha$，但已知 $\alpha \geqslant \gamma \geqslant \gamma'$，故 $\delta > \gamma'$，所以 $Q'R' > QR'$. 由于前面已证明 $QR' > QR$，故仍然得到

$$Q'R' > QR$$

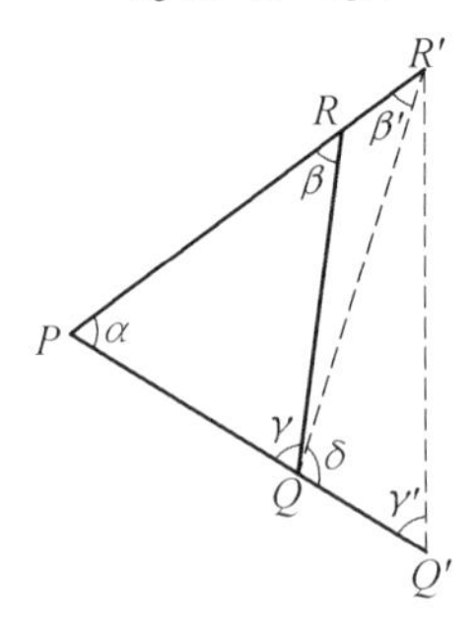

图 6

注意 α 是圆 O 的圆周角，且是弦 QR 所对的角，同时也是圆 K 的圆周角和弦 $Q'R'$ 所对的角，因而 QR 与 $Q'R'$ 在圆 O 与圆 K 中分别对着同样的圆心角 2α. 若把这两个圆心角放在一起，就得到图 7，由此可知大弦属于大圆，故圆 O 的半径小于圆 K 的半径 b.

对 Reuleaux 曲边三角形来说，这个圆的半径就等于 b，它是由该三角形的三段弧中任意一个所扩成的圆，显然它和曲线有无限多个公共点.

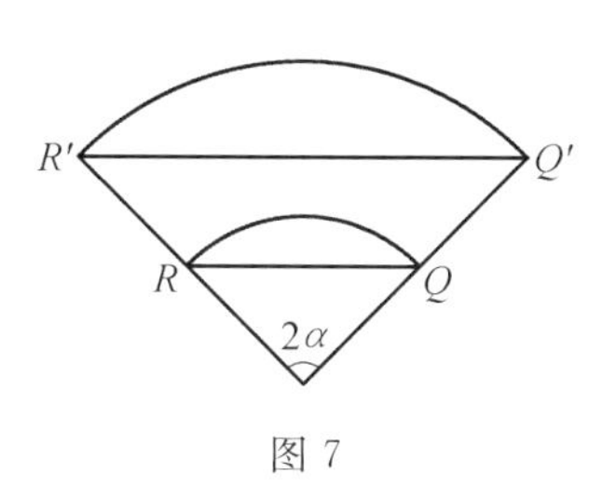

图 7

§2　一般等宽度曲线的存在性

前文曾指出，存在这样的等宽度曲线，其上任意一小段曲线都不是圆弧. 现在我们来证明：

存在定理　任给一个宽度 b，作线段 $AB=b$，再以 A,B 为端点的任一段弧(不一定是圆弧)Γ 满足：

1)Γ 连同它的弦 AB 是凸的闭曲线 C；

2) 分别过 A,B 两点且垂直于 AB 的直线 s,t 是 C 的支撑直线；

3) 过(c 的) 支撑直线与 Γ 的交点和支撑直线相切，且半径为 b 的每个圆包围了 Γ，则必可将弧 Γ 延拓成宽度为 b 的等宽度曲线 L.

证明　分别以 A,B 为圆心，b 为半径画弧，相交于 M,N(如图 8)，$\overset{\frown}{AM}$，$\overset{\frown}{BM}$ 与 Γ 所围的区域记为 G，其中 AB 将其一分为二，Γ 所在的一侧部分为 G_1，另一部分为 G_2.

以 Γ 上的点为圆心、b 为半径作圆，所有这些圆和区域 G 的公共部分记为 D(图中的阴影部分)，下面证明 D 的边界曲线就是等宽度曲线 L.

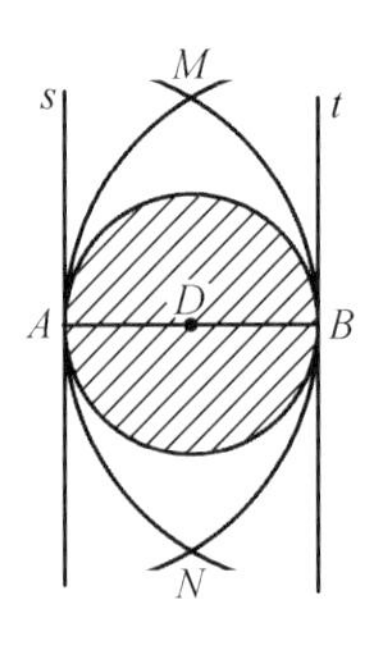

图 8

首先证明 Γ 是 L 的一部分. 事实上,Γ 原来就是 G 的边界,如果 Γ 还在以 Γ 上的点为圆心、以 b 为半径的所有圆内,则 Γ 就属于 D,从而是 D 的边界 L 的一部分. 为此只要证明 Γ 上没有两点的距离大于 b. 由条件 2) 与 3),Γ 同时在以 A,B 为圆心、以 b 为半径的两个圆内,即在曲边图形 $MANBM$ 内. 由于 Γ 为 G_1 的边界,因而在曲边 $\triangle ANB$ 内,显然 $\triangle ANB$ 内任意两点间的距离至多是 b,所以 Γ 上任意两点间的距离至多是 b,这就证明了 Γ 属于 D.

其次证明 D 中任意两点间的距离至多等于 b. 事实上,D 是 G 的一部分,而 G 由 G_1 和 G_2 组成. 如 D 中的两点同时在 G_1 内或在 G_2 内,则由 G_1 与 G_2 分别落在曲边 $\triangle ANB$ 与 $\triangle AMB$ 中,知这两点间的距离至多等于 b,如 D 中的一点 P_1 在 G_1 内,另一点 P_2 在 G_2 内,则联结 P_1P_2 并延长交 Γ 于 P. 以 P 为圆心、以 b 为半径的圆包含整个 D,因而包含这三个点,且 P_1,P_2 同在一个半径上,所以

$$P_1P_2 \leqslant b$$

所得结果表明,D 的边界曲线 L 在任何方向上的宽度都不超过 b.

现在证明 L 在任意方向上的宽度都是 b. 由题设，L 在 AB 方向上的宽度等于 b. 现考虑任一其他方向，并作出垂直于此方向的 L 的两条支撑直线 s_1 与 t_1，其中与 Γ 有公共点 Q 的一条记为 s_1，过 Q 作一条长度为 b 的 s_1 的垂线，其另一个端点为 H（图9），下证 H 属于 D，为此需证：

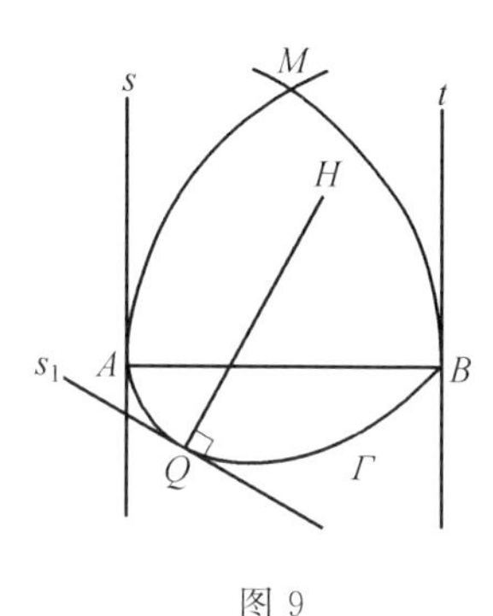

图 9

（ⅰ）H 在 G 内.

根据 H 的作法，以 H 为圆心、b 为半径的圆切 s_1 于 Γ 上的点 Q，由条件3)，该圆包围了 Γ，特别地，A，B 在圆内或圆周上，故

$$AH \leqslant b, BH \leqslant b$$

这说明 H 在图形 $MANBM$ 内. 又因为 H 在与 Γ 相对的 AB 的另一侧，故 H 在 G_2 内，当然在 G 内.

（ⅱ）H 在以 Γ 上的点为圆心，b 为半径的所有圆内.

由情形（ⅰ）所证，以 H 为圆心、b 为半径的圆包围了 Γ，因而 H 到 Γ 上每一点的距离至多等于 b，所以 H 在以 Γ 上的点为圆心、b 为半径的所有圆内（包括在这些圆的圆周上）.

这就证明了 H 属于 D.

由于 QH 垂直于 s_1 与 t_1，而 Q,H 属于 D，故支撑直线 s_1 与 t_1 之间的距离至少和 $QH=b$ 一样大. 但这个距离不可能大于 b，否则，就意味着 s_1，t_1 与 L 的两个交点（它们属于 D）的距离大于 b，这与前证矛盾. 所以 s_1，t_1 之间的距离恰好是 b，这就证明了 Γ 在任意方向上的宽度都是 b.

存在定理表明，满足一定条件的弧 Γ 可以延拓成等宽度曲线 L，从证明中看出，只有一种方法可以使 Γ 扩展成等宽度曲线，因而 L 是唯一确定的.

Barbier 定理

第9章

等宽度曲线最引人注目的一个性质是 Barbier 给出的：

Barbier 定理 所有宽为 b 的等宽度曲线有相同的周长 πb，即直径为 b 的圆周长.

§1 特殊情形的证明

利用熟知的公式

圆弧长 = 圆半径 × 圆心角

我们来对 Reuleaux 曲边三角形和一般曲边五边形、七边形等，证明 Barbier 定理.

Reuleaux 曲边三角形是以等边 $\triangle ABC$ 的顶点为圆心，以其边长 b 为半径所作的三段圆弧 $\overset{\frown}{BC}$，$\overset{\frown}{CA}$，$\overset{\frown}{AB}$ 所围成的(第 7 章的图 5)，故其周长为

$$\overset{\frown}{BC}+\overset{\frown}{CA}+\overset{\frown}{AB}=b(\angle A+\angle B+\angle C)=\pi b$$

对宽度为 b 的曲边五边形和曲边七边形，我们只要证明对应各个圆弧的圆心角之和都等于 π 即可. 因为各弧的半径长都是 b，所以周长就等于 πb. 由三角形内角和定理和对顶角相等，从图 1 立得

$$\angle 1+\angle 2=\angle 3+\angle 4$$

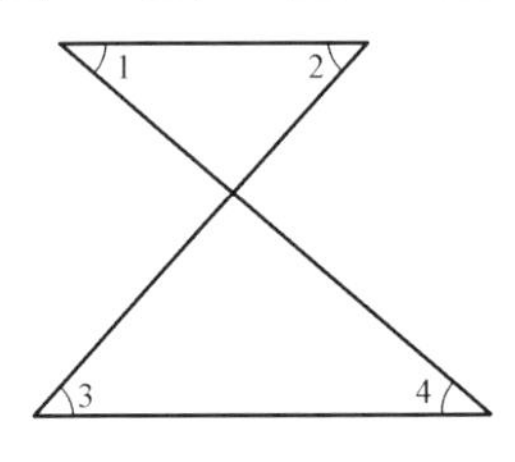

图 1

第 7 章的图 9 中曲边五边形 $ADBEC$ 的各圆心角之和为

$$\angle A+\angle D+\angle B+\angle E+\angle C$$

(图 2). 联结 BE，则

$$\angle C+\angle D=\angle 1+\angle 2$$

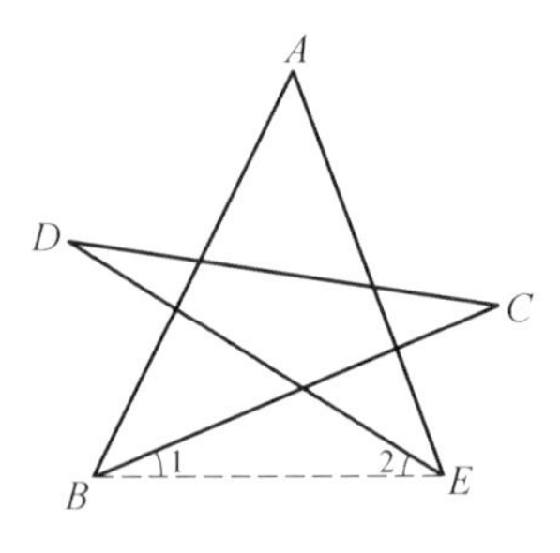

图 2

所以

$$\angle A+\angle D+\angle B+\angle E+\angle C=$$

$$\angle A+\angle ABE+\angle AEB=\pi$$

现在考虑第 7 章的图 10 中曲边七边形 $ABCDEFG$ 的各个圆心角(图 3). 联结 BE, BG, 则

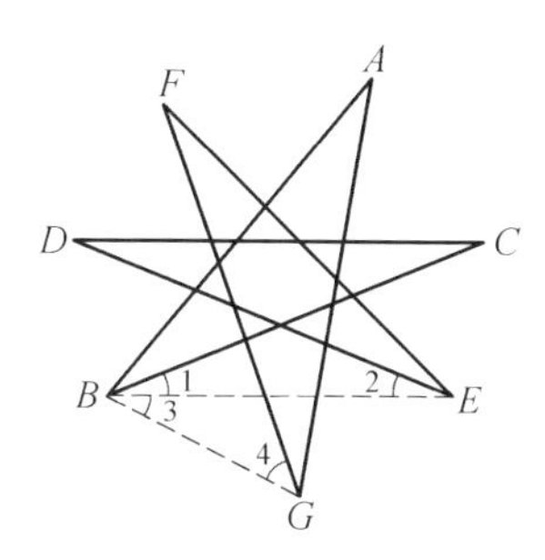

图 3

$$\angle C+\angle D=\angle 1+\angle 2$$
$$(\angle 2+\angle E)+\angle F=\angle 3+\angle 4$$

即

$$\angle E+\angle F=\angle 3+\angle 4-\angle 2$$

故

$$\begin{aligned}&\angle A+\angle B+\angle C+\angle D+\angle E+\angle F+\angle G=\\&\angle A+\angle B+\angle 1+\angle 2+\angle 3+\angle 4-\angle 2+\angle G=\\&\angle A+(\angle B+\angle 1+\angle 3)+(\angle 4+\angle G)=\\&\angle A+\angle ABG+\angle AGB=\pi\end{aligned}$$

对于第 7 章的图 11 中的宽度为 $b+2d$ 的等宽度曲线, 类似的讨论知道, 较长的圆弧 $\overset{\frown}{A_2D_1}$, $\overset{\frown}{D_2B_1}$, $\overset{\frown}{B_2E_1}$, $\overset{\frown}{E_2C_1}$, $\overset{\frown}{C_2A_1}$ 所对的圆心角之和等于 π, 且半径长为 $b+d$, 而较短的圆弧 $\overset{\frown}{A_1A_2}$, $\overset{\frown}{B_1B_2}$, $\overset{\frown}{C_1C_2}$, $\overset{\frown}{D_1D_2}$, $\overset{\frown}{E_1E_2}$ 所对圆心角之和也等于 π, 但半径长为 d, 所以, 整个周长为

$$\pi(b+d)+\pi d=\pi(b+2d)$$

至于第 7 章的图 12 中的曲线, 注意到以 A, C, E,

B,D 为顶点的各角之和等于 π,以及每个顶点处的两个对顶角所对圆弧的半径之和等于定长 b—— 曲线的宽度,即 A_1A_2,B_1B_2,…,E_1E_2 之长 —— 就很容易算出该曲线的周长等于 πb.

§2　一般情形的证明

设 Q 是宽度为 b 的等宽度曲线,P_n 与 p_n 分别是直径为 b 的圆的外切与内接正 n 边形,其周长仍记为 P_n 与 p_n,根据定义,圆的周长等于 n 无限增大时,P_n 与 p_n 的共同极限. 又设 P_{2n} 为此圆的一个外切正 $2n$ 边形,其对边是平行的. 作 Q 的 n 对平行支撑直线,平行于 P_{2n} 相应的边,从而得到 Q 的一个外切正 $2n$ 边形 Q_{2n}(其周长仍记为 Q_{2n}),Q_{2n} 的每条边与 Q 有唯一的公共点,这 $2n$ 个点又构成一个内接于 Q 的 $2n$ 边形 q_{2n}(其周长仍记为 q_{2n}). Q 的周长是当 n 趋于无穷时,Q_{2n} 与 q_{2n} 的共同极限. 因此需要证明

$$\lim_{n\to\infty} Q_{2n} = \lim_{n\to\infty} q_{2n} = \pi b \tag{1}$$

由于已有

$$\lim_{n\to\infty} P_n = \lim_{n\to\infty} p_n = \pi b$$

若对每个 n,能证明

$$p_n < q_{2n} < Q_{2n} < P_n \tag{2}$$

则式(1) 就被证明了.

从图 4 与图 5 看出

$$MN = \frac{b}{2}\tan\frac{\pi}{n}, RS = \frac{b}{2}\sin\frac{\pi}{n}$$

故圆 O 的外切与内接正 n 边形的一边之长分别为

$$2MN = b\tan\frac{\pi}{n}, 2RS = b\sin\frac{\pi}{n}$$

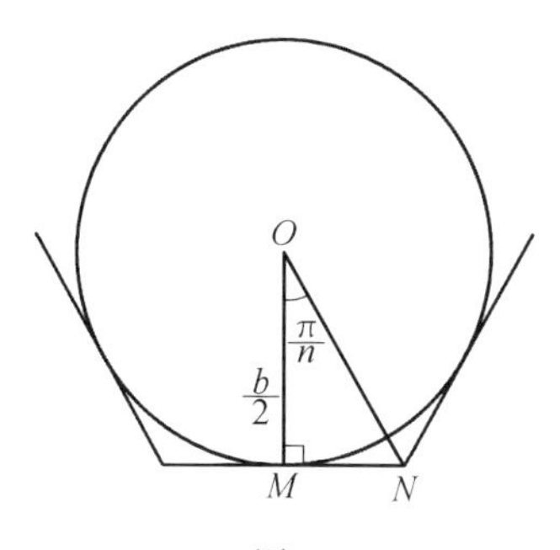

图 4

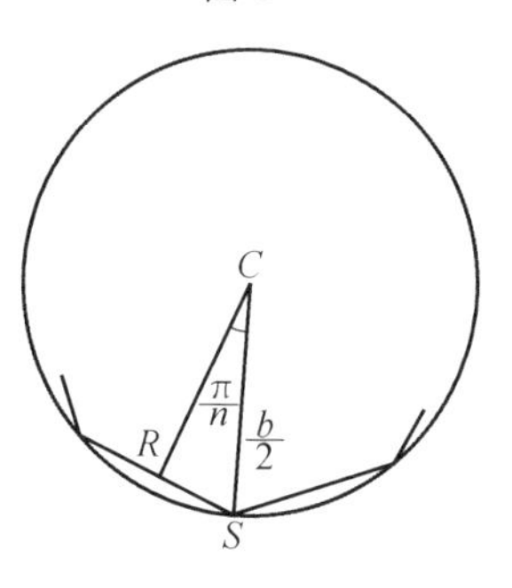

图 5

所以

$$P_n = n(2MN) = nb\tan\frac{\pi}{n}$$

$$p_n = n(2RS) = nb\sin\frac{\pi}{n}$$

设 Q_{2n} 的顶点为 $A_1, A_2, \cdots, A_{2n}$，而 q_{2n} 的顶点为 $B_1, B_2, \cdots, B_{2n}$. 其中下标为 $i+n$ 的顶点与下标为 i 的顶点是相对的. 假定 B_i 在 Q_{2n} 的边 A_iA_{i+1} 上，下面考虑图形的两个相对着的部分，它们分别在 B_iB_{i+1} 与 $B_{i+n}B_{i+1+n}$ 的附近(图 6).

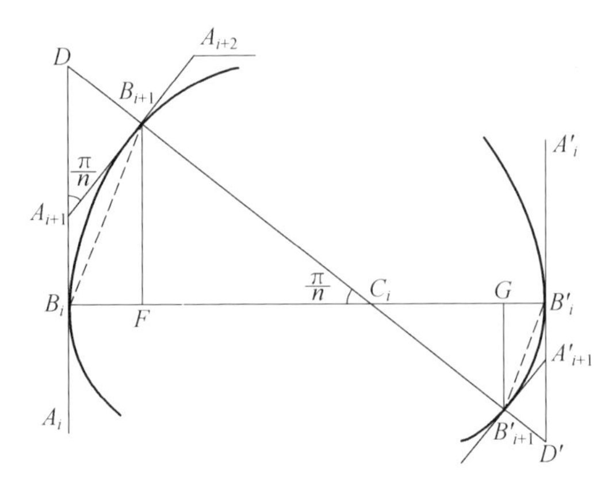

图 6

为方便起见，记 A_{i+n} 为 A'_i，A_{i+1+n} 为 A'_{i+1}，B_{i+n} 为 B'_i，B_{i+1+n} 为 B'_{i+1}.

因为 $B_iB'_i$是曲线 Q 与它的两条平行的支撑直线公共点的连线，故 $B_iB'_i$垂直于 A_iA_{i+1} 与 $A'_iA'_{i+1}$. 同理，$B_{i+1}B'_{i+1}$ 垂直于 $A_{i+1}B_{i+1}$ 与 $A'_{i+1}B'_{i+1}$. 设直线 $B_{i+1}B'_{i+1}$ 与 $B_iB'_i$交于 C_i，而与 A_iA_{i+1}，$A'_iA'_{i+1}$ 的延长线分别交于 D，D'. 由于

$$\angle A_{i+1}B_iC_i=\angle A_{i+1}B_{i+1}C_i=90^\circ$$

故 A_{i+1}，B_{i+1}，C_i，B_i 共圆，因而

$$\angle B_iC_iB_{i+1}=\angle DA_{i+1}B_{i+1}$$

注意到 Q_{2n} 的边平行于正多边形 P_{2n} 的边，因此，从一条边到下一条边所转的角，即 P_{2n} 或Q_{2n} 在每个顶点的外角是相同的，等于$\frac{2\pi}{2n}=\frac{\pi}{n}$，故

$$\angle B_iC_iB_{i+1}=\frac{\pi}{n}$$

在 $\mathrm{Rt}\triangle DB_iC_i$ 和 $\mathrm{Rt}\triangle D'B'_iC_i$ 中

$$B_iD=B_iC_i\tan\frac{\pi}{n},B'_iD'=B'_iC_i\tan\frac{\pi}{n}$$

又

$$B_iA_{i+1}+A_{i+1}B_{i+1}<B_iA_{i+1}+A_{i+1}D=B_iD$$

$$B'_iA'_{i+1}+A'_{i+1}B'_{i+1}<B'_iA'_{i+1}+A'_{i+1}D'=B'_iD'$$

所以

$$\begin{aligned}&B_iA_{i+1}+A_{i+1}B_{i+1}+B'_iA'_{i+1}+A'_{i+1}B'_{i+1}<\\&B_iD+B'_iD'=(B_iC_i+B'_iC_i)\tan\frac{\pi}{n}=\\&B_iB'_i\tan\frac{\pi}{n}=b\tan\frac{\pi}{n}\end{aligned}\tag{3}$$

因为Q的宽度$B_iB'_i$等于b.显然,量$b\tan\frac{\pi}{n}$的大小与选取的顶点A_{i+1}与A'_{i+1}无关.

对每一对顶点A_i与$A'_i(i=1,2,\cdots,n)$,将与之相邻的B_i与B'_i联结所得的线段都加起来,就得到Q_{2n}的整个周长.由于Q_{2n}共有n对顶点,由不等式(3),有

$$Q_{2n}<nb\tan\frac{\pi}{n}$$

但已知

$$P_n=nb\tan\frac{\pi}{n}$$

所以

$$Q_{2n}<P_n$$

另一方面,作$B_iB'_i$的垂线$B_{i+1}F$下与$B'_{i+1}G$,F与G为垂足,则有

$$B_iB_{i+1}>B_{i+1}F=B_{i+1}C_i\sin\frac{\pi}{n}$$

$$B'_iB'_{i+1}>B'_{i+1}G=B'_{i+1}C_i\sin\frac{\pi}{n}$$

所以

$$B_iB_{i+1}+B'_iB'_{i+1}>$$
$$(B_{i+1}C_i+B'_{i+1}C_i)\sin\frac{\pi}{n}=$$
$$B_{i+1}B'_{i+1}\sin\frac{\pi}{n}=b\sin\frac{\pi}{n}$$

显然,量 $b\sin\frac{\pi}{n}$ 的大小与所选的 q_{2n} 的哪一对对边无关.于是,将 q_{2n} 的 n 对对边相加,就得到 q_{2n} 的整个周长,由上面的不等式,得

$$q_{2n}>nb\sin\frac{\pi}{n}$$

由于

$$p_n=nb\sin\frac{\pi}{n}$$

所以

$$q_{2n}>p_n$$

这样,不等式(2)就被完全证明了.

第三编

积分几何里的凸集

引言

第10章

在积分几何里，凸集起着重要的作用. 因此，我们在这里综述它们的主要性质，特别是在下面各节中需用的那些性质. 在本章里，我们讨论平面里的凸集.

已给平面里的一个点集 K，若对于每一对点 $A\in K$，$B\in K$，总有 $AB\subset K$，其中 AB 是联结 A 和 B 的线段，则 K 叫作凸集. 为方便起见，我们将始终假定凸集是有界闭集.

若一条具有端点 P，Q 的曲线，连同线段 PQ，包围一个凸集，则这曲线叫作凸（曲）线. 若一个凸集有界而且有内点，则 K 的边界叫作闭凸（曲）线. 集 K 的边界将总用 ∂K 表示. 若 K 的一切点属于 ∂K，则 K 是一条线段.

可以证明:(a) 一切凸线都是分段可微导的(即它们是可数多个弧的并集,而且每个弧都有连续地转动的切线);换句话说,凸线至多有可数集的隅角;(b) 一切有界凸线是有长的.一个凸集 K 的边界的长叫作 K 的周长.

直线族的包络

第11章

一个含一个参数λ的曲线族$F(x,y,\lambda)=0$的包络是指一条曲线，它的每一点是它和该族中一条曲线的切点. 我们知道，包络的方程可以从方程$F=0$和$\frac{\partial F}{\partial \lambda}=0$，消去$\lambda$得到. 下面我们把这个结果应用于直线族.

平面上一条直线可以用从原点到它的距离p和从x轴到它的法线的角ϕ来确定(图1). 这样，直线的方程就是

$$x\cos\phi+y\sin\phi-p=0 \qquad (1)$$

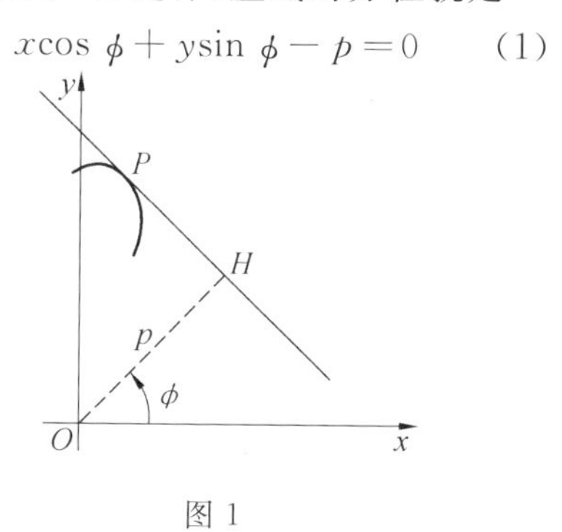

图 1

若 p 为一个函数

$$p=p(\phi)$$

则式(1)是一族直线，而若假定 $p(\phi)$ 是可微导的，则直线族的包络可以从式(1)和经微导后的方程

$$-x\sin\phi+y\cos\phi-p'=0\quad\left(p'=\frac{\mathrm{d}p}{\mathrm{d}\phi}\right)\tag{2}$$

得到.

从式(1)和式(2)，得直线族(1)的包络的参数方程

$$\begin{cases}x=p\cos\phi-p'\sin\phi\\ y=p\sin\phi+p'\cos\phi\end{cases}\tag{3}$$

这两个公式给出直线和包络的切点 P 的坐标. 由于从 O 到直线的垂线同直线的交点的坐标是 $(p\cos\phi, p\sin\phi)$，可知

$$HP=p'\tag{4}$$

假定函数 p 属于 C^2 类(记住 C^n 类是指可以连续微导 n 次)，由式(3)可知

$$\begin{cases}\mathrm{d}x=-(p+p'')\sin\phi\mathrm{d}\phi\\ \mathrm{d}y=(p+p'')\cos\phi\mathrm{d}\phi\end{cases}$$

故

$$\mathrm{d}s=|p+p''|\mathrm{d}\phi$$

而包络的曲率半径是

$$\rho=\frac{\mathrm{d}s}{\mathrm{d}\phi}=|p+p''|$$

若包络是一个凸集 K 的边界 ∂K，而 O 是 K 的一个内点，则 $p=p(\phi)$ 就叫作 K 或凸线 ∂K 相对于 O 的(支)撑函数. 直线(1)则叫作 K 的(支)撑线. 这时，我们可以证明 $p+p''>0$，而前面的两个公式可以写作

$$\mathrm{d}s=(p+p'')\mathrm{d}\phi,\rho=p+p''\tag{5}$$

可以证明，周期函数 p 为一个凸集 K 的撑函数的一个充要条件是

$$p + p'' > 0$$

由式(5)中的第一式，可知具有 C^2 类撑函数 p 的闭凸线的周长是

$$L = \int_0^{2\pi} p \mathrm{d}\phi \tag{6}$$

“p 属于 C^2 类”的假设可以省掉.可以证明，对于任意闭凸线，公式(6)成立.

凸集 K 的面积也可以从撑函数计算.事实上，若设想把 K 分解成以 O 为公共顶点的无穷小三角形，它们的高是 p，底是 $\mathrm{d}s$，则

$$F = \frac{1}{2}\int_{\partial K} p \mathrm{d}s = \frac{1}{2}\int_0^{2\pi} p(p + p'')\mathrm{d}\phi \tag{7}$$

而经过分部积分，就得

$$F = \frac{1}{2}\int_0^{2\pi} (p^2 - p'^2)\mathrm{d}\phi \tag{8}$$

Minkowski 混合面积

第 12 章

设 K_1,K_2 为平面上两个有界凸集,它们依次相对于 O_1,O_2 的撑函数 p_1,p_2 都属于 C^2 类.考虑函数

$$p(\phi)=p_1(\phi)+p_2(\phi)$$

直线族

$$x\cos\phi+y\sin\phi-p=0$$

的包络是一条凸线,它的曲率半径是

$$\rho=p+p''=(p_1+p''_1)+(p_2+p''_2)=\rho_1+\rho_2$$

由于 ∂K_1 和 ∂K_2 是凸线,$\rho_1>0$,$\rho_2>0$,因而 $\rho>0$.故上述包络是一个凸集 K_{12} 的边界.若 p_1 和 p_2 不属于 C^2 类,这个证明不能用,但结果仍然成立:函数

$$p=p_1+p_2$$

总是一个凸集 K_{12} 的撑函数,而 K_{12} 则称为 K_1 和 K_2 的混合凸集.

K_{12} 的面积可以写作

$$F=\frac{1}{2}\int_0^{2\pi}(p^2-p'^2)\mathrm{d}\phi=F_1+F_2+2F_{12} \quad (1)$$

其中 F_1,F_2 是 K_1,K_2 的面积,而

$$F_{12}=F_{21}=\frac{1}{2}\int_0^{2\pi}(p_1p_2-p'_1p'_2)\mathrm{d}\phi \quad (2)$$

叫作 K_1 和 K_2 的Minkowski混合面积.

通过分部积分,得

$$F_{12}=\frac{1}{2}\int_0^{2\pi}p_1(p_2+p''_2)\mathrm{d}\phi=\frac{1}{2}\int_{\partial K_2}p_1\mathrm{d}s_2 \quad (3)$$

同样,又得

$$F_{21}=\frac{1}{2}\int_{\partial K_1}p_2\mathrm{d}s_1 \quad (4)$$

其中 $\mathrm{d}s_1,\mathrm{d}s_2$ 是 $\partial K_1,\partial K_2$ 在垂直于方向 ϕ 的撑线上的切点处的弧元(素).

注意混合面积 F_{12} 与原点 O_1,O_2 无关.事实上,若用 O_1^* 代替 O_1,而 $O_1O_1^*=a$,又 α 是从 x 轴到 $O_1O_1^*$ 的角(图1),则相对于 O_1^* 的撑函数

$$p_1^*=p_1-a\cos(\phi-\alpha)$$

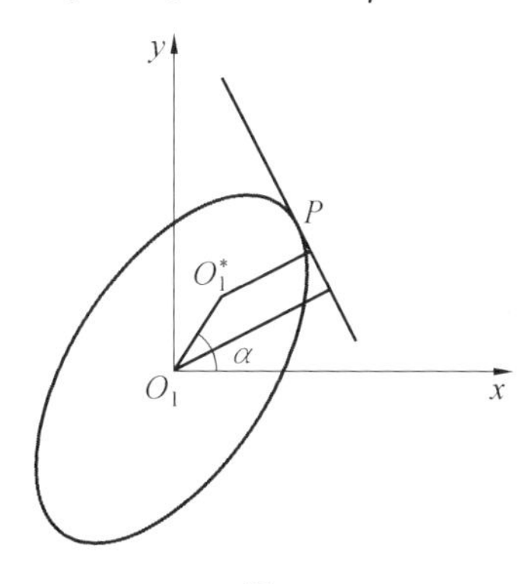

图1

于是利用式(2),并通过分部积分,就可以验证

$$F_{12}^{*}=F_{12}$$

若改变 O_2 的位置,同样结论显然也是正确的.

此外,经过 K_1 和 K_2 的平移,由于 p_1 和 p_2 不变,混合面积 F_{12} 也不变. 现在假定两个凸集之一,例如 K_1,绕一点 O 转动一个角 θ. 设 O_1^* 为 O_1 的象. 这个转动等价于绕 O_1 转动 θ,再作矢量 $\overrightarrow{O_1O_1^*}$ 所确定的平移. 因此,由于 F_{12} 不受平移影响,我们只需考察绕 O_1 转动的作用. 经过绕 O_1 转动 θ 角,新的撑函数是

$$p_1^*=p(\phi-\theta)$$

因而 K_2 和转动后的凸集 K_1^* 的混合面积是

$$F_{12}(\theta)=\frac{1}{2}\int_{\partial K_2}p_1(\phi-\theta)\mathrm{d}s_2$$

对 θ 积分,得

$$\int_0^{2\pi}F_{12}(\theta)\mathrm{d}\theta=\frac{1}{2}L_1L_2 \tag{5}$$

这个公式下面将用到.

例 1 若 K_2 为从 K_1 经过平移所得,我们可以假定

$$p_1=p_2,\mathrm{d}s_2=\mathrm{d}s_1$$

因而式(4) 给出

$$F_{12}=F_1=F_2$$

即两个经过平移可以重合的凸集的混合面积等于两个凸集的共同面积.

例 2 若 K_2 是半径等于 r 的圆,则

$$\mathrm{d}s_2=r\mathrm{d}\phi$$

而式(3) 给出

$$F_{12}=\frac{1}{2}r\int_0^{2\pi}p_1\mathrm{d}\phi=\frac{1}{2}rL_1 \tag{6}$$

例 3 设 K_1,K_2 为两条线段,其长依次为 $2a,2b$,

而 α 为含这两线段的直线之间的角. 利用式(2),就得

$$F_{12}=2ab\mid\sin\alpha\mid$$

从 0 到 2π 对 α 积分,就得 $8ab$,和式(5)一致. 注意一条线段是一个凸集,其周长等于线段长的两倍.

一些特殊凸集

第13章

设已给凸集 K，直线 h，以及一点 $P\in\partial K$，$P\in h$. 直线 h 把平面分为两个开半平面，若 K 含在两者之一的闭包内，则 h 是 K 在点 P 的撑线. 若 ∂K 在点 P 有切线，则在点 P 的撑线和切线重合. 一个凸集的每一点在一条撑线上，而垂直于一个已给方向恰好有两条撑线.

垂直于方向 ϕ 的两条撑线把 K 夹在当中，它们之间的距离 $\Delta(\phi)$ 叫作 K 在方向 ϕ 的宽(度)[①]. 若 $p(\phi)$ 是 K 的撑函数，则

$$\Delta(\phi)=p(\phi)+p(\phi+\pi)$$

就得

$$L=\int_0^{\pi}\Delta(\phi)\mathrm{d}\phi \tag{1}$$

因此，Δ 的中值或期望值是

① Breath. —— 译者注

$$E(\Delta)=\frac{L}{\pi} \tag{2}$$

其中 L 为 K 的周长. 注意宽度 $\Delta(\phi)$ 可以看成 K 在一条垂直于沿方向 ϕ 的直线的投影长. 于是式(2)给出：任意一个周长为 L 的凸线可以投影到某一直线上，使投影长不小于$\frac{L}{\pi}$，也可以投影到某一直线上，使投影长不小于$\frac{L}{\pi}$.

一个凸集的最小宽度叫作 K 的幅(度)[①]. 它将用 E 表示. K 中两点间的最大距离叫作 K 的直径，用 D 表示. 宽度的最大值也叫作直径. 显然

$$E\leqslant\Delta\leqslant D$$

故可得

$$\pi E\leqslant L\leqslant\pi D \tag{3}$$

现在我们给出几种特殊凸集的定义，它们对我们的目的特别有意义.

平行凸集　已给凸集 K，取中心在 K 的一点而半径等于 r 的一切圆，它们的并集 K_r 叫作 K 的 r 距平行集. 它的边界 ∂K_r 叫作 ∂K 的 r 距外平行曲线. 图1，2，3依次表示一条线段、一个三角形和一个椭圆的平行集.

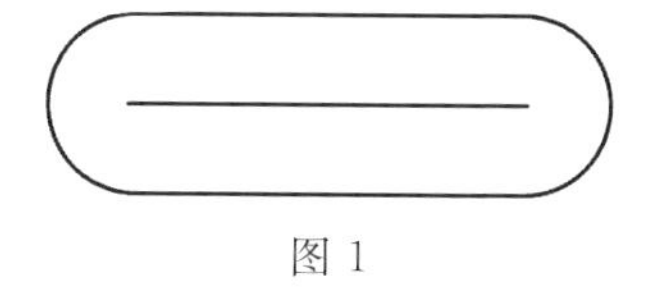

图1

① Width. —— 译者注

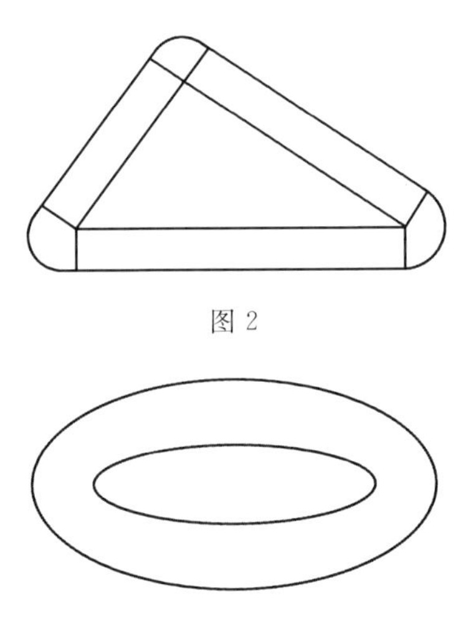

图 2

图 3

若 $p(\phi)$ 为 K 相对于 O 的撑函数，则 K_r 相对于同一点 O 的撑函数是 $p(\phi)+r$，可知 K_r 的周长和面积依次为

$$\begin{cases} L_r = L + 2\pi r \\ F_r = F + Lr + \pi r^2 \end{cases} \tag{4}$$

若 ∂K 属于 C^2 类，则 ∂K 的曲率半径是

$$\rho_r = \rho + r \tag{5}$$

对于满足

$$r \leqslant \min \rho$$

的 r 值，就有一个以 $p(\phi)-r$ 为撑函数的凸集，叫作 K 的内平行集，用 K_{-r} 表示. ∂K_{-r} 的周长和 K_{-r} 的面积可用公式(4) 表示，但需作代换 $r \to -r$.

常宽集　若对于一切 ϕ，$\Delta(\phi)=\Delta=$ 常数，凸集 K 叫作常宽集. 这时

$$E = \Delta = D$$

而根据式(1),K 的周长就是

$$L=\pi\Delta \tag{6}$$

此外,若 ∂K 属于 C^2 类,则由式(1)以及

$$\Delta=p(\phi)+p(\phi+\pi)$$

有

$$\rho(\phi)+\rho(\phi+\pi)=\Delta \tag{7}$$

除圆以外,最简单的常宽凸集是所谓的 Reuleaux 多边形.已给一个正 $2n+1$ 边形($n=1,2,\cdots$),若以其顶点为中心、以对边为弦作圆弧,则所得诸圆弧构成一个 Reuleaux 多边形.图 4 表示 Reuleaux 三角形和 Reuleaux 五边形.注意一个常宽集的每一个平行集也是常宽集.

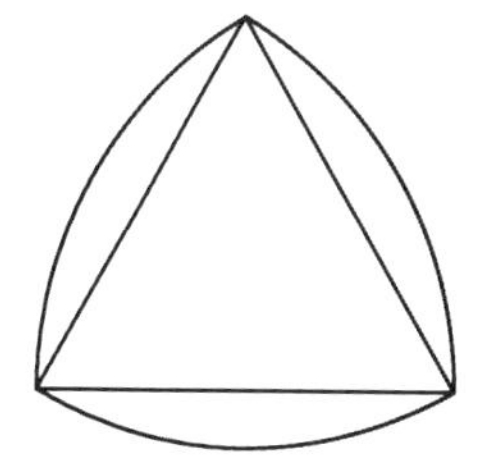
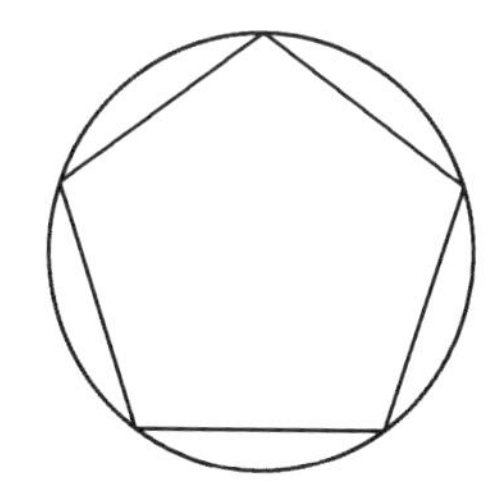

图 4

可以证明,每一个直径 $D\leqslant\Delta$ 的集是一个具有常宽 Δ 的凸集的子集.

三角凸集　常宽集可以在一个正方形里转动(即一切外接长方形是全等正方形,图 5).也有些凸集可以在一个固定的正三角形内转动,这等于说,一切外接正三角形全等.这种集叫作三角集.例如图 6 里带阴影的纺锤状区域是一个三角集.一个三角集的每一个平行集也是三角集.

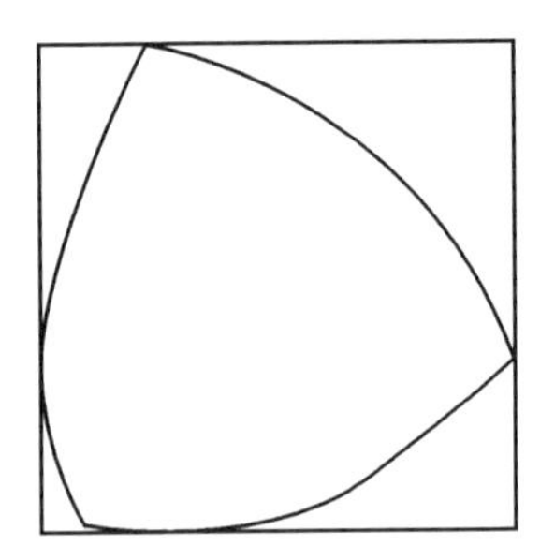

图 5

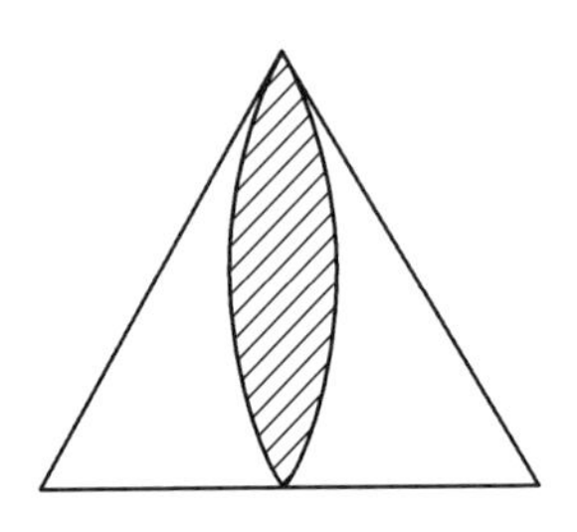

图 6

从一正三角形的内点到三边距离之和等于三角形的高，因此，一个三角集的撑函数满足条件

$$p(\phi)+p\left(\phi+\frac{2\pi}{3}\right)+p\left(\phi+\frac{4\pi}{3}\right)=h$$

由这个等式可知，内接于以 h 为高的正三角形的一个三角集的周长是

$$L=\frac{2\pi}{3}h$$

第14章 幺球面面积与幺球体体积

在本书内，我们总用 O_n 表示 n 维幺球面的面积而用 κ_n 表示 n 维幺球体的体积．它们的值是

$$\begin{cases} O_n = \dfrac{2\pi^{\frac{n+1}{2}}}{\Gamma\left(\dfrac{n+1}{2}\right)} \\ \kappa_n = \dfrac{O_{n-1}}{n} = \dfrac{2\pi^{\frac{n}{2}}}{n\Gamma\left(\dfrac{n}{2}\right)} \end{cases} \tag{1}$$

其中 Γ 表示 Γ 函数，它们满足关系

$$\begin{cases} \Gamma(n+1) = n\Gamma(n) \\ \Gamma(n) = (n-1)!\ (n\ \text{为整数}) \\ \Gamma\left(\dfrac{1}{2}\right) = \sqrt{\pi} \end{cases} \tag{2}$$

例如

$$O_0 = 2, O_1 = 2\pi, O_2 = 4\pi, O_3 = 2\pi^2$$

$$\kappa_1 = 2, \kappa_2 = \pi, \kappa_3 = \frac{4}{3}\pi$$

注记与练习

第15章

1）关于凸集的极小问题.

一个凸集的面积 F，周长 L，直径 D 和幅度 E 之间，有若干不等式，其中的一些如下

$$L^2 \geqslant 4\pi F, \sqrt{3}F \geqslant E^2, L \geqslant \pi F, 2F \geqslant ED$$

$$L \geqslant 2(D^2 - E^2)^{\frac{1}{2}} + 2E\arcsin\frac{E}{D}$$

$$L \leqslant 2(D^2 - E^2)^{\frac{1}{2}} + 2D\arcsin\frac{E}{D}$$

$$2F \leqslant E(D^2 - E^2)^{\frac{1}{2}} + D^2\arcsin\frac{E}{D}$$

$$4F \leqslant 2EL - \pi E^2$$

2）配极凸集.

设 K 为平面上一个有界凸集. 设 O 为 K 的一个内点，P 是从 O 出发，在方向 ϕ 上，K 的一个边界点. 函数

$$h^*(\phi) = |OP|^{-1}$$

是一个凸集 K^* 的撑函数，K^* 称为 K 对于 O 的配极集. 配极凸集对于数的几何有若干应用. 我们叙述以下性质：

（ⅰ）混合面积 $F_{12}(K,K^*)$ 满足不等式

$$F_{12}(K,K^*)\geqslant \pi$$

当 K 为以 O 为中心的圆时，而且只有这时，等式成立.

（ⅱ）若 K 有对称中心 O，则面积 $F(K)$ 和 $F(K^*)$ 满足不等式

$$\frac{\pi^2}{2}\leqslant F(K)\cdot F(K^*)\leqslant \pi^2 \tag{1}$$

对于不一定是凸的闭曲线，其极角是弧长的单调函数，Guggenheimer 研究了仿射不变量 $F(K)F(K^*)$，并把它应用于与微分方程的周期解有关的不等式.

不等式(1)可以推广到 n 维欧氏空间 E_n 里的中心对称集. 用 $V(K)$，$V(K^*)$ 表示它们的体积，则

$$\kappa_n^2 n^{-\frac{n}{2}}\leqslant V(K)V(K^*)\leqslant \kappa_n^2 \tag{2}$$

其中，κ_n 是 E_n 里幺球的体积. 不等式(2)源于 Mahler，而被 Bambah 和 Santalò 所改进. 式(2)中右边的不等式对于一切凸集，不限于中心对称集，是最佳的，而对于以 O 为中心的 n 维椭球，等式成立. 对于中心对称体，式(2)中的左边等式成立的充要条件是 K 为平行超体或交叉多胞体. Mahler 猜想：对于任意凸体 K，有

$$V(K)V(K^*)\geqslant 4^n n!$$

（等式成立的充要条件是 K 为单纯形），但这个不等式尚未证明.

练习 1　设 K 为凸集，它的边界 ∂K 属于 C^1 类. 假定 ∂K 有正向，对于 ∂K 的每一点 A，作弦 AB，使 AB 同在点 A 的切线作固定角 θ. 假定 K 具有性质

$$|AB|=\lambda=\text{常数}$$

证明 ∂K 的长是

$$L=\frac{\pi\lambda}{\sin\theta}$$

若 K 是常宽集而 $\theta=\frac{\pi}{2}$，则 λ 为宽度而这个公式化为第13 章的式(6).

练习 2　设 ∂K 为属于 C^1 类的闭凸线，假定经过 K 的每一点 A 有一条具有已给长度 $|AB|=\lambda$ 的弦. 在每一条这样的弦上取一点 X，使

$$|AX|=a,\ |XB|=b\quad (a+b=\lambda)$$

证明 ∂K 与 X 所描的曲线之间的面积是 πab(与 ∂K 无关). 这个结果叫作 Holditch 定理.

练习 3　若垂直于方向 ϕ_0 的撑线含有 ∂K 的一条线段 P_1P_2(图 1)，证明撑函数 $p(\phi)$ 在 ϕ_0 没有导数，但有右导数 $p'_+(\phi_0)$ 和左导数 $p'_-(\phi_0)$，而且

$$p'_+(\phi_0)=HP_1,\ p'_-(\phi_0)=HP_2$$

其中 H 是从 O 到撑线的垂足.

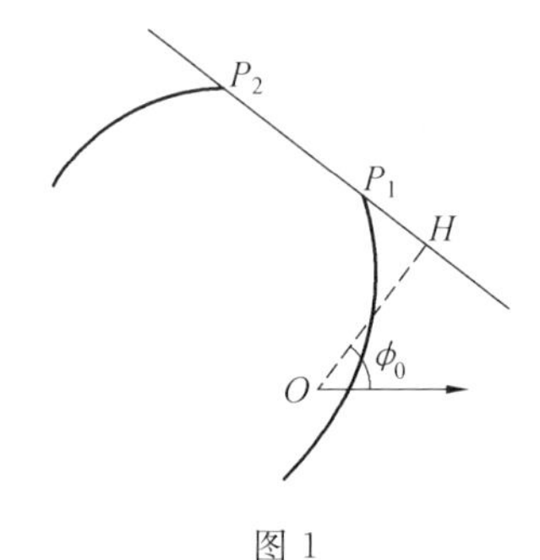

图 1

第四编

其他领域的问题

关于平面 19－点集的空凸分划问题

第16章

石家庄铁道大学的王亚玲、胡俊美、孟昕娜三位教授研究了平面上处于一般位置的 19－点集，根据其凸包边数的不同，分别讨论了其所含空凸多边形的个数，得出 $G(19)\leqslant 5$. 在此基础上，对平面上处于一般位置的 n－点集得出 $G(n)\leqslant\left\lceil\frac{11n}{42}\right\rceil$，从而改进了 $G(n)$ 的上界.

§1 引　言

分划问题是组合几何中的一个经典问题，1992 年，Masatsugu Urabe 提出了所谓的“平面有限点集的凸分划”：平面上无三点共线的点集称为处于一般位置的点集. 令 P 为平面上处于一般位置的 n－点集，$T\subset P$，“CH”表示凸

包.若$CH(T)$内部不含P中的点,则称$CH(T)$为空凸多边形.特别地,当$|T|\leqslant 2$时,视T为空凸多边形.若P被分划成t个不交的子集$S_1,S_2,\cdots,S_t$,即

$$P=S_1\cup S_2\cup\cdots\cup S_t$$

且对每个$i=1,2,\cdots,t$,$CH(S_i)$是一个凸$|S_i|$-边形.则称分划$P=S_1\cup S_2\cup\cdots\cup S_t$为$P$的凸分划.若对任意的$i=1,2,\cdots,t$,$CH(S_i)$内部不含$P$中的点,则称此分划为$P$的空凸分划.记

$$g(P)=:\min\{N^{\pi}(P)\}$$

$$G(n)=:\max\{g(P):|P|=n\}$$

其中π是P的空分划,$N^{\pi}(P)$表示P的分划π中凸多边形的个数.1996年,参考资料[1]以$CH(P)$边数的不同讨论了11-点集的空分划,得到

$$G(11)\leqslant 3$$

2001年,参考资料[2]对15-点集的空分划进行了研究,得到

$$G(n)\leqslant\left\lceil\frac{9n}{34}\right\rceil$$

本章研究了平面19-点集所含空凸多边形的个数问题,改进了$G(n)$的上界.

§2 主要结果

定理1 $G(19)\leqslant 5$.

由参考资料[3]中

$$G(n)\geqslant\left\lceil\frac{n+1}{4}\right\rceil$$

可知

$$G(19)=5$$

定理 2　$G(n)\leqslant\left\lceil\frac{11n}{42}\right\rceil$.

§3　定理 1 的证明

若平面上的有限点集构成某一凸多边形的顶点集,则称此有限点集处于凸位置. 若某个区域内部不含 P 的点,则称该区域为空. 对于给定的点集 P,用

$$V(P)=\{v_1,v_2,\cdots,v_t\}$$

表示 $\mathrm{CH}(P)$ 的顶点集,$v_1,v_2,\cdots,v_t$ 依次按逆时针方向排序.

定义　P 为平面上处于一般位置的 n - 点集,$S\subset P$,S 的空凸分划中含有一个或多个空凸多边形(称其为 S 确定的空凸多边形组),且 $\mathrm{CH}(P\backslash S)$ 的内部不含 S 的点,则称该空凸多边形(组)是可分离的. 文中 P 始终表示平面上处于一般位置的 19 - 点集,即

$$|P|=19$$

引理 1　$G(15)\leqslant 4$.

引理 2　$G(11)\leqslant 3$.

若 P 中存在一个可分离的空凸四边形,则由引理 1 知

$$g(P)\leqslant 5$$

所以我们只需考虑不满足上述条件的 19 - 点集,由此与参考资料[3] 类似,只需在下面三个假设下证明定理 2:

假设 1　$\mathrm{CH}(P)$ 的每条边 $\overline{v_iv_{i+1}}$ 都存在一个点

$p_i(i=1,2,\cdots,t)$，$p_i\in P$，使得 $C(v_i;p_i,v_{i+1})\cup C(v_{i+1};p_i,v_i)$ 为空.

假设2 每个凸四边形 $Q_i=p_iv_iv_{i-1}p_{i-1}$ 均不空.

假设3 由 $v_{i+1}p_i$，$v_{i-1}p_{i-1}$ 与 $\overline{p_ip_{i-1}}$ 构成的三角形记为 T_i，三角形区域 T_i 均不空($i=1,2,\cdots,t$)(图1).

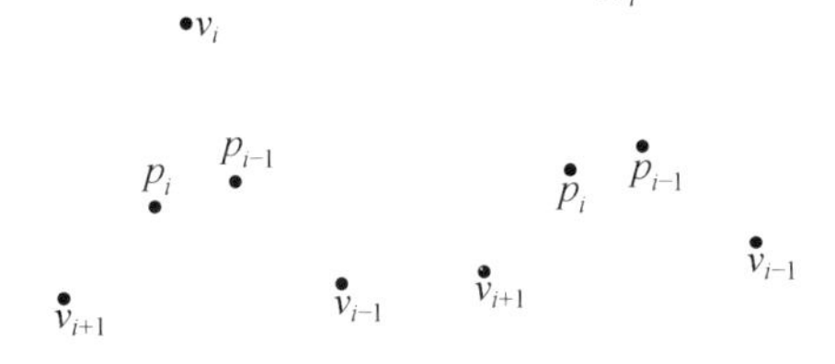

图1 Q_i 与 T_i 均不空

由假设1,3知，对每个顶点 $v_i(i=1,2,\cdots,t)$ 都相应地有一点 p_i 和 T_i 中的至少一点，所以有

$$|P|\geqslant 3|V(P)|$$

即

$$19\geqslant 3|V(P)|$$

此只需证明

$$|V(P)|\leqslant 6$$

时

$$g(P)\leqslant 5$$

成立即可.

情形1. $|V(P)|=6$.

由于 T_i 非空，记 T_i 中 P 的一点为 t_i，由 T_i 的定义知 $p_1,\cdots,p_6,t_1,\cdots,t_6$ 是处于凸位置的，所以 $CH(P\backslash V(P))$ 为凸13－边形或凸12－边形.

(1)$CH(P\backslash V(P))$ 为空凸13－边形时，显然 $g(p)=5$ 成立.

(2)$CH(P\backslash V(P))$ 为空凸 12－边形时，设 r 为剩余的一点，l 为 $CH(P\backslash V(P))$ 中离 r 最近的对角线所在的直线，把 l 向离包含 r 的一侧作微小平移，使其不再经过 $P\backslash V(P)$ 中的点，记作 l'，则 l' 把 $P\backslash V(P)$ 分成了两个点集 P_1,P_2，由此可得 5 个空凸多边形：$CH(P_1)$，$CH(P_2)$ 与 $\overline{v_1v_2}$，$\overline{v_3v_4}$，$\overline{v_5v_6}$.

情形 2. $|V(P)|=5$

根据假设 1 和 3 知存在一个区域 T_i 只含 P 的一个点，不妨设为 T_1，其内部恰含 P 的一个点 q_1，$q_1\in P$. 我们断言 $C(v_2;p_1,p_5)\cup C(v_5;p_1,p_5)$ 只含 q_1. 欲证 $C(v_2;p_1,p_5)$ 只含 q_1，只需证 $C(v_2;p_1,q_1)$ 与 $C(v_2;q_1,p_5)$ 均为空.

首先证明 $C(v_2;p_1,q_1)$ 空. 令

$$p=A(v_2;p_1,q_1)\neq q_1$$

则空凸四边形 $v_1p_1pA(p;v_1,p_5)$ 是可以分离的.

再证 $C(v_2;q_1,p_5)$ 空. 令 $q=A(v_2;q_1,p_5)$：

1) 当 $q\in C(v_1;p_1,q_1)$ 时，空凸四边形 $v_1p_1qq_1$ 是可分离的.

2) 当 $q\in C(v_1;q_1,p_5)$ 时，若 $C(q_1;v_2,q)$ 为空，则空凸四边形 $q_1p_1v_2q$ 是可分离的，否则，空凸多边形组 $\triangle v_1p_5v_5$，$qq_1p_1v_2A(q;v_2,p_2)$ 是可分离的.

因此，假定 $C(v_2;p_1,p_5)$ 只含 q_1，由对称性可假定 $C(v_5;p_1,p_5)$ 只含 q_1. 令 $r=A(q_1;v_2,p_2)$.

若 $C(v_1;p_1,q_1)$ 为空，则空凸四边形 $q_1p_1v_2r$ 是可分离的.

若 $C(v_1;p_1,q_1)$ 不空：

1) 若 $C(r;q_1,p_5)$ 不空，令 $s=A(r;q_1,p_5)$，则空凸多边形组 $\triangle v_1p_5v_5$ 与 $q_1p_1v_2rs$ 是可分离的.

2）若 $C(r;q_1,p_5)$ 为空：

（ⅰ）若 r 与 v_1 在$\overline{v_2v_5}$ 的异侧，空凸多边形组$\overline{v_1v_3}$ 与 $p_5q_1p_1v_2rA(r;p_5,v_5)$ 是可分离的.

（ⅱ）若 r 与 v_1 在$\overline{v_2v_5}$ 的同侧，这时若 $C(v_2;p_5,r)$ 不空，令 $t=A(v_2;p_5,r)$，则空凸多边形组 $\triangle v_1p_5v_5$ 与 $tq_1p_1v_2A(t;v_2,r)$ 是可分离的，所以假设 $C(v_2;p_5,r)$ 空.

由对称性我们假设

$$r'=A(q_1;v_5,p_4)\in C(v_1;q_1,v_5)$$

满足 $C(v_5;p_1,r')$ 与 $C(q_1;v_5,r')$ 空，且 r' 与 v_1 在$\overline{v_2v_5}$ 的同侧. 此时 $\{r,r',v_2,v_5\}$ 与 $\{p_1,p_5,q_1,r,r'\}$ 均处于凸位置.

当 $\triangle q_1rr'$ 不空时，由对称性可假设

$$u=A(r;p_5,r')\in C(v_1;r,q_1)$$

得到空凸多边形组 $\triangle v_5p_5r',q_1v_1p_1ru$ 是可分离的；

当 $\triangle q_1rr'$ 空时，若 $C(p_1;v_2,r)$ 不空，则空凸多边形组 $v_1q_1r'p_5,rp_1v_2A(r;v_2,p_2)$ 是可分离的，由对称性可假设 $C(p_5;v_5,r')$ 为空；若 $C(r;r',v_5)$ 空，记 $v=A(r;v_5,p_4)$，若 $C(r;r',v_5)$ 不空，记 $v=A(r;r',v_5)$，两种情形均得空凸多边形组 $\triangle v_1p_5v_5,r'q_1p_1rv$ 是可分离的.

情形 3. $|V(P)|=4$.

根据假设 1 和 3，存在一个区域 T_i，不妨设为 T_1，其内恰含 1 个或 2 个内点，若 T_1 恰含 1 个内点，同情形 1 讨论即可.

下面讨论 T_1 内恰含有 2 个内点的情形：

令

$$p=A(v_2;p_1,p_4),q=A(v_4;p_4,p_1)$$

若 p 不在 T_1 内，空凸四边形 $v_1p_1pA(p;v_1,p_4)$ 是可分离的，所以由对称性假设 p 与 q 都在 T_1 内.

1）$p=q$ 时，设 r 为 T_1 内另外一点，则 v_1p_1rp 与 v_1prp_4 之一为空凸四边形且是可分离的.

2）$p\neq q$ 时，不妨设 $q\in C(v_4;p,p_4)$（这里固定 p 讨论 q. 也可固定 q 讨论 p，假设 $p\in C(v_2;q,p_1)$，证明方法类似）：

（ⅰ）当 $q\in C(p_1;p,v_1)$ 时，空凸四边形 v_1p_1pq 是可分离的；

（ⅱ）当 $q\in C(p_4;p,p_1)$ 时，空凸四边形 v_1pqp_4 是可分离的；

（ⅲ）当 $q\in T_1\backslash\{C(p_1;p,v_1)\cup C(p_4;p,p_1)\}$ 时：若 $C(v_2;p,q)$ 空，空凸多边形组 $\triangle v_1p_4v_4$ 与 $qpp_1v_2A(q;v_2,p_2)$ 是可分离的，否则，令 $s=A(v_2;p,q)$，假设 $s\in C(v_1;p,q)$，若否，空凸四边形 v_1p_1sp 是可分离的，若 $C(p;v_2,s)$ 空，空凸四边形 pp_1v_2s 是可分离的，若 $C(p;v_2,s)$ 不空，则空凸多边形组 $\triangle v_1qp_4$，$spp_1v_2A(s;v_2,p_2)$ 是可分离的.

情形 4. $|V(P)|=3$.

由假设 1 和 3 知存在一个区域 T_i，不妨设为 T_1，其内含有 1，2，3 或 4 个内点.

T_1 含 1，2 个内点的情形同上面 2，3，下面分别讨论 T_1 内含有 3 个和 4 个内点的情形：

令

$$p=A(v_2;p_1,p_3),q=A(v_3;p_3,p_1)$$

若 p 不在 T_1 内，空凸四边形 $v_1p_1pA(p;v_1,p_3)$ 是可分离的，所以由对称性，设 p 与 q 都在 T_1 内.

1）T_1 含 3 个内点（图 2）.

若 $p=q$,设 r,s 为 T_1 内的剩余两点,则空凸四边形 v_1p_1rp 或 v_1p_1sp 是可分离的.

图 2 $|V(p)|=3$:T_1 含 3 个内点

若 $p\neq q$,r 为 T_1 内的剩余一点,若 q 与 v_1 在 $\overline{pp_3}$ 的异侧,空凸四边形 $v_1p_3qA(q;v_1,p)$ 是可分离的. 下面考虑 q 与 v_1 在 $\overline{pp_3}$ 同侧的情形:

(ⅰ)$r\in C(v_1;p,q)$,若 $r\in C(p_1;p,v_1)$,则空凸四边形 v_1p_1pr 是可分离的. 若 $r\in C(p_3;q,v_1)$,则 v_1rqp_3 是可分离的;$r\in T_1\backslash C(p_1;p,v_1)\cup C(p_3;q,v_1)$:若 r 与 v_1 在 $\overline{pq}$ 的异侧,空凸四边形 v_1prq 是可分离的,否则,空凸多边形组 $\triangle v_1v_2p_1$,$p_3qrpA(p;p_3,p_2)$ 是可分离的.

(ⅱ)$r\in C(v_1;p_1,p)$ 时,空凸多边形组 v_1p_1rp,$v_3p_3qA(q;v_3,p_2)$ 是可分离的.

$r\in C(v_1;p_3,q)$ 时,空凸多边形组 v_1p_3rq,$v_2p_1pA(p;v_2,p_2)$ 是可分离的.

2)T_1 含 4 个内点(图 3).

若 $p=q$,剩余三点定存在一点能与 $\{v_1,p_1,p\}$ 或 $\{v_1,p_3,p\}$ 构成可分离的空凸四边形;

若 $p\neq q$,设 r_1,r_2 为 T_1 内的剩余两点.

(a)r_1,r_2 均在 $C(v_1;p,q)$ 中:若 r_1,r_2 恰有一个在

$C(p_1;p,v_1)$ 中,不妨设为 r_1,则空凸四边形 $v_1r_1pp_1$ 或 $v_1r_1qp_3$ 是可分离的.

图3　$|V(p)|=3;r_1,r_2$ 均在 $C(v_1;p,q)$ 中

若 r_1,r_2 都在 $C(p_1;p,v_1)$ 中,则:

(ⅰ)若 $\{r_1,r_2,p,v_1\}$ 或 $\{r_1,r_2,q,v_1\}$ 处于凸位置,则它(它们)的凸包构成可分离的空凸四边形.

(ⅱ)若 $\{r_1,r_2,p,v_1\}$ 或 $\{r_1,r_2,q,v_1\}$ 都不处于凸位置,则空凸多边形组 $\triangle v_1r_1r_2,pp_1A(p_1;p_3,p_2)p_3q$ 是可分离的.

若 r_1,r_2 均不属于 $C(p_1;p,v_1)$,则:

(ⅰ)若 r_1,r_2 与 v_1 都在 $\overline{pq}$ 的异侧,空凸四边形 v_1pr_1q 或 v_1pr_2q 是可分离的;若 r_1,r_2 与 v_1 都在 $\overline{pq}$ 的同侧,空凸多边形组 $\triangle v_1r_1r_2$ 与 $p_3qpp_1A(p_3;p_1,p_2)$ 是可分离的.

(ⅱ)不妨设 r_1 与 v_1 在 $\overline{pq}$ 的同侧,r_2 与 v_1 在 $\overline{pq}$ 的异侧,若 $r_2\in C(p_3;q,p)$,则空凸多边形组 $\triangle v_1r_1q$, $p_3r_2pp_1A(p_3;p_1,p_2)$ 是可分离的;若 $r_2\in(p_3;p,p_1)$,空凸多边形组 $\triangle v_1p_1v_2,pr_1qp_3r_2$ 是可分离的.

(b)若 r_1,r_2 均在 $C(v_1;p_1,p)$ 中:当 $\{r_1,r_2,p_1,p\}$ 处于凸位置时,空凸多边形组 $\triangle qp_3v_3,\{v_1,p_1,p,r_2,$

$r_1\}$ 的凸包是可分离的；否则，设 $r_2 \in \triangle p_1 p r_1$，若 r_2 与 p 在 $\overline{v_1 r_1}$ 的异侧，则空凸多边形组 $v_1 r_2 r_1 p, q p_3 v_3 A(q; v_3, p_2)$ 是可分离的；若 r_2 与 p 在 $\overline{v_1 r_1}$ 的同侧，则空凸多边形组 $\triangle v_1 p_1 v_2, r_1 r_2 p q p_3$ 是可分离的. 若 r_1, r_2 均在 $C(v_1; q, p_3)$ 中，同理.

(c) 不妨设 r_1 在 $C(v_1; p_1, p)$ 中，r_2 在 $C(v_1; q, p_3)$ 中，则 $p p_1 v_2 A(p; v_2, p_2)$ 是可分离的.

(d) 不妨设 r_1 在 $C(v_1; p_1, p)$ 中，r_2 在 $C(v_1; p, q)$ 中，若 $r_2 \in C(p_1; p, v_1)$，则空凸多边形组 $\triangle v_1 p_1 r_2$，$p q p_3 A(p_3; p_1, p_2) r_1$ 是可分离的.

当 r_2 与 v_1 在 $\overline{pq}$ 的同侧时，空凸多边形组 $\triangle v_1 p_1 v_2, p_3 q r_2 p r_1$ 是可分离的.

当 r_2 与 v_1 在 $\overline{pq}$ 的异侧时：若 r_2 与 v_1 在 $\overline{p_3 r_1}$ 同侧，空凸四边形 $v_1 p r_2 q$ 是可分离的，否则，空凸多边形组 $\triangle v_1 p_1 v_2, p_3 q p r_1 r_2$ 是可分离的.

图 4　$|V(p)|=3$；r_1, r_2 均在 $C(v_1; p_1, p)$ 中；r_1 在 $C(v_1; p_1, p)$ 中，r_2 在 $C(v_1; p, q)$ 中

综上所述，当 $|P|=19$ 时，无论 19 个点在平面上如何分布都有

$$g(P) \leqslant 5$$

从而

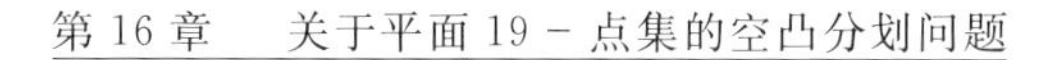

$$G(19) =: \max\{g(P) : |P| = 19\} \leqslant 5$$

定理证毕.

§4　定理2的证明

引理3　设 m 为正整数,对平面上处于一般位置的任意 $(2m+4)-$ 点集,必可将平面划分为三个不交的凸区域,使得其中一个区域包含给定点集中四个点所形成的凸四边形,其他两个区域各含给定点集的 m 个点.

定理2的证明:

首先,平面上处于一般位置的任意 $42-$ 点集都可以分划为至多11个空凸多边形:

由于

$$42 = 2 \times 19 + 4$$

因此平面上处于一般位置的任意 $42-$ 点集可以分划成3个相离的区域,其中一个区域包含一个凸四边形,另外两个区域分别含19个点.再由定理1知上述结论成立.

对任意的 $n-$ 点集 P,我们可以把平面分为 $\left\lceil \frac{n}{42} \right\rceil$ 个相离的区域,其中恰有 $\left\lfloor \frac{n}{42} \right\rfloor$ 个区域分别含42个点,其余点都含在某一个区域中,做法如下:L 是与 P 中任意两点连线都不平行的直线,沿与 L 垂直的方向移动 L,直至它的一侧恰有42个点,如此继续下去,我们会得到 $\left\lfloor \frac{n}{42} \right\rfloor$ 个区域,每个区域恰含42个点,令 V 表示剩余点的集合,则 V 至多可以分划成 $\left\lceil \frac{11\mid V\mid}{42} \right\rceil$ 个空凸多边形.所以有

$$G(n) \leqslant 11\left\lfloor \frac{n}{42} \right\rfloor + \left\lceil \frac{11\mid V\mid}{42} \right\rceil \leqslant \left\lceil \frac{11n}{42} \right\rceil$$

参考资料

[1] M. URABE. On a partition into convex polygons[J]. Discrete Applied Mathematics, 1996(64):179-191.

[2] R. DING, K. HOSONO, M. URABE, C. Q. XU. Partitioning a Planar Point Set into Empty Convex Polygons [C] // Discrete and Computational Geometry, Springer-Verlag Berlin Heidelberg, 2003, 129-134.

[3] C. Q. XU, R. DING. On the empty convex partition of a finite set in the plane[J]. Chin Ann of Math, 2002,23:487-494.

[4] Y. T. DU, R. DING. New proofs about the number of empty convex 4-gons and 5-gons in a planar point se[J]. Journal of Applied Mathematics and Computing, 2005,19:93-104.

平面的凸曲线

第17章

平面的简单闭曲线的曲率 $\kappa > 0$ 时，称为凸曲线. 例如圆和椭圆都是凸曲线. 凸曲线有许多良好的几何性质，首先我们要证明的是：

定理 1 凸曲线的 Gauss 映射是一一对应的.

证明 由于

$$\kappa = \frac{\mathrm{d}\theta}{\mathrm{d}s}$$

曲线是凸的等价于 $\theta(s)$ 是严格单调增的，所以凸曲线的 Gauss 映射是局部一一对应的. 但由切线的旋转指数定理知

$$\theta(l) - \theta(0) = \int_0^l \kappa(s)\mathrm{d}s = 2\pi$$

因此凸曲线的 Gauss 映射是整体一对一的. 证毕.

由于上述定理，我们在研究凸曲线时，不仅可以用弧长 s 作参数，而且可用切线的转角 θ 作参数，θ 称为曲线的角参

数. 有时用角参数往往会更加方便. 此外，我们还将引进支撑函数的概念. 曲线 $\boldsymbol{r}(s)$ 的支撑函数定义为

$$\varphi(s)=-\langle\boldsymbol{r}(s),\boldsymbol{n}(s)\rangle \tag{1}$$

它表示平面的坐标原点到曲线过 $\boldsymbol{r}(s)$ 点的切线的(有向)距离.

当 C 是凸曲线时，将平面的坐标原点取在 C 界定的区域内部，且取 s 的方向为逆时针方向，则支撑函数 $\varphi(s)$ 恒为正. 利用角参数，我们可以导出支撑函数与曲率的关系. 首先，由定义有

$$\varphi(\theta)=-\langle\boldsymbol{r}(\theta),\boldsymbol{n}(\theta)\rangle$$

因此

$$\frac{\mathrm{d}\varphi}{\mathrm{d}\theta}=-\langle\frac{\mathrm{d}\boldsymbol{r}}{\mathrm{d}\theta},\boldsymbol{n}\rangle-\langle\boldsymbol{r},\frac{\mathrm{d}\boldsymbol{n}}{\mathrm{d}\theta}\rangle$$

但因

$$\frac{\mathrm{d}\boldsymbol{r}}{\mathrm{d}\theta}=\frac{\mathrm{d}\boldsymbol{r}}{\mathrm{d}s}\frac{\mathrm{d}s}{\mathrm{d}\theta}=\frac{1}{\kappa}\boldsymbol{t}$$

$$\frac{\mathrm{d}\boldsymbol{n}}{\mathrm{d}\theta}=\frac{\mathrm{d}\boldsymbol{n}}{\mathrm{d}s}\frac{\mathrm{d}s}{\mathrm{d}\theta}=-\boldsymbol{t}$$

所以

$$\frac{\mathrm{d}\varphi}{\mathrm{d}\theta}=\langle\boldsymbol{r},\boldsymbol{t}\rangle \tag{2}$$

再求导一次，我们有

$$\frac{\mathrm{d}^2\varphi}{\mathrm{d}\theta^2}=\langle\frac{\mathrm{d}\boldsymbol{r}}{\mathrm{d}\theta},\boldsymbol{t}\rangle+\langle\boldsymbol{r},\frac{\mathrm{d}\boldsymbol{t}}{\mathrm{d}\theta}\rangle=\frac{1}{\kappa}+\langle\boldsymbol{r},\boldsymbol{n}\rangle=\frac{1}{\kappa}-\varphi$$

于是我们有

$$\frac{\mathrm{d}^2\varphi}{\mathrm{d}\theta^2}+\varphi=\frac{1}{\kappa} \tag{3}$$

由上面的推导还可以看出，如果知道了曲线的支撑函数 φ，则曲线的表达式也就知道了. 事实上，在平面取一个固定标架，我们有

$$t=(\cos\theta,\sin\theta),\boldsymbol{n}=(-\sin\theta,\cos\theta) \tag{4}$$

向量 $\boldsymbol{r}$ 可以写成 $\boldsymbol{t}$ 和 $\boldsymbol{n}$ 的线性组合

$$\boldsymbol{r}=\langle\boldsymbol{r},\boldsymbol{t}\rangle\boldsymbol{t}+\langle\boldsymbol{r},\boldsymbol{n}\rangle\boldsymbol{n}$$

利用式(1) 和(2) 立得

$$\boldsymbol{r}=\varphi'\boldsymbol{t}-\varphi\boldsymbol{n} \tag{5}$$

也可以将上式写为分量的形式

$$\begin{cases}x=\varphi'\cos\theta+\varphi\sin\theta\\ y=\varphi'\sin\theta-\varphi\cos\theta\end{cases} \tag{6}$$

§1　Minkowski 问题

显然,对于凸曲线而言,其曲率函数满足:

(a)$\kappa>0$;

(b)κ 为周期函数.

反过来,人们自然要问:如果一条曲线 C 的曲率函数是正的周期函数,那么这条曲线是不是凸曲线呢?这就是一维的 Minkowski 问题.

一般来说这是不对的,读者容易构造出曲率是正周期函数非闭曲线的例子.根据前面关于曲线支撑函数的讨论,Minkowski 问题显然可以化为微分方程

$$\frac{\mathrm{d}^2\varphi}{\mathrm{d}\theta^2}+\varphi=\frac{1}{\kappa}$$

在什么条件下有一个与 κ 同周期的周期解.

根据常微分方程理论,方程(3) 的通解为

$$\varphi(\theta)=c_1\cos\theta+c_2\sin\theta-\cos\theta\int_0^\theta\frac{\sin\psi}{\kappa}\mathrm{d}\psi+\sin\theta\int_0^\theta\frac{\cos\psi}{\kappa}\mathrm{d}\psi \tag{7}$$

不失一般性,我们可以假定 $c_1=c_2=0$.(事实上,如果

曲线 C 和 $\bar{C}$ 的支撑函数分别为 $\varphi(\theta)$ 和 $\bar{\varphi}(\theta)$，且

$$\varphi(\theta)=\bar{\varphi}(\theta)+c_1\cos\theta+c_2\sin\theta$$

则由公式(6)有

$$x=\bar{x}+c_2$$
$$y=\bar{y}-c_1$$

上式表明，曲线 C 和 $\bar{C}$ 只相差一个平移.)

从式(5)可以看出，曲线成为闭曲线当且仅当

$$\varphi(0)=\varphi(2\pi),\varphi'(0)=\varphi'(2\pi) \tag{8}$$

代入到式(7)，条件(8)等价于

$$\int_0^{2\pi}\frac{\cos\psi}{\kappa}\mathrm{d}\psi=\int_0^{2\pi}\frac{\sin\psi}{\kappa}\mathrm{d}\psi=0 \tag{9}$$

利用式(6)，此时曲线 C 的坐标函数为

$$\begin{cases}x=\int_0^{\theta}\frac{1}{\kappa}\cos\psi\mathrm{d}\psi\\ y=\int_0^{\theta}\frac{1}{\kappa}\sin\psi\mathrm{d}\psi\end{cases} \tag{10}$$

不难验证，在条件(9)下，曲线 C 也是单纯的(留作练习).

总结上述讨论，我们有：

定理2 设 $\kappa:S^1\to\mathbf{R}$ 为正值连续函数，满足条件

$$\int_0^{2\pi}\frac{\cos\psi}{\kappa}\mathrm{d}\psi=\int_0^{2\pi}\frac{\sin\psi}{\kappa}\mathrm{d}\psi=0$$

则存在平面凸曲线 C 以及曲线 C 的Gauss映射 $g:C\to S^1$ 使得曲线 C 在点 $g^{-1}(\theta)$ 的曲率为 $\kappa(\theta)(\theta\in S^1)$，且曲线 C 在相差一个平移的意义下唯一.

以上是一维Minkowski问题的回答，以后我们还会谈到有关曲面的Minkowski问题.

§2　四顶点定理

曲线上曲率的驻点称为曲线的顶点，或者说使

$$\frac{\mathrm{d}\kappa}{\mathrm{d}s}=0$$

的点称为曲线的顶点. 比如圆的所有点都是顶点，而椭圆上仅有四个顶点. 四顶点定理是说，任何凸曲线至少有四个顶点.

设 C 是一条平面凸曲线，κ 是它的曲率函数. 令

$$\rho(\theta)=\frac{1}{\kappa(\theta)}$$

由于

$$\frac{\mathrm{d}\rho}{\mathrm{d}\theta}=-\frac{1}{\kappa^{2}}\frac{\mathrm{d}\kappa}{\mathrm{d}\theta}=-\frac{1}{\kappa^{3}}\frac{\mathrm{d}\kappa}{\mathrm{d}s}$$

所以，$\frac{\mathrm{d}\kappa}{\mathrm{d}s}=0$ 当且仅当 $\frac{\mathrm{d}\rho}{\mathrm{d}\theta}=0$.

曲线 C 满足条件(9)，即

$$\int_0^{2\pi}\rho(\theta)\cos\theta\mathrm{d}\theta=\int_0^{2\pi}\rho(\theta)\sin\theta\mathrm{d}\theta=0 \qquad (11)$$

利用分部积分，不难得出

$$\int_0^{2\pi}\rho'(\theta)\cos\theta\mathrm{d}\theta=\int_0^{2\pi}\rho'(\theta)\sin\theta\mathrm{d}\theta=0 \qquad (12)$$

其中

$$\rho'=\frac{\mathrm{d}\rho}{\mathrm{d}\theta}$$

同时我们还有显然的等式

$$\int_0^{2\pi}\rho'\mathrm{d}\theta=0 \qquad (13)$$

所以对一条凸曲线而言,等式

$$\int_0^{2\pi} \rho'(\theta)(a_0 + a_1 \cos\theta + a_2 \sin\theta)\mathrm{d}\theta = 0$$

恒成立,其中 a_0, a_1, a_2 为任意常数. 上式也可以改写为

$$\int_0^{2\pi} \rho'(\theta)(a_0 + \cos(\theta - \theta_0))\mathrm{d}\theta = 0 \tag{14}$$

对任意的常数 a_0, θ_0 均成立.

由于 $\rho(\theta)$ 是 S^1 上的函数,必达到最大、最小值,设 $\theta = \alpha$ 和 $\theta = \beta$ 分别是最大、最小值点,这两点当然是顶点.

如果 $\rho(\theta)$ 不含有任何其他的驻点,则在 $\widehat{\alpha\beta}$ 上 $\rho' < 0$,而在 $\widehat{\beta\alpha}$ 上,$\rho' > 0$. 选取 $\theta_0 = \dfrac{\alpha + \beta}{2}$,且取常数 a_0 使得 $a_0 + \cos(\theta - \theta_0)$ 在 $\theta = \alpha$ 及 $\theta = \beta$ 时为零. 则在 $\widehat{\beta\alpha}$ 上

$$a_0 + \cos(\theta - \theta_0) > 0$$

而在 $\widehat{\alpha\beta}$ 上

$$a_0 + \cos(\theta - \theta_0) < 0$$

因此,积分(14)不可能为零,得出矛盾. 所以 $\rho'(\theta)$ 必须还有另外一个零点. 不难看出,$\rho'(\theta)$ 必须偶数次改变符号,所以必须还有第四个零点.

再稍加分析,我们可以得到:

定理 3 设 C 是平面的凸曲线,则它的曲率函数或者为常数,或者至少有两个相对极大点和两个相对极小点,且相对极大值严格大于相对极小值. 特别地,平面凸曲线上至少有四个顶点.

最后我们简要提一下四顶点定理的逆定理.

逆定理　设$\kappa: S^1 \to \mathbf{R}$为正值连续函数,$\kappa$或者为常数,或者至少有两个相对极大点和两个相对极小点,且相对极大值严格大于相对极小值,则存在凸曲线C,参数表示为$\boldsymbol{r}=\boldsymbol{r}(t): S^1 \to E^2$,它在相应点的曲率为$\kappa=\kappa(t)$.

注意,在上述定理中并没有假设t是角参数,因此式(9)不一定成立.定理的证明超出了本书的范围,有兴趣的读者可以参看 H. Geuck. The converse to the four vertex theorem. L'Enseignement Mathematique, 1971(3-4):295-309.

超曲面上极小与极小凸点的分布

第18章

厦门大学的严荣沐教授在1999年给出超曲面上点的极小与极小凸性更一般的判别方式，并且对超曲面上极小与极小凸点的分布有了更深刻的认识. 作为应用，还证明了超曲面上一个极小点的传递性定理.

在研究光滑超曲面上CR函数的全纯扩充问题的过程中，对于局部扩充情况，J. M. Trepreau，M. S. Baouendi 和 L. P. Rothchild[2,5] 等人将问题归结为判定超曲面上点的极小与极小凸性.

§1 极小凸点的判定

设 M 是 C^{n+1} 上实解析超曲面，$p=0\in M$. 经过一个全纯变换后，可以假定在点 p 附近 M 由下式表示

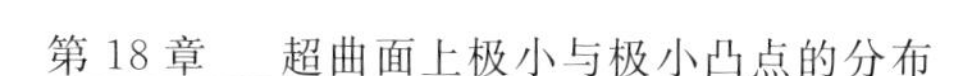

$$M=\{(z,w)\in\Theta:\operatorname{Im} w=\phi(z,\bar{z},\operatorname{Re} w)\}\quad(1)$$

其中Θ是C^{n+1}中零点的一个开邻域，$z\in C^n$，$w\in C^1$，ϕ是一个定义在R^{2n+1}中零点附近的实解析函数且

$$\phi(0)=0,\mathrm{d}\phi(0)=0$$

设

$$w=s+\mathrm{i}v$$

则M由R^{2n+1}中零点附近$(z,\bar{z},s)$参数表示.

在上述坐标下，任何附着在M，通过零点的小解析圆盘可以记作

$$A(\zeta)=(z(\zeta),w(\zeta))$$

其中$z(\zeta)$是取值在C^n上的解析圆盘且$z(1)=0$；当$\zeta\in S^1$(单位圆周)

$$w(\zeta)=s(\zeta)+\mathrm{i}\phi(z(\zeta),\overline{z(\zeta)},s(\zeta))$$

其中$s(\zeta)$满足Bishop方程

$$s(\mathrm{e}^{\mathrm{i}\theta})=-T_1(\phi(z(\cdot),\overline{z(\cdot)},s(\cdot)))(\mathrm{e}^{\mathrm{i}\theta})$$

这里T_1表示正规化希尔伯特变换，即

$$T_1u(\mathrm{e}^{\mathrm{i}\theta})=Tu(\mathrm{e}^{\mathrm{i}\theta})-Tu(1)$$

其中

$$Tu(\mathrm{e}^{\mathrm{i}\theta})=\lim_{\varepsilon\to0}\frac{1}{2\pi}\int_{\varepsilon}^{2\pi-\varepsilon}u(\mathrm{e}^{\mathrm{i}(\theta-t)})\cot\left(\frac{t}{2}\right)\mathrm{d}t$$

当$u\in C^{1,\alpha}(S^1)$时，引入记号

$$Gu=-\frac{1}{\pi}\int_0^{2\pi}\frac{u(\mathrm{e}^{\mathrm{i}\theta})}{|\mathrm{e}^{\mathrm{i}\theta}-1|^2}\mathrm{d}\theta=\frac{1}{\mathrm{i}\pi}\int_{S^1}\frac{u(\zeta)}{(\zeta-1)^2}\mathrm{d}\zeta$$

由S. S. Chern和J. K. Moser[4]的结论，我们还可作一坐标变换，使超曲面方程变为标准形式

$$v=\langle z,z\rangle+\sum_{\min(k,l)\geqslant2}F_{kl}(z,\bar{z},s)$$

其中

$$\langle z,z\rangle=\sum_{\alpha,\beta=1}^{n}h_{\alpha\bar{\beta}}z^{\alpha}\overline{z^{\beta}})$$

表示一个非退化二次型，F_{kl} 满足

$$F_{kl}=(\lambda z,\mu\bar{z},s)=\lambda^k\mu^l F_{kl}(z,\bar{z},s)$$

定理1 设 M 是如上所述 C^{n+1} 上实解析超曲面，则当下列条件之一成立时，零点是 M 的极小点但不是极小凸点：

1) $\{\mathrm{Re}\, h_{\alpha\beta}\mid 1\leqslant\alpha,\beta\leqslant n\}$ 不为同一符号(含0)；

2) $\exists 1\leqslant\alpha,\beta\leqslant n$，使 $\mathrm{Im}\, h_{\alpha\beta}\neq 0$.

证明 记 M 的表达式为

$$v=H(z,\bar{z},s)=\langle z,z\rangle+\sum_{\min(k,l)\geqslant 2}F_{kl}(z,\bar{z},s)$$

假设

$$A(\zeta)=(z(\zeta),w(\zeta))$$

是附着在 M 通过零点的小解析圆盘，计算

$$GH=\frac{1}{\mathrm{i}\pi}\int_{S^1}\frac{H(\zeta)}{(\zeta-1)^2}\mathrm{d}\zeta=$$

$$\frac{1}{\mathrm{i}\pi}\int_{S^1}\frac{\langle z(\zeta),z(\zeta)\rangle+\sum\limits_{\min(k,l)\geqslant 2}F_{kl}(z(\zeta),\overline{z(\zeta)},s(\zeta))}{(\zeta-1)^2}\mathrm{d}\zeta$$

记

$$I_1=\frac{1}{\mathrm{i}\pi}\int_{S^1}\frac{\langle z(\zeta),z(\zeta)\rangle}{(\zeta-1)^2}\mathrm{d}\zeta$$

$$I_2=\frac{1}{\mathrm{i}\pi}\int_{S^1}\frac{\sum\limits_{\min(k,l)\geqslant 2}F_{kl}(z(\zeta),\overline{z(\zeta)},s(\zeta))}{(\zeta-1)^2}\mathrm{d}\zeta$$

取

$$z_\alpha=z_\beta=\frac{\zeta-1}{N}$$

而当 $j\neq\alpha,\beta$ 时，$z_j=0$，其中 N 是充分大的常数. 则

$$I_1=\frac{1}{\mathrm{i}\pi}\int_{S^1}\frac{(h_{\alpha\beta}+h_{\beta\alpha})\mid\zeta-1\mid^2}{N^2(\zeta-1)^2}\mathrm{d}\zeta=$$

$$\frac{2\mathrm{Re}\, h_{\alpha\beta}}{N^2}\cdot\frac{1}{\mathrm{i}\pi}\int_{s^1}\frac{\bar{\zeta}-1}{\zeta-1}\mathrm{d}\zeta=$$

$$-\frac{4\mathrm{Re}\, h_{\alpha\beta}}{N^2}$$

$$GF_{kl}=\frac{1}{\mathrm{i}\pi}\int_{s^1}\frac{F_{kl}(z(\zeta),\overline{z(\zeta)},s(\zeta))}{(\zeta-1)^2}\mathrm{d}\zeta$$

可能为 0,或者为

$$\frac{1}{\mathrm{i}\pi}\int_{s^1}\frac{(\zeta-1)^k(\bar{\zeta}-1)^l}{N^{k+l}(\zeta-1)^2}f_{kl}(s(\zeta))\mathrm{d}\zeta=$$

$$\frac{1}{N^{k+l}}\frac{1}{\mathrm{i}\pi}\int_{s^1}\frac{(\zeta-1)^{k-2}(1-\zeta)^l}{\zeta^l}f_{kl}(s(\zeta))\mathrm{d}\zeta$$

其中 f_{kl} 的意义自明. 由于

$$s(\zeta)=\frac{\partial s}{\partial\zeta}(1)(\zeta-1)+\frac{\partial s}{\partial\bar{\zeta}}(1)\overline{(\zeta-1)}+\cdots$$

注意到希尔伯特变换的连续性及 F 是实解析函数,易知上式积分可积,则

$$GF_{kl}=O\left(\frac{1}{N^{k+l}}\right)$$

由于

$$\min(k,l)\geqslant 2$$

故

$$I_2=G(\sum F_{kl})=O\left(\frac{1}{N^3}\right)$$

因此当 $\mathrm{Re}\, h_{\alpha\beta}\neq 0$ 时,可取 N 充分大,使 GH 的符号与 $\mathrm{Re}\, h_{\alpha\beta}$ 一致. 取遍 $1\leqslant\alpha,\beta\leqslant n$,由 M. S. Baouendi-L. P. Rothchild 定理知,当条件 1) 成立时,零点是 M 的极小点但非极小凸点.

在上面的讨论中,如果取

$$z_\alpha=\frac{\zeta-1}{N},z_\beta=\mathrm{i}\,\frac{\zeta-1}{N}$$

其他为0，则

$$I_1 = -\frac{4\mathrm{Im}\, h_{\alpha\bar{\beta}}}{N^2}$$

由于

$$h_{\alpha\bar{\beta}} = \overline{h_{\alpha\bar{\beta}}}$$

容易知道，当条件2）成立时，GH 的符号无法保持一致，故结论成立.

注 当定理1的结论成立时，M 上的任何一个CR函数都能全纯扩充为零点在 C^{n+1} 某邻域上的全纯函数[1,2].

§2 极小与极小凸点的分布

一个超曲面上的CR函数，能在多大范围扩充为全纯函数？这是一个很有意义的问题. 要研究CR函数的整体扩充问题，一个重要的方法就是了解该超曲面的极小与极小凸点的分布情况. 参考资料[1]就刚性超曲面进行了讨论，本文进一步有：

定理2 设 M 是 C^{n+1} 上实解析超曲面，则：

1）M 上的极小点全体构成的集合 S_1 为 M 的开子集；

2）M 上极小凸点全体构成的集合 S_2 为 S_1 的闭子集.

证明 设 M 的表达式为

$$v = \langle z, z\rangle + \sum_{\min(k,l)\geq 2} F_{kl}(z, \bar{z}, s) \tag{2}$$

其中 $z\in C^n$，$w = s + \mathrm{i}v \in C$，$p = 0 \in M$ 为 M 的极小点. 下面证明当 $(z_0, w_0) \in M$ 充分接近 p 时，也为极小

点.

先作一平移变换将(z_0, w_0)变为原点,即

$$z' = z - z_0, w' = w - w_0$$

再根据 Chern 和 Moser 的理论,存在一全纯坐标变换

$$z^* = z' + f(z', w'), w^* = w' + g(z', w')$$

使超曲面方程变为

$$v^* = \langle z^*, z^* \rangle + \sum_{\min(k,l) \geqslant 2} F_{kl}^*(z^*, \bar{z}^*, s^*) \tag{3}$$

其中 f, g 是(z', w')的全纯函数且 $f, \frac{\partial}{\partial z'^{\alpha}} f, \frac{\partial}{\partial w'} f, g,$

$\frac{\partial}{\partial z'^{\alpha}} g, \frac{\partial}{\partial w'} g, \frac{\partial^2 g}{\partial z'^{\alpha} \partial z'^{\beta}}, \mathrm{Re} \frac{\partial^2 g}{\partial w^2}$ 均没有常数项.

为方便起见,有时也将式(2)(3)分别记为

$$v = \phi(z, \bar{z}, s)$$

与

$$v^* = \phi^*(z^*, \bar{z}^*, s^*)$$

设

$$A^*(\zeta) = (z^*(\zeta), w^*(\zeta))$$

是附着在 M 通过(z_0, w_0)的解析圆盘,即

$$z^*(1) = 0$$

有

$$w^*(\zeta) = s^*(\zeta) + \mathrm{i}\phi^*(z^*(\zeta), \overline{z^*(\zeta)}, s^*(\zeta))$$

其中 $s^*(\zeta)$ 满足 Bishop 方程

$$s^*(\mathrm{e}^{\mathrm{i}\theta}) = -T_1(\phi^*(z^*(\cdot), \overline{z^*(\cdot)}, s^*(\cdot)))(\mathrm{e}^{\mathrm{i}\theta})$$

对于同一个 $z^*(\zeta)$, $A^*(\zeta) = (z^*(\zeta), w(\zeta))$ 是附着在 M,通过点 p 的解析圆盘,这只需令

$$w(\zeta) = s(\zeta) + \mathrm{i}\phi(z^*(\zeta), \overline{z^*(\zeta)}, s^*(\zeta))$$

即可,这时

$$s(e^{i\theta}) = -T_1(\phi(z^*(\cdot), \overline{z^*(\cdot)}, s^*(\cdot)))(e^{i\theta})$$

因此若记 A 与 A_0 分别为附着在 M 上通过点 p 与点 (z_0, w_0) 的小解析圆盘全体，则如上所述给出了 A 与 A_0 的对应关系.

由于 p 是 M 的极小点，因此对 p 在 M 的任一邻域 U，存在附着在 M 通过 p 的解析圆盘

$$A(\zeta) = (z(\zeta), w(\zeta))$$

使得

$$G(\phi(z(\zeta), \overline{z(\zeta)}, s(\zeta))) \neq 0$$

设

$$A_0(\zeta) = (z(\zeta), w_0(\zeta)) \in A_0$$

是与 $A(\zeta)$ 相对应的解析圆盘，计算

$$G(\phi^*(z(\zeta), \overline{z(\zeta)}, s^*(\zeta))) - G(\phi(z(\zeta), \overline{z(\zeta)}, s(\zeta))) =$$

$$\frac{1}{i\pi}\int_{S^1} \frac{\phi^*(z(\zeta), \overline{z(\zeta)}, s(\zeta)) - \phi(z(\zeta), \overline{z(\zeta)}, s(\zeta))}{(\zeta-1)^2} d\zeta =$$

$$\frac{1}{i\pi}\int_{S^1} \frac{\sum\limits_{\min(k,l)\geqslant 2} F_{kl}^*(z(\zeta), \overline{z(\zeta)}, s(\zeta)) - \sum\limits_{\min(k,l)\geqslant 2} F_{kl}(z(\zeta), \overline{z(\zeta)}, s(\zeta))}{(\zeta-1)^2} d\zeta$$

记

$$\phi_1(\zeta) = \sum_{\min(k,l)\geqslant 2} F_{kl}(z(\zeta), \overline{z(\zeta)}, s(\zeta))$$

$$\phi_1^*(\zeta) = \sum_{\min(k,l)\geqslant 2} F_{kl}^*(z(\zeta), \overline{z(\zeta)}, s(\zeta))$$

引理 $\int_{S^1} \frac{\phi_1(\zeta)}{(\zeta-1)^2} d\zeta$ 与 $\int_{S^1} \frac{\phi_1^*(\zeta)}{(\zeta-1)^2} d\zeta$ 可积.

证明 由于

$$\phi_1(\zeta) = \phi(\zeta) - \langle z(\zeta), z(\zeta) \rangle$$

所以 $\phi_1(\zeta)$ 是实解析函数，又显然存在实解析函数 $\phi_2(\zeta)$，使得

$$\phi_1(\zeta) = (\zeta-1)^2 \overline{(\zeta-1)^2} \phi_2(\zeta)$$

故

$$\int_{S^1}\frac{\phi_1(\zeta)}{(\zeta-1)^2}d\zeta=\int_{S^1}\frac{(1-\zeta)^2}{\zeta^2}\phi_2(\zeta)d\zeta$$

由于在 S^1 上

$$\zeta\cdot\bar{\zeta}=1$$

将 $\phi_2(\zeta)$ 展开成 ζ 与 $\bar{\zeta}$ 的收敛幂级数后逐项积分即知 $\int_{S^1}\frac{\phi_1(\zeta)}{(\zeta-1)^2}d\zeta$ 积分存在，同理 $\int_{S^1}\frac{\phi_1^*(\zeta)}{(\zeta-1)^2}d\zeta$ 可积.

现在回到定理的证明. 从 Chern 和 Moser 的坐标变换中知道，当(z_0,w_0)充分接近 p 时，ϕ^* 是 ϕ 的一个微小摄动，因此 $\int_{S^1}\frac{\phi_1^*(\zeta)-\phi_1(\zeta)}{(\zeta-1)^2}d\zeta$，即 $G\phi^*-G\phi$ 的值可以任意小. 由于 $G\phi\neq 0$，因此，可使 $G\phi^*\neq 0$. 这就说明了存在一个通过(z_0,w_0)的小解析圆盘，使得 $G\phi^*\neq 0$，即说明(z_0,w_0)是极小点. 因此情形 1) 成立.

若 p 是 M 的极小点但不是极小凸点，则对于 p 在 M 的任一邻域 U，存在两个附着在 U 上的具充分小范数的解析圆盘 C^1,C^2，使得

$$G\phi|_{C^1}>0,\ G\phi|_{C^2}<0$$

由刚才的讨论不难知道，当 M 上的点与 p 充分接近时，也能找到相应的解析圆盘使 $G\phi^*$ 的值取不同符号，因此这些点也不是 M 的极小凸点，即情形 2) 成立.

由此可以仿照参考资料[1]将 M 的点分类

$$M=A_1\cup A_2\cup A_3$$

其中 A_1 是 M 上所有极小凸点构成的集合；A_2 为 M 上所有极小但不为极小凸点构成的集合；而

$$A_3=M/(A_1\cup A_2)$$

为 M 上非极小点构成的集合. 由定理 2，$A_1\cup A_2=S_1$

为M的开子集；A_3为M的闭子集；A_2为S_1，也为M的开子集. 对于M上任一给定的CR函数，它在A_2的点附近能局部全纯扩充到C^{n+1}上的某邻域；在A_1的点附近能局部扩充到M在C^{n+1}的某一侧；而对于A_3中的任一点，总存在某个M上的CR函数在这点附近不能作全纯扩充.

§3　极小点的传递性

作为定理2的应用，我们证明如下极小点的传递性定理.

定理3　设$M\subset C^{n+1}$是C^{n+1}上的实解析超曲面，γ是M上的逐段光滑曲线，满足

$$\gamma(t)\in T^c_{\gamma(t)}M\doteq T_{\gamma(t)}M\cap JT_{\gamma(t)}M$$

对所有有定义的t成立. 若γ上存在一点p为M的极小点，则γ上任意一点都是M的极小点，实际上，还存在γ在M上的一个邻域U，使得U上的任意一点都是M的极小点.

证明　由J. M. Trepreau定理，$p\in M$是M的极小点的充要条件是M上p附近的任一CR函数f能全纯扩充到M在C^{n+1}的某一侧，此即表明f在点p附近可以作Wedge扩充. 由于γ满足

$$\dot{\gamma}(t)\in T^c_{\gamma(t)}M$$

因此，由参考资料[6]的定理4.3知，f在γ上任意一点附近也可作Wedge扩充，即γ上任意一点均为极小点；再由定理2知极小点集构成M的一个开子集，因此有满足定理结论的U.

参考资料

[1] 严荣沐，陈志华. 超曲面上 Cauchy-Riemann 函数的全纯扩充[J]，数学年刊，20A:3(1999)，355-360.

[2] M. S. Baouendi, L. P. Rothchild. A generalized complex Hopf lemma and its application to CR mappings[J]. Invent Math., 111(1993), 331-348.

[3] E. Bishop. Differentiable manifolds in complex Euclidean space[J]. Duke Math. J., 32(1965), 1-21.

[4] S. S. Chern, J. K. Moser. Real hypersurface in complex manifolds[J]. Acta Math., 133(1974), 219-271.

[5] J. M. Trépreau. Sur le prolongment holomorphe des fonctions CR définies sur une hypersurface réelle de classe C^2 dans C^n[J]. Invent Math., 83(1986), 583-592.

[6] A. E. Tumanov. Connections and propagation of analyticity for CR functions [J]. Duke Math. J., 173:1(1994), 1-24.

什么是拟凸域[①]

第19章

拟凸性是现代复分析中的一个核心概念,但是如果你在该领域所受到的训练仅局限于单变量函数,你可能从来没有听说过这个概念,因为复平面 **C** 中的每一开子集都是拟凸的.拟凸性或者更广泛的非拟凸性,是一种高维现象.顺便说一句,对于 Euclid 凸性,这也是对的,即 **R** 的每个连通开子集都是凸的.高维时的情形肯定更有趣!

拟凸性非常重要,因为它关系到全纯(即复解析)函数的真正核心,与幂级数、恒等定理和解析延拓紧密交织.这个概念源自于 Friedrich Hartogs 1906 年

---

① R. Michael Range. 译自:Notices of the AMS, Vol. 59(2012), No. 2, p. 301-303, What is a Pseudoconvex Domain? R. Michael Range. 美国数学会与作者授予译文出版许可.

R. Michael Range 是 Albany 纽约州立大学数学教授.

的惊人发现：$\mathbf{C}^2$ 中存在一简单的区域 H，其上的每一个全纯函数[①]都可以延拓到一个严格更大的开集 $\hat{H}$ 上. 一维时没有这样的现象！事实上，若 P 是区域 $D \subset \mathbf{C}$ 的一个边界点，函数

$$f_P(z) = \frac{1}{z - P}$$

显然在 D 上全纯，但不能全纯延拓到 P 的任何邻域上[②].

Hartogs 的例子是如此令人惊异，具有历史意义，而且还十分基本，因此在任何有关该主题的阐述中都应当加以介绍. 考虑由下式定义的区域 $H \subset \mathbf{C}^2 = \{(z, w): z, w \in \mathbf{C}\}$ 有

$$H = \{(z,w): |z| < 1, \frac{1}{2} < |w| < 1\} \cup$$
$$\{|z| < \frac{1}{2}, |w| < 1\}$$

令 $f: H \to \mathbf{C}$ 全纯，固定 $r, \frac{1}{2} < r < 1$. 容易验证函数

$$F(z,w) = \frac{1}{2\pi \mathrm{i}} \int_{|\zeta| = r} \frac{f(z,\zeta)\mathrm{d}\zeta}{\zeta - w}$$

在

$$G = \{(z,w): |z| < 1, |w| < r\}$$

上全纯. 注意到对于固定的 z_0，$|z_0| < \frac{1}{2}$，函数 $w \to$

① 多复变量的全纯函数是在开集 $D \subset \mathbf{C}^n$ 连续，并且对每一个变量分别全纯的函数. 多圆盘上 Cauchy 积分公式的迭代容易导出这些函数关于相应的实变量是 C^∞ 的，并且关于复变量有局部幂级数展开. —— 原注

② 这种简单构造不能推广到多变量上，因为全纯函数的零点和奇点在二维或更高维时不孤立. —— 原注

$f(z_0,w)$ 在圆盘 $\{|w|<1\}$ 上全纯. 因此由 Cauchy 积分公式知当 $|w|<r$ 时

$$f(z_0,w)=F(z_0,w)$$

这样,在 $\{(z,w):|z|<\frac{1}{2},|w|<r\}$ 上有 $f\equiv F$,由恒等定理知在 $H\cap G$ 上 $f\equiv F$,即 F 给出了 f 从 H 到 $\hat{H}=H\cup G$ 上的全纯延拓.

Hartogs 的发现迅速引发了一个基本问题:如何刻画那些在其上的所有全纯函数不都能全纯延拓的区域 $D\subset\mathbf{C}^n$,这样的区域称为全纯域. 更精确地说,如果对于每个边界点 $P\in bD$,存在 D 上的全纯函数 f_P 不能全纯延拓到 P 的任何邻域上,那么 D 就是一个全纯域①. 如前所述,复平面中的任何区域都是全纯域,那么易知每一个乘积区域

$$D=D_1\times D_2\times\cdots\times D_n$$

也是一个全纯域,其中 $D_j\subset\mathbf{C},j=1,\cdots,n$. 此外,每一个 Euclid 凸域 $D\subset\mathbf{C}^n$ 是全纯域. 当然,是 Hartogs 给出了非全纯域的第一个例子.

下面的表述揭示了拟凸性的实质.

拟凸性是 $\mathbf{C}^n$ 中区域 D 的边界的局部解析几何性质,用以刻画全纯域.

注意到具有整体性质的全纯域有一个纯局部的刻画这件事情,即是否可以通过边界附近的研究给出该区域的整体性质,并不显然. 上述事实的证明实际上是

---

① 该定义形式上弱于通常文献中的定义;实际上,一个全纯域是指在该区域上存在一个全纯函数,其不能全纯延拓到任何的边界点上. 但由 H. Cartan 和 P. Thullen 1932 年的一个基本定理知,这二者实际上是等价的. —— 原注

过去40多年众多工作的巅峰之作.

在Hartogs发现仅仅几年之后,E. E. Levi研究了具有可微边界的全纯域.类似于熟知的Euclid凸的微分刻画,他发现下述简单的可微条件:设

$$D \cap U = \{z \in U : r(z) < 0\}$$

其中r是C^2实值函数且在$P \in bD$的邻域U上有$dr \neq 0$.

定理　1）如果在$D \cap U$上存在一个全纯函数不能全纯延拓到P上(特别地,如果D是全纯域),则对任意满足$\sum_{j=1}^{n} \frac{\partial r}{\partial z_j}(P) t_j = 0$的$t \in \mathbf{C}^n$有

$$L_P(r;t) = \sum_{j,k=1}^{n} \frac{\partial^2 r}{\partial z_j \partial \overline{z_k}}(P) t_j \overline{t_k} \geqslant 0$$

2）若对所有满足$\sum_{j=1}^{n} \frac{\partial r}{\partial z_j}(P) t_j = 0$的非零向量$\boldsymbol{t}$有

$$L_P(r;t) > 0$$

成立,则可以选取U使得$U \cap D$是一全纯域[①].注意到若$D \subset \mathbf{C}$,则关于t的条件仅在$t=0$时成立.在这种情况下,1）和2）中的结论是平凡的.

Levi的结果阐明了"复Hesse行列式"$L_P(r;t)$——现在普遍称为Levi形式——在全纯域的刻画中扮演了一个根本的角色.名词"拟凸"由H. Behnke

---

① 记$z_j = x_j + iy_j, j = 1, \cdots, n$,复偏微分算子$\frac{\partial}{\partial z_j}$定义为

$$\frac{\partial}{\partial z_j} = \frac{1}{2}\left(\frac{\partial}{\partial x_j} - i\frac{\partial}{\partial y_j}\right)$$

对于共轭微分算子$\frac{\partial}{\partial \overline{z_j}}$有类似定义.——原注

和 P. Thullen 在 1934 年有影响的报告“Ergebnisbericht”中引入，报告总结了那时多维复分析的现状及重要的未解决的问题. 为了区分 Levi 的可微条件和其他有关拟凸性的表述，人们把 1) 中的条件称为 Levi 拟凸性. 若 2) 中更强些的条件成立，人们称 D 在点 P 是严格或强拟凸的.

由 Levi 的结果，如果 D 在每个边界点都是严格拟凸的，则 D 是局部的全纯域. 这里强调“局部的”是非常关键的，Levi 自己意识到了他的定理还远不能推导出原本期望的整体结果. 证明强拟凸域实际上就是全纯域长时间以来一个核心的未解决的问题，该问题被称为 Levi 问题. 20 世纪 50 年代早期，该问题最终由 K. Oka，H. Bremermann，F. Norguet 分别独立解决，从而说明了拟凸性核心地位的正确性.

把上述结论推广到任意区域需要拟凸性的恰当定义. 多年以来，人们引入了许多版本的等价定义. 这其中最优美的版本或许是 20 世纪 40 年代由 Oka 和 P. Lelong 利用多重下调和函数给出的[①]. 简单地说，D 上的一个 C^2 函数 r 称为多重下调和的，当它的 Levi 形式

$$L_z(r;t) \geqslant 0$$

对于所有的 $t \in \mathbf{C}^n$ 及 $z \in D$ 成立. 而一般的多重下调和函数可以由 C^2 甚至 C^∞ 的多重下调和函数递减逼近. 现在我们令 $dist(z, bD)$ 表示 z 到 bD 的 Euclid 距

① 单变量的下调和函数最早由 F. Hartogs 在 1906 年引入，随后在 20 世纪 20 年代被显而易见地推广到 n 个实变量的情形. 相比之下，多重下调和函数是指那些 n 个复变量的函数，其限制在每一条复直线上都是下调和函数. —— 原注

离.

定义　区域 $D \subset \mathbf{C}^n$ 称为拟凸的(或 Hartogs 拟凸的),如果 $\varphi(z) = -\log dist(z, bD)$ 是 D 上的多重下调和函数.

注意,φ 是连续函数,并且当 $z \to bD$ 时,φ 趋向于 ∞. 可以证明凸域是拟凸的,并且根据上述定义,任何具有 C^2 边界的区域是拟凸的当且仅当其为 Levi 拟凸的. 同时,任何拟凸域都是一串具有 C^∞ 边界强(Levi)拟凸域的递增并. 顺便提一下,我们知道区域 D 是(Euclid)凸的当且仅当 $-\log dist(z, bD)$ 是凸函数.

Levi 问题解的一般性表述如下:

$\mathbf{C}^n$ 中的域是全纯域当且仅当它是拟凸的.

最后,我简要地提及两个涉及拟凸性的话题,它们持续激励着许多重要的研究工作.

首先是关于解析对象边界性质的研究,例如某些特殊的全纯函数类,$\mathbf{C}^n$ 中开集间的双全纯映射以及非齐次 Cauchy-Riemann 方程的解等. 当区域边界是强拟凸时,我们已经很好地理解了许多这方面的问题. 一个自然的目标就是把这些结果推广到一般的具有 C^∞ 边界的 Levi 拟凸域上. 这里我们要强调这些问题确实是高维的,因为在一维时,所有有界光滑区域自动地是强拟凸的. 高维的情形十分复杂并且很有技巧性. 我们知道一些结果在一般的情形下不再成立,例如由 K. Diederich 和 J. E. Fornaess 在 1976 年发现的所谓"虫域"可以看出来. 通过假定额外的条件,如 Euclid 凸性或者"有限型"—— 强拟凸域的一类重要推广,其由 J. J. Kohn 在 20 世纪 70 年代早期引入 —— 也有许多结果可以推广到一般 Levi 拟凸域上. 另外其他的一些结果仍然没有解决. 例如 20 世纪 70 年代中期,C. Fefferman 证明了 $\mathbf{C}^n$ 中光滑边界强拟凸域之间的每一双全纯映射都能光滑延拓到边界上. 该结果已经被推广到有限型拟凸域和其他一些特殊情形的区域. 对于任意的 Levi 拟凸域,尽管有很多努力,但据我所知,该问题依然没有解决.

另外一个自然的问题是我们对拟凸性及其与 Euclid 凸关系的根本性理解. 这篇文章中所提到的拟凸性的精确表述显然是相应 Euclid 凸刻画在复情形的类似刻画. 特别地,Euclid 凸蕴含拟凸. 进一步,一个区域在点 P 是强拟凸的当且仅当在点 P 附近适当的局部全纯坐标下,它是 Euclid 强凸的(即相关的二阶偏导矩阵是正定的),证明这点十分基本,但并不显然,换句话说,强拟凸性仅仅是 —— 局部的 —— 强凸性的双全纯不变版本. 不幸的是,这种简洁的刻画在简单的有限型拟凸域情形就已经失效, 正如 J. J. Kohn 和 L. Nirenberg 在 1972 年发现的例子所示. 但是如果去掉所有的边界正则性条件,那么下面这个令人充满好奇的问题,答案至今仍然未知[①].

给定一个光滑有界区域 $D \subset \mathbf{C}^n$ 和点 $P \in bD$,对于 P 的某邻域 U,$D \cap U$ 是拟凸的. 问能否选取 U 使得 $D \cap U$ 双全纯等价于一 Euclid 凸域 $W \subset \mathbf{C}^n$?

① 这个问题纯粹是局部的. 在整体层面上,答案是否定的. 比如在 1986 年,N. Sibony 构造了 $\mathbf{C}^2$ 中一个光滑有界拟凸域,其不能逆紧嵌入到 $\mathbf{C}^N$ 中的凸域. —— 原注

无限维空间中凸集的端点[1]

第20章

§1 引言

若 C 是线性空间中的一个子集，则 C 中一点 x 称为 C 的一个端点，如果当 $x=\lambda y+(1-\lambda)z \quad (0<\lambda<1, y, z\in C)$ 时总有

$$x=y=z$$

因而若 C 是凸集，则 x 为 C 的端点的条件是 x 不是 C 中任何线段的内点. 举两个简单例子：一个闭三角形区域的端点是它的三个顶点，而一个闭球体的端点是其球面上的点.

---

① Nina M. Roy. 原题：Extreme Points of Convex Sets in Infinite Dimensional Spaces. 译自：The American Mathematical Monthly, 94(1987), 409-422.

端点概念可回溯到 H. Minkowski(41,卷 Ⅱ,第157-161页),他证明了:若C是$\mathbf{R}^3$中的一个紧凸集,则C的每个点必可表为C的端点的一个凸组合,即表为一个求和$\sum_{i=1}^{m}\lambda_i x_i$,其中$\lambda_i>0$,$\sum_{i=1}^{m}\lambda_i=1$,且每个$x_i$都为$C$的端点.这个结果称为(在$\mathbf{R}^n$内的)Minkowski定理,而Carathéodory将它作了进一步加强,他证明了:若C是$\mathbf{R}^n$中的一个紧凸子集,则C的每个点可表为C中至多$n+1$个端点的一个凸组合.(其证明及对于双随机矩阵的应用可在[47]里找到.)

1940年M. Krein和D. Milman将Minkowski的定理推广到无限维空间,他们证明了:若C是局部凸Hausdorff线性空间的紧凸子集,则C是它的端点的所有凸组合集的闭包.Krein-Milman定理实际上是当今研究无限维空间中凸集外部结构的出发点.本章之目的是要描述某些概念、例子、定理以及这一研究所产生的应用.

下面的§2是预备知识,在§3我们叙述Krein-Milman定理的某些应用及Klee对它的推广.§4包含Banach空间中闭单位球端结构的一些例子.论述$C(K)$的对偶球端点的Arens-Kelley定理在§5给出,然后用它来证明Banach-Stone定理.§6包含一个L_1-预对偶类和它的一个子类($C(K)$-空间)的端点特征.算子空间中的端点放在§7中考虑.其中包括了Milman所证明的满射等距是一个端算子(实质上是证明了每个佳算子都是端算子以及关于这个问题的某些结果:一个端算子何时为佳的?我们在§8给出本章以外的某些讨论端点课题的有关参考文献).

我们希望读者熟悉点集拓扑和实分析的基础知识. 有用的背景参考材料为[55]和[60].

§2　预备知识

一个线性赋范空间是一个具有实或复标量的线性空间 X,对于其中任意 x 有非负范数 $\| x \|$ 满足

$$\| x \| = 0 \Leftrightarrow x = 0$$

以及对一切标量 a 和一切 $x, y \in X$ 有

$$\| x + y \| \leqslant \| x \| + \| y \|$$

和

$$\| ax \| = | a | \| x \|$$

Banach 空间是关于度量

$$d(x, y) = \| x - y \|$$

完备的线性赋范空间. 一个线性赋范空间的单位球是 X 中满足 $\| x \| \leqslant 1$ 的点 x 的集合,这里用 $B(X)$ 表示之.

设 X 和 Y 是具有同一标量域的线性赋范空间. 一个从 X 到 Y 的线性映射 T 为连续的充要条件是有界的 —— 存在正实数 M 使得对一切 $x \in B(X)$ 有

$$\| Tx \| \leqslant M$$

在此种情形下,我们定义

$$\| T \| = \sup\{ \| Tx \| : \| x \| \leqslant 1\}$$

按此范数,所有从 X 到 Y 的有界线性映射构成的空间 $\mathscr{L}(X,Y)$ 是一个线性赋范空间;若 Y 是 Banach 空间,则 $\mathscr{L}(X,Y)$ 也是 Banach 空间. 映射 $T \in \mathscr{L}(X,Y)$ 叫作线性等距,如果对一切 $x \in X$ 有

$$\| Tx \| = \| x \|$$

若 Y 为 $\mathbf{R}$ 或 C（X 的标量域）赋予绝对值范数，则 $\mathscr{L}(X, Y)$ 叫作 X 的对偶空间（或简称对偶）并用 X^* 表示之. X 到它的第二次对偶 X^{**} 的自然嵌入 τ 是一个线性等距定义为

$$\tau x(f) = f(x) \quad (x \in X, f \in X^*)$$

若 τ 把 X 映到 X^{**} 之上，则称 X 为自反的.

线性赋范空间 X 的对偶空间上存在若干有用的拓扑. X^* 上的弱拓扑是使 X 中所有泛函（或更确切地说，$\tau(X)$）为连续的最弱的（即最小的）拓扑. 网 (f_α) 弱收敛于 f 当且仅当对任意 $x \in X$ 有

$$\lim_\alpha f_\alpha(x) = f(x)$$

X 上的强拓扑是由范数诱导的度量拓扑. 在本章中，如对线性赋范空间不指明何种拓扑时应理解为强拓扑.

下述定理中的标量可以是实的或复的. 对实标量情形的证明见于[55，第 202 页].

Banach-Alaoglu 定理　若 X 为线性赋范空间，则 $B(X^*)$ 是弱紧的.

若 S 是线性拓扑空间的一个子集，则 S 的凸包记作 $\text{co}(S)$ 是包含 S 的最小凸集；它是由一切凸组合 $\sum_{i=1}^{n} \lambda_i x_i$ 所组成的，其中 $x_i \in S, \lambda_i > 0$ 及 $\sum_{i=1}^{n} \lambda_i = 1$. S 的闭凸包是它的凸包的闭包且等于一切包含 S 的闭凸集的交集.

局部凸空间　是指局部凸 Hausdorff 线性拓扑空间. 在下文中，当陈述一个局部凸空间（特别是 Banach 空间）而未提及标量域时，应把它理解成在实、复数情形下都为真.

我们把集 C 的全体端点所组成的集记作 ext C.

利用下面的事实有时较为方便：若 C 是凸集，则 C 的一点 $x \in \text{ext}\, C$ 的充要条件是当 $x=\frac{1}{2}(y+z)$，$y,z \in C$ 时，总有 $x=y=z$. 下列引理包含另一个端点的简单特征，将要在后面用到.

引理 1　设 C 是线性空间的一个凸子集，$x \in C$，则 $x \in \text{ext}\, C$ 当且仅当 $x+y \in C$ 和 $x-y \in C$ 蕴含 $y=0$.

证明　注意

$$x=\frac{1}{2}[(x+y)+(x-y)]$$

由此若 $x \in \text{ext}\, C$，$x+y \in C$ 及 $x-y \in C$，则

$$x+y=x-y=x$$

即 $y=0$. 反之，若 $x+y \in C$，$x-y \in C$，$y \neq 0$，则

$$x+y \neq x-y$$

所以 $x \notin \text{ext}\, C$.

§ 3　Krein-Milman 定理的应用及推广

我们从定理的陈述开始.

Krein-Milman 定理[30]　设 C 是局部凸空间的非空紧子集，则 ext C 非空. 若 C 又是凸集，则 C 是 ext C 的闭凸包.

Krein 和 Milman 对于 C 是线性赋范空间的对偶空间中的弱紧凸子集的情形证明了定理，他们利用超限归纳法建立了 C 中端点的存在性. 利用 Zorn 引理的简单证明由 J. L. Kelley[24] 和 J. Hotta[19] 在 1951 年分

别独立地给出. Kelley 的证明在[55,第 207 页]上.

Krein-Milman 与 Banach-Alaoglu 定理之间的一个中间推论是:对于线性赋范空间 X 来说,$B(x^*)$ 是它的端点的弱闭凸包. 因而其单位球无端点的一个线性赋范空间不可能线性等距于一个对偶空间. 这样空间的例子将在下节给出.

我们阐述 Victor Klee[28] 的论断,即端点具有重要性,其基本原因是 Bauer 的极小原理和 Krein 与 Milman 的定理. 我们将要说明怎样可以用后者来证明前者,下面是一些预备定义.

设 f 是定义在实线性空间的凸子集 C 的一个实值函数. 我们说 f 是凹的,如果当 $0\leqslant\lambda\leqslant 1, x, y\in C$ 时,总有

$$f(\lambda x+(1-\lambda)y)\geqslant\lambda f(x)+(1-\lambda)f(y)$$

函数 f 称为凸的,如果它的负函数是凹的. C 的一个子集 K 称为端子集,若当 $x, y\in C$ 和 $\lambda x+(1-\lambda)y\in K$, $0<\lambda<1$ 时,则必有 $x, y\in K$. 显然 K 的端点必为 C 的端点.

定理 1(Bauer 的极小原理)　若 C 是实局部凸空间的非空紧凸子集,f 是定义在 C 上的下半连续的凹函数,则 f 在 C 的一个端点达到它的极小值.

证明　f 达到其极小值这个事实可用经典方法来加以证明(例如,见[55]第 161 页). 设

$$\alpha=\inf\{f(x): x\in C\}, K=\{x\in C: f(x)=\alpha\}$$

我们将要证明 K 是紧的端子集. 注意

$$K=\{x\in C: f(x)\leqslant\alpha\}$$

因此由下半连续性,K 是闭的,从而是紧的. 为了看出 K 是端子集,设 $x, y\in C$,对某个 $0<\lambda<1$ 有

$$\lambda x+(1-\lambda)y\in K$$

则

$$\begin{aligned}\alpha=f(\lambda x+(1-\lambda)y)\geqslant\\ \lambda f(x)+(1-\lambda)f(y)(\text{因 } f \text{ 是凹的})\geqslant\\ \lambda\alpha+(1-\lambda)\alpha=\alpha\end{aligned}$$

故

$$\alpha=\lambda f(x)+(1-\lambda)f(y)$$

由于

$$f(x)\geqslant\alpha,f(y)\geqslant\alpha$$

我们得出结论

$$\alpha=f(x)=f(y)$$

从而 $x,y\in K$,因此 K 为端子集. 由于 K 是紧的,故从 Krein-Milman 定理推得 K 有一个端点. 因 K 是端子集,所以这个点必是 C 的端点.

Bauer的极小原理自然蕴含着;在紧凸集 C 上定义的上半连续的凸函数在 C 的一个端点达到它的极大值. 作一简单说明,设 C 是 $\mathbf{R}^2$ 中的闭矩形区域,$p\in\mathbf{R}^2$,且在 C 上定义 f 使得对一切 $x\in C$ 有

$$f(x)=d(x,p)$$

其中 d 为欧氏距离. 于是 f 在 C 的4个顶点之一达到它的极大值.

可利用 Krein-Milman 定理来证明的其他著名的定理有 Stone-Weierstrass 定理[33,§11.4],Bernstein 的定理[46,§2],以及时间最优控制理论的"Bang-Bang 原理",它等价于向量测度范围内的 Liapunov 定理[17,第8节].

Krein-Milman 定理也在无限双随机矩阵理论中找到了它的应用[26],[49]. 有限双随机矩阵和它们的端

点以及应用于最优分配问题的情形可在[23，§5.8]中找到. Karlin的著作也包含(在 §2.4 中)双矩阵对策理论中端点最优策略的一个有趣的特征.

我们将以Klee对Krein-Milman定理的推广及其在线性规划中的应用来结束本节.

定理 2(V. Klee[27])　若 C 是局部凸空间的一个闭、凸的局部紧子集且若 C 不包含任何直线,则 C 是它的端点和端射线所成集的闭凸包.

(C 的端射线是包含在 C 中的一条封闭半－直线 R 使得与 C 中每个 R 相交的开区间都在 R 内.)

Klee定理的证明见[29,§25].

在线性规划中,目标是要找出 $\boldsymbol{x}=(x_1,x_2,\cdots,x_n)$ 的值,使函数

$$f(x)=\sum_{j=1}^{n}c_jx_j$$

在约束条件

$$\sum_{j=1}^{n}a_{ij}x_j\leqslant b_i\quad(i=1,2,\cdots,m)$$

和

$$x_j\geqslant 0\quad(j=1,2,\cdots,n)$$

下达到最大(或最小). 由这些约束条件所确定的集 C 是 $\mathbf{R}^n$ 中的一个多面凸子集,因而 C 的端点都是它的顶点. 函数 f 是线性的,所以最大值要是存在的话,必在 C 的某个端点达到.(这可用Klee定理来加以证明. 见[51,系 32.3.1].)单纯形方法就是系统地决定和检验端点,直到找出向量 $\boldsymbol{x}=(x_1,x_2,\cdots,x_n)$ 或发现明显无解为止.

§4　例　子

在以下例子里,我们将需要这样的事实:若 S 为线性拓扑空间 X 中的一个有限子集,则 $\mathrm{co}(S)$ 是紧的. 要看出这一点,设

$$S=\{x_1,x_2,\cdots,x_n\}$$

I 为区间 $[0,1]$,并且令 $f:\mathbf{R}^n\to X$ 由

$$f(\lambda_1,\lambda_2,\cdots,\lambda_n)=\sum_{i=1}^{n}\lambda_i x_i$$

所确定. I^n 中使得

$$\sum_{i=1}^{n}\lambda_i=1$$

的那些 $(\lambda_1,\lambda_2,\cdots,\lambda_n)$ 所成的集 K 是紧空间 I^n 的闭子集,因而是紧的. 函数 f 是连续的(因 f 为线性,$\mathbf{R}^n$ 为有限维系[9,Ⅰ、4.4]),且

$$f(K)=\mathrm{co}(S)$$

因此 $\mathrm{co}(S)$ 紧.

考虑我们的第一个例子,设 l_1 表示由绝对可求和实序列 $x=(x_n)$ 全体所成的 Banach 空间,具有范数

$$\|x\|=\sum|x_n|$$

那么 $B(l_1)$ 是其端点的闭凸包. 注意这并不能从 Krein-Milman 定理推得,因 $B(l_1)$ 不是紧的;只有有限维空间才有紧的单位球[10,定理 Ⅳ.3.5]. 设

$$E=\mathrm{ext}\ B(l_1)$$

为了要证明 $B(l_1)$ 是 $\mathrm{co}(E)$ 的闭包,我们首先证明,E 是由序列 $e_n,n=1,2,\cdots$ 及其负所构成的,其中 e_n 在第

n 个位置上为 1 而在别的地方都为 0 的序列. 让我们先来证明每个 e_n 都在 E 内. 假定

$$e_n=\frac{1}{2}(x+y)$$

其中 $x, y \in B(l_1)$. 比如说

$$x=(x_1, x_2, \cdots), y=(y_1, y_2, \cdots)$$

于是

$$1=\frac{1}{2}(x_n+y_n) \quad (|x_n| \leqslant 1, |y_n| \leqslant 1)$$

这就是说

$$x_n=y_n=1$$

由于 x 和 y 的范数至多为 1,便得到对于 $j \neq n, x_j=y_j=0$. 因此

$$x=y=e_n$$

从而 $e_n \in E$. 反之,设

$$x=(x_n) \in B(l_1)$$

并假定对于一切 $n, x \neq \pm e_n$. 我们可假定 $\|x\|=1$,不然 x 显然不会是一个端点. 于是,我们可以写成

$$x=y+z$$

这里

$$y=(x_1, x_2, \cdots, x_k, 0, 0, \cdots)$$

$$z=(0, 0, \cdots, 0, x_{k+1}, x_{k+2}, \cdots)$$

y 与 z 都不是零序列. 令

$$u=\left(\frac{1}{\|y\|}\right) y, v=\left(\frac{1}{\|z\|}\right) z$$

那么,由于

$$\|y\|+\|z\|=\|x\|=1$$

得到

$$x=\|y\| u+(1-\|y\|) v$$

所以 $x \notin E$. 我们现在来证明 $B(l_1)$ 中任意序列 $x=(x_n)$ 在 $\mathrm{co}(E)$ 的闭包中. 对于每个 n,设

$$y_n=\sum_{k=1}^{n}x_k e_k$$

则

$$y_n\in \mathrm{co}(E)$$

要看出这一点,考虑空间 l_1^n 中的点 $(x_1,x_2,\cdots,x_n)$(l_1^n 是具有范数 $\|(x_1,x_2,\cdots,x_n)\|=\sum\limits_{i=1}^{n}|x_i|$ 的 $\mathbf{R}^n$). 设

$$E_n=\mathrm{ext}\ B(l_1^n)$$

则 E_n 的成员是n 维向量$\pm \boldsymbol{e}_k$. 从而由 Krein-Milman定理和本例前的附注,有

$$B(l_1^n)=\mathrm{co}(E_n)$$

因而

$$(x_1,x_2,\cdots,x_n)\in \mathrm{co}(E_n)$$

故

$$y_n\in \mathrm{co}(E)$$

由于

$$x=\lim_{n\to\infty}y_n$$

我们得到了所要求的结果.

更一般地,如果Γ是任意非空集,那么由Γ上绝对可求和实函数全体所成的空间 $l_1(\Gamma)$ 具有性质:$B(l_1(T))$ 是它的端点的凸闭包,而且这一性质刻画了 $l_1(\Gamma)$ 一空间在某种类型的实 Banach 空间中的特征[54]. 对于这些空间的定义和性质,读者可查阅[9,25].

我们现在来考察 $C(K)$ 一空间的端结构. 设 K 是紧 Hausdorff空间,$C(K,\mathbf{R})$(分别地,$C(K,\mathbf{C})$)表示 K

上的实值(分别地,复值)连续函数f之全体,并赋予一致范数

$$\|f\|=\sup\{|f(k)|:k\in K\}$$

所构成的Banach空间.下列引理应归于Krein与Milman[30].

引理2 令C表示$C(K,\mathbf{R})$或$C(K,\mathbf{C})$.则

$$\text{ext } B(C)=\{k\in C:|f(k)|=1,\text{对一切 } k\in K\}$$

证明 设$f\in C$,对一切$k\in K$有

$$|f(k)|=1$$

又假定

$$f=\frac{1}{2}(g+h)$$

其中$g,h\in B(C)$.于是由于对每个k来说,$f(k)$是标量域上单位球的一个端点,由此得到

$$g(k)=h(k)=f(k)$$

从而

$$g=h=f$$

故

$$f\in \text{ext } B(C)$$

反之,假定$f\in B(C)$,对于某个$k_0\in K$有

$$|f(k_0)|<1$$

设

$$g=1-|f|$$

则

$$f+g\in B(C),f-g\in B(C)$$

但$g(k_0)\neq 0$.从而按§2末之引理1有$f\notin \text{ext } B(C)$.

现在我们可看出K为连通的充要条件是$B(C(K,\mathbf{R}))$只有两个端点,即为常数函数1和-1.(因此,例

如 $C([0,1],\mathbf{R})$ 不是一个对偶空间.）$B(C(K,\mathbf{R}))$ 中的大量端点将迫使 K 为极不连通. 更确切地说，我们有下列定理：

定理 3(W. Bade[2]）　设 K 是紧 Hausdorff 空间，则 $B(C(K,\mathbf{R}))$ 是它的端点的闭凸包当且仅当 K 是完全不连通的.（“完全不连通”指的是 K 的唯一连通子集是单点集.）

在复标量情形，情况极不相同.

定理 4(R. R. Phelps[45]）　若 K 是紧 Hausdorff 空间，则 $B(C(K,\mathbf{C}))$ 是它的端点的闭凸包.

本定理的“纯测度论证明”（引述 MR 评论者）已由 L. G. Brown[6] 给出了.

有些 Banach 空间，其中范数为 1 的每个点都是单位球的端点. 这样的空间称为严格凸的或圆形的. 例如，具有欧氏范数的 $\mathbf{R}^n$ 是严格凸的. 事实上，每个 Hilbert 空间都是严格凸的[16，习题 3]. V. I. Istratescu[20] 最近写的概论是有关严格凸性的很好的信息源和参考资料.

另一个极端情形是有些 Banach 空间，它们的单位球无端点. 例如，收敛于零的实序列全体所成的空间 c_0 就是这样的情形. 现证之，设

$$x=(x_n)\in c_0,\ \|x\|=\sup|x_n|=1$$

又设 k 为一整数，使得 $|x_k|<\frac{1}{2}$. 定义序列 (y_n) 和 (z_n) 满足

$$y_n=z_n=x_n$$

如 $n\neq k$，以及

$$y_k=x_k-\frac{1}{2},z_k=x_k+\frac{1}{2}$$

令

$$y=(y_n), z=(z_n)$$

我们有 $y,z\in B(c_0)$，$y\neq z$ 且 $x=\frac{1}{2}(y+z)$. 从而 $x\notin$ ext $B(c_0)$. 因此

$$\text{ext } B(c_0)=\varnothing$$

下面是一个多年未解决的问题：如果 C 为 Hausdorff 线性拓扑空间的非空紧凸子集，那么 C 必有端点吗？1977 年，J. W. Roberts[50] 构造了一个例子说明回答是否定的. 对详细情况及有关的未解决的问题感兴趣的读者可参考[22，第 9 章].

§5 Arens-Kelley 定理

设 K 是紧 hausdorff 空间，$C(K)$ 表示 K 上连续实（或复）值函数全体赋予一致范数所成的 Banach 空间. 按 Elton Lacey 的评述[31]，$C(K)^*$ 的单位球的端点在分析 K，$C(K)$ 和 $C(K)^*$ 中起着重要作用. 对每个 $k\in K$，设 ε_k 是 $C(K)^*$ 中由对一切 $f\in C(K)$，$\varepsilon_k(f)=f(k)$ 所定义的赋值泛函. R. F. Arens 与 J. L. Kelley[1] 证明了在实的情形，这些赋值泛函及其负函数正好是 $C(K)^*$ 的单位球的端点. 下面在陈述他们的定理中，标量可以是实的或复的. 证明在参考资料[10]上.

Arens-Kelley 定理 ext $B(C(K)^*)=\{a\varepsilon_k : |a|=1, k\in K\}$.

Arens-Kelley 定理在各方面的推广，已被下列等人给出：I. Singer[61]，F. Cunningham，Jr 与 N. M.

Roy[8] 与 C. Ionescu Tulcea[20]，以及 R. R. Phelps[44]. Arens-Kelley 定理的一个有趣的应用，它首先发表于参考资料[1]，就是用它来证明下列定理，这定理在可分的情形归于 S. Banach[3]，而在一般情形则归于 M. H. Stone[62].

Banack-Stone 定理　设 K 与 H 为紧 Hausdorff 空间，则 $C(K)$ 与 $C(H)$ 是线性等距当且仅当 K 与 H 同胚.

下一引理，将有助于对 Banack-Stone 定理的证明，这引理在下一节也要用到.

引理 3　设 $\hat{K}=\{\varepsilon_k:k\in K\}$，则 $\hat{K}$ 是弱紧的，且映射 $k\to\varepsilon_k$ 是 K 到 $\hat{K}$ 上的同胚.

证明　映射 $k\to\varepsilon_k$ 显然是满射的，并且可用 Urysohn 的引理证明它是内射的. 为了要看出它是连续的，设 $\{k_\alpha\}$ 是 K 中收敛于 $k\in K$ 的网，则对任意 $f\in C(K)$，有 $\{f(k_\alpha)\}$ 收敛于 $f(k)$，因而 $\{\varepsilon_{k_\alpha}\}$ 弱收敛于 ε_k. 从而该映射为连续. 于是证得 K 是弱紧的，且该映射是 K 到 $\hat{K}$ 上的同胚[25].

Banach-Stone 定理的证明，设

$$X=C(K),Y=C(H)$$

先假定存在 K 到 H 上的同胚 τ. 在 Y 上定义映射 T 使得对 $f\in Y,k\in K$ 有

$$Tf(k)=f(\tau(k))$$

容易验证 $Tf\in X$ 和 $T:Y\to X$ 是线性等距. T 是满射，事实上，设 $g\in X$，定义 f 使

$$f(h)=g(\tau^{-1}(h))\quad(h\in H)$$

则

$$f\in Y,Tf=g$$

反之,假定 T 是 Y 到 X 上的线性等距. 共轭映射 $T^*:X^* \to Y^*$ 由

$$T^*\Phi(f)=\Phi(Tf) \quad (\Phi \in X^*, f \in Y)$$

所给定. 不难证明 T^* 弱连续且是 X^* 到 Y^* 上的线性等距.(要看出 T^* 是满射的,设 $\Psi \in Y^*$ 且定义 $\Phi=\Psi \circ T^{-1}$, 则 $\Phi \in X^*, T^*\Phi=\Psi$.) 因此 T^* 是 $\mathrm{ext}\ B(X^*)$ 到 $\mathrm{ext}\ B(Y^*)$ 上的双射. 从而根据 Arens-Kelley 定理,对任意 $k \in K$ 存在唯一的 $h \in H$ 和 $|a(k)|=1$ 的标量 $a(k)$ 使得

$$T^*\varepsilon_k=a(k)\varepsilon_h$$

设 $\tau:K \to H$ 由

$$\tau(k)=h$$

所定义的充要条件是

$$T^*\varepsilon_k=a(k)\varepsilon_h$$

则 τ 就是所要的从 K 到 H 上的同胚. 为了证明这一点,让我们先来验证 τ 是连续的. 设 $\{k_\alpha\}$ 为 K 中收敛于 $k \in K$ 的一个网,则由本证明前的引理,网 $\{\varepsilon_{k_\alpha}\}$ 弱收敛于 ε_k. 对每个 α,令

$$h_\alpha=\tau(k_\alpha), h=\tau(k)$$

由于 T^* 是弱连续的, 所以网 $\{a(k_\alpha)\varepsilon_{h_\alpha}\}$ 弱收敛于 $a(k)\varepsilon_h$. 从而 $\{a(k_\alpha)\}$ 收敛于 $a(k)$(取 $f=1$ 便看出这一点),$\{\varepsilon_{h_\alpha}\}$ 弱收敛于 ε_h. 于是由以上引理,$\{h_\alpha\}$ 收敛于 h. 容易看出 τ 是双射的,故证明完毕.

§6 L_1—预对偶的端点特征

若(S,φ,μ)是测度空间,我们以 $L_1(\mu)$ 表示 S 上

实或复值可测函数 f 满足 $|f|$ 可积的全体所成的 Banach 空间，赋予

$$\|f\|=\int|f|\,\mathrm{d}\mu$$

所给定的范数，并且把其中两个函数看作等价，如果它们几乎处处相等．一个 L_1 — 空间是一个 Banach 空间，它线性等距于相应于某个测度空间 (S,φ,μ) 的 $L_1(\mu)$．一个 L_1 — 预对偶是一个 Banach 空间，它的对偶是一个 L_1 — 空间．L_1 — 预对偶也称 Lindenstrauss 空间，因为 Lindenstrauss 在参考资料[36]中首先广泛地研究了这些空间．凸性和端点结构在 L_1 — 预对偶的等距理论中起了重要作用．

L_1 — 预对偶的一个例子是 $C(K)$ — 空间，它是一个 Banach 空间，线性等距于某个紧 Hausdorff 空间 K 上的连续实或复值函数全体所组成的空间 $C(K)$．为了看清 $C(K)^*$ 是一个 L_1 — 空间，想到由 Riesz 表示定理，$C(K)^*$ 可视为 K 上一切正则 Borel 带符号的或复的测度所组成的空间，因而是一个抽象的 L — 空间（在 Kakutani 的意义下）．于是按 Kakutani 的表示定理，$C(K)^*$ 对于某个测度 μ 线性等距于 $L_1(\mu)$．（有关详情，读者可查阅参考资料[31]）

空间 $C(K)$ 有下列两个性质：

（ⅰ）$\mathrm{ext}\, B(C(K))\neq\varnothing$．

（ⅱ）$\mathrm{ext}\, B(C(K)^*)$ 是弱闭的．

性质（ⅰ）之成立，正如我们从 §4 的引理中所想到的是由于常数函数 1 是个端点的缘故．性质（ⅱ）容易从前节的 Arens-Kelley 定理及证明 Banach-Stone 定理时所用的那个引理推得．

性质(ⅰ)和(ⅱ)实际上刻画$C(K)$—空间在L_1—预对偶中的特征. 这在实的情形下应归于J. Lindenstrauss[36],标量为复时归于B. Hirsberg和A. J. Lazar[18].

因篇幅所限,这里未能对其他类型的L_1—预对偶和它们的端点的特征给予描述. 除了本节已提到的那些参考资料外,其他的参考资料是[9]、[11]、[12]、[31]、[52]、[63]、[34]、[38]以及[53]. 后三者中还含有说明各种类型之间是如何联系的图表.

我们以A. Lima给出的L_1—预对偶的一个有趣的特征来结束本节. 首先需要一些预备知识. 线性空间X中的一个射影是一个X到自身的线性映射P,使得

$$P \circ P = P$$

Banach空间X中的一个L—射影是X的射影P,使得

$$\| x \| = \| Px \| + \| x - Px \|$$

对一切$x \in X$满足. 事实上,L—射影是有界的,它具有范数1(如果它不为0). 一个L—被加项是一个L—射影的值域. 举一个例子,设(X, φ, μ)是一个测度空间,χ是S的一个可测子集的特征函数,在$L_1(\mu)$上定义P使对一切$f \in L_1(\mu)$有

$$P(f) = f\chi$$

则P是$L_1(\mu)$中的一个L—射影.

F. Cunningham, Jr.[7]最先研究L—射影,他证明了实L_1—空间具有性质:它的非零L—射影构成一个范数为1的最大阿贝尔射影族,而且这一性质刻画了L_1—空间在实Banach空间中的特征. (Cunningham的定理在复的情形也真.)

设X为一Banach空间,$E = \text{ext}\, B(X^*)$. 对X^*中

任意 L − 射影 P，定义

$$N_p = \{f \in B(X^*): P(f) = f \text{ 或 } P(f) = 0\}$$

且设

$$N = \bigcap \{N_p: P \text{ 为 } X^* \text{ 中的一个 } L \text{ − 射影}\}$$

我们将证明$[0,1]E \subset N$. 对此只要证明 $E \subset N$ 就够了. 设 $f \in E$, P 为 X^* 中的一个 L − 射影，由于 $\| f \| = 1$，我们有

$$1 = \| Pf \| + \| f - Pf \|$$

假定

$$Pf \neq 0, Pf \neq f$$

则

$$\| Pf \| > 0, \| f - Pf \| > 0$$

从而

$$0 < \| Pf \| < 1$$

令

$$\lambda = \| Pf \|$$

于是有凸组合

$$f = \lambda\left(\frac{1}{\| Pf \|}\right) Pf + (1-\lambda)\left(\frac{1}{\| f - Pf \|}\right)(f - Pf)$$

由于 $f \in E$，故得

$$f = \left(\frac{1}{\| Pf \|}\right) Pf$$

施 P 于两端得

$$Pf = \left(\frac{1}{\| Pf \|}\right) Pf$$

推出 $\| Pf \| = 1$ 为矛盾. 因此$[0,1]E \subset N$. 如果 X 是一个 L_1 − 预对偶，此包含关系也可在其他方式下成立，正如下列定理所表明的，它刻画了 L_1 − 预对偶，在那些 Banach 空间中的特征，在这些空间中对每个 $f \in$

E,span(f) 是一个 L — 被加项.(span(f) 表示由 f 线性生成的集).

定理 5(A. Lima[35]) Banach 空间 X 是 L_1 — 预对偶当且仅当$[0,1]E=N$,且对任意 $f\in E$,span(f) 是一个 L — 被加数项.

§7 算子空间中的端点

设 X 和 Y 为同一标量域上的 Banach 空间,$\mathscr{B}(X,Y)$ 表示由 X 到 Y 的有界算子全体所构成的空间 $\mathscr{L}(X,Y)$ 中的单位球,则 $\mathscr{B}(X,Y)$ 的端点称为端算子.下列定理,特别地,它证明了 $\mathscr{B}(X,Y)$ 至少有一个端点.

定理 6(D. Milman[40]) 若 T 是 X 到 Y 上的一个线性等距,则 T 是端算子.

证明 对每个 $f\in Y^*$,由

$$T^*f=f\circ T$$

所定义的共轭映射 T^* 是 Y^* 到 X^* 上的一个线性等距,从而把 ext $B(Y^*)$ 映到 ext $B(X^*)$ 上.要看出 T 是端算子,假定

$$T=\frac{1}{2}(U+V)$$

其中 $U,V\in\mathscr{B}(X,Y)$.设

$$f\in \text{ext } B(Y^*)$$

则

$$T^*f\in \exp B(X^*)$$

且

$$T^*f=\frac{1}{2}(U^*f+V^*f)$$

因此

$$T^* f = U^* f = V^* f$$

从而

$$f(Tx) = f(Ux) = f(Vx)$$

对一切 $x \in X$ 和 $f \in \text{ext } B(Y^*)$ 成立.这就意味着对任意 $x \in X$,有

$$f(Ux - Vx) = 0$$

对一切

$$f \in \text{ext } B(Y^*)$$

成立;从而根据 Krein-Milman 定理,对一切

$$f \in B(r^*)$$

有

$$f(Ux - Vx) = 0$$

于是

$$Ux - Vx = 0$$

因为 Y^* 在 Y 上是完全的[10].从而 $U=V$,证明完毕.为了供以后参考,我们注意到在 Milman 的证明中,使 T 成为端算子的是 T 把 $\text{ext } B(Y^*)$ 映入 $\text{ext } B(X^*)$ 这一事实.

作为一个部分逆,我们有下述定理,此定理似乎首先出现在参考资料[37]上.

定理 7　设 X 表示 n 维欧氏空间.若

$$T \in \text{ext } B(X, X)$$

则 T 是一个等距.

证明　设

$$T \in \text{ext } \mathscr{B}(X, X)$$

则

$$\| T \| = 1$$

我们回想到伴随 T^* 是 X 上的算子，它由对一切 x，$y \in X$，$\langle T^* x, y\rangle = \langle x, Ty\rangle$ 所确定. 设

$$Y = \{x \in X: \| Tx \| = \| x \|\}$$
$$Z = \{x \in X: \| T^* x \| = \| x \|\}$$

我们的目的是要证明 $Y = X$. 让我们先来证明 Y 是 X 的线性子空间. 若 $x \in Y$，则

$$\begin{aligned}
&\| T^* Tx - x \|^2 = \\
&\langle T^* Tx - x, T^* Tx - x\rangle = \\
&\| T^* Tx \|^2 - 2\langle T^* Tx, x\rangle + \| x \|^2 = \\
&\| T^* Tx \|^2 - 2\langle Tx, Tx\rangle + \| x \|^2 = \\
&\| T^* Tx \|^2 - 2 \| x \|^2 + \| x \|^2 \leqslant \\
&\| x \|^2 - 2 \| x \|^2 + \| x \|^2 = 0
\end{aligned}$$

从而对一切 $x \in Y$ 有

$$T^* Tx = x$$

因此若 $x, y \in Y$，则有

$$\| T(x+y) \|^2 = \langle T^* Tx + T^* Ty, x + y\rangle = \| x + y \|^2$$

由于对 $a \in \mathbf{R}$，$x \in Y$ 也有

$$\| Tax \| = | a | \, \| Tx \| = | a | \, \| x \| = \| ax \|$$

由此得到 Y 是 X 的线性子空间. 同样可证对一切 $x \in Z$ 有

$$TT^* x = x$$

由此易得

$$T(Y) = Z$$

不难证明

$$T(Y^{\perp}) \subset Z^{\perp}$$

其中 $Y^{\perp}$ 与 $Z^{\perp}$ 分别表示 Y 与 Z 的正交补. 假定 T 不是等距的，即

$$Y \neq X$$

那么

$$Y^{\perp} \neq \{0\}$$

因为

$$X = Y \oplus Y^{\perp}$$

且

$$Z^{\perp} \neq \{0\}$$

因为

$$X = Z \oplus Z^{\perp}$$

及

$$T(Y) = Z$$

考虑两种情形

$$T(Y^{\perp}) = \{0\}$$

与

$$T(Y^{\perp}) \neq \{0\}$$

如果

$$T(Y^{\perp}) = \{0\}$$

选取 $u \in Y^{\perp}$ 与 $v \in Z^{\perp}$ 具有

$$\| u \| = \| v \| = 1$$

设

$$S \in \mathscr{L}(X, X)$$

由

$$S(x) = \langle x, u \rangle v \quad (x \in X)$$

所定义,则

$$S \neq 0$$

因为

$$S(u) = v$$

而且

$$\| T \pm S \| \leqslant 1$$

要看清这一点，设 $x \in X$ 具有 $\| x \| \leqslant 1$，则

$$x = y + z$$

其中 $y \in Y, z \in Y^{\perp}$. 我们有

$\| Tx \pm Sx \|^2 =$

$\| Ty + Tz \pm (\langle y, u \rangle v + \langle z, u \rangle v) \|^2 =$

$\| Ty \pm \langle z, u \rangle v \|^2 =$

$\| Ty \|^2 + \| \langle z, u \rangle v \|^2$（因 $Ty \in Z, \langle z, u \rangle v \in Z^{\perp}$）$\leqslant$

$\| y \|^2 + \| z \|^2 \| u \|^2 \| v \|^2 =$

$\| y \|^2 + \| z \|^2 = \| x \|^2 \leqslant 1$

因而由 §2 末之引理 1，$T \notin \operatorname{ext} \mathscr{B}(X, X)$ 产生矛盾. 现考虑

$$T(Y^{\perp}) \neq \{0\}$$

的情况. 我们需要一个不难证明的事实，由于 $Y^{\perp}$ 是有限维的，所以

$$\| T \mid Y^{\perp} \| < 1$$

于是有

$$\| T \mid Y^{\perp} \| < \frac{1}{1 + \varepsilon}$$

其中 $0 < \varepsilon \leqslant 1$. 设

$$R = \varepsilon TP$$

这里 P 是到 $Y^{\perp}$ 上的正交射影. 这时 $R \neq 0$. 因为若

$$x \in Y^{\perp}, Tx \neq 0$$

那么就有

$$Rx = \varepsilon TPx = \varepsilon Tx \neq 0$$

进而

$$\| T \pm R \| \leqslant 1$$

（因其证明很类似于以上 $\| T \pm S \| \leqslant 1$ 的证明，故略

去). 由此 $T \notin \text{ext}\ \mathscr{B}(X,X)$ 又产生矛盾. 至此完成了定理的证明.

一般来说,一个端算子即使它把一个有限维空间映入自身也未必是等距的. 例如,设 X 为 $\mathbf{R}^2$ 具有范数

$$\|(x,y)\|\ \max\{|x|,|y|\}$$

则 $B(X)$ 是具有顶点为$(\pm 1,\pm 1)$的正方形. 通过

$$T(x,y)=(x,x)$$

定义 $T:X\to X$. 于是

$$\|T\|=1$$

从而 $T\in\mathscr{B}(X,X)$. 进而 T 是端算子. 事实上假定

$$T=\frac{1}{2}(U+V)$$

其中 $U,V\in\mathscr{B}(X,X)$. 则

$$(1,1)=T(1,0)=\frac{1}{2}(U(1,0)+V(1,0))$$

但

$$(1,1)\in \text{ext}\ B(X)$$

所以

$$U(1,0)=V(1,0)=(1,1)$$

类似地有

$$U(1,-1)+V(1,-1)=(1,1)$$

由于 U 和 V 在 $\mathbf{R}^2$ 的某个基上一致,故得 $U=V$. 从而

$$T\in \text{ext}\ \mathscr{B}(X,X)$$

T 显然不是一个等距.

依 P. D. Morris 与 R. R. Phelps[43],若 X 和 Y 是 Banach 空间,那么 $\mathscr{L}(X,Y)$ 中的一个算子 T 称为佳的,如果 T^* 把 $\text{ext}\ B(Y^*)$ 映入 $\text{ext}\ B(X^*)$. 在本节开头,Milman 的定理证明表明每个佳算子都是端的. 对于某些类型的空间来说,其逆也真. 例如,R. M.

Blumenthal, J. Lindenstrauss 以及 R. R. Phelps[5] 曾证明:若 K 和 H 是紧 Hausdorff 空间,K 可度量化且标量域为实的,则 $\mathscr{L}(C(K),C(H))$ 中每个端算子都是佳的.正如 M. Sharir 所证明的那样[59],K 是可度量化的这个假定不可去掉. Sharir 也证明了,在复的情况,每个非分散的紧 Hausdorff 空间 K,存在一个紧 Hausdorff 空间 H 使得 $\mathscr{L}(C(K),C(H))$ 包含一个非佳端算子[58]. Sharir 的另一个结果是,对于实或复标量来说,若 X 和 Y 两个都是 L_1 一空间,则 $\mathscr{L}(X,Y)$ 中每个端算子是佳的[57].有关这类更多的结果及参考资料可在[20]中找到.

§8　其他课题

在本文中已被略去的某些课题的讨论在别处都能容易读到.对于经典积分表示定理与单形理论,我们推荐参考资料[47]及其参考文献.还有,R. R. Phelps 的[48]是关于 Radon-Nikodym 性质(RNP)的结果的一个很好概括,其中还讨论了 RNP 与 Krein-Milman 性质之间关系的一个重要而未解决的问题.最后,针对解析函数族的端点问题,我们推荐 T. H. MacGregor 的论文[39].

参考资料

[1] R. F. Arens and J. L. Kelley. Characterizations of the Space of Continuous Functions Over a

Compact Hausdorff Space, Trans, Amer. Math. Soc, 62(1947)499-508.

[2] W. G. Bade. The Banach Space C(S), Lecture Notes Series, No. 26, Matematisk Institut, Aarhus Universitet, Aarhus, 1971.

[3] S. Banach. Théorie des Operations Linéaires, Monografje Matematyczne, Warsaw, 1932, Reprinted, Chelsea Publishing Co. , 1955.

[4] H. Bauer. Minimalstellen von Funktionen und Extremalpunkte, Arch. Math, 9(1958) 389-393.

[5] R. M. Blumenthal, J. Lindenstrauss, R. R. Phelps. Extreme Operators into C(K), Pacific J. Math. , 15(1965)747-756.

[6] L. G. Brown. Baire Functions and Extreme Points, Amer. Math. Monthly, 79(1972) 1016-1020.

[7] F. Cunningham, Jr. L-structure in L-spaces, Trans. Amer. Math. Soc, 95(1960)274-299.

[8] F. Cunningham, Jr and N. M. Roy. Extreme Functionals on an Upper Semicontinuous Function Space, Proc. Amer. Math. Soc. , 42(1974)461-465.

[9] M. M. Day. Normed Linear Spaces, Third edition, Springer-Verlag, Berlin-New York, 1973.

[10] N. Dunford, J. T. Schwartz. Linear Operators. I: General Theory. Pure and Appl. Math. , vol.

7, Interscience, New York, 1958.

[11] E. G. Effros. On a Class of Real Banach Spaces, Israel J. Math., 9(1970)430-458.

[12] A. J. Ellis, T. S. S. R. K. Rao, A. K. Roy, U. Uttersrud. Facial Characterizations of Complex Lindenstrauss Spaces, Trans. Amer. Math. Soc., 268(1981), No. 1,173-186.

[13] P. Greim. An Extremal Vector-Valued L_p-Function Taking no Extremal Vectors as Values, Proc Amer. Math. Soc., 84(1982), No. 1, 65-68.

[14] R. Grzaslewicz. Extreme Operators on 2-Dimensional l_p-Spaces, Colloq. Math., 44(1981), No. 2, 309-315.

[15] R. Grzaslewicz. Extreme Contractions on Real Hilbert Spaces, Math. Ann., 261(1982) 463-466.

[16] P. R. Halmos. A Hilbert Space Problem Book, D. Van Nostrand Co., Princeton, NJ, 1967.

[17] H. Hermes, J. P. LaSalle. Functional Analysis and Time Optimal Control, Academic Press, New York, 1969.

[18] B. Hirsberg, A. J. Lazar. Complex Lindenstrauss Spaces with Extreme Points, Trans. Amer. Math. Soc., 186(1973) 141-150.

[19] J. Hotta. A Remark on Regularly Convex Sets,

Kōdai Math. Sem. Rep. 9151(1951)37-40.

[20] V. I. Istrătescu. Strict Convexity and Complex Strict Convexity, Lecture Notes in Pure and Applied Mathematics, 89, Marcel Dekker, New York, 1984.

[21] J. E. Jayne, C. A. Rogers. The Extremal Structure of Convex Sets, J. Functional Analysis, 26(1977), No. 3, 251-288.

[22] N. J. Kalton, N. T. Peck, J. W. Roberts. An F-space Sampler, London Math Soc. Lecture Note Series: 89, Cambridge Univ. Press, Cambridge, 1984.

[23] S. Karlin. Mathematical Methods and Theory in Games, Programming and Economics. Vol. I: Matrix Games, Programming and Mathematical Economics. Addison-Wesley Publishing Co., Reading, MA, 1959.

[24] J. L. Kelley. Note on a Theorem of Krein and Milman, J. Osaka Inst. Sci. Tech. Part I. 3(1951)1-2. MR 13, 249.

[25] J. L. Kelley. General Topology, D. Van Nostrand, New York, 1955.

[26] D. G. Kendall. On Infinite Doubly-Stochastic Matrices and Birkhoffs Problem Ⅲ. J. London Math. Soc., 35(1960)81-84.

[27] V. L. Klee, Jr. Extremal Structure of Convex Sets, Arch. Math. 8(1957)234-240.

[28] V. Klce. What is a Convex Set, Amer. Math.

Monthly, 78(1971)616-631.

[29] G. Köthe. Topological Vector Spaces I, Springer-Verlag New York, 1969.

[30] M. Krein, D. Milman. On Extreme Points of Regular Convex Sets, Sudia Math., 9(1940)133-138.

[31] H. E. Lacey. The Isometric Theory of Classical Banach Spaces, Springer-Verlag, Berlin New York, 1974.

[32] D. G. Larman. On a conjecture of Lindenstrauss and Perles in at most 6 Dimensions, Glasgow Math. J., 19(1978), No. 1, 87-97.

[33] R. Larsen. Functional Analysis: An Introduction, Marcel Dekker, New York, 1973.

[34] A. J. Lazar, J. Lindenstrauss. Banach spnach whose Duals Are L_1 Spaces and Their Representing Matrices, Acta Math., 126(1971)165-193.

[35] A. Lima. Intersection properties of Bails and Subspaces in Banach spaces, Trans. Amer. Math. Soc. 227 (1977)1-62.

[36] J. Lindenstrauss. Extension of Compact Operators, Mem. Amer. Math. Soc. No. 48(1964).

[37] J. Lindenstrauss, M. A. Perles. On Extreme Operators in Finite-Dimensional Spaces, Duke

Math. J., 36(1969)301-314.

[38] J. Lindenstrauss, D. E. Wulbert. On the Classification of the Banach Spaces Whose Duals are L_1 Spaces, J. Functional Analysis, 4(1969)332-349.

[39] T. H. MacGregor. Linear Methods in Geometric Function Theory, Amer. Math. Monthly. 92(1985), No. 6,392-406.

[40] D. Milman. Isometry and Extremal points (Russian). Doklady Akad. Nauk SSSR(N. S.), 59(1948)1241-1244. MR 9, 516.

[41] H. Minkowski. Gesammelte Abhandlungen, Volumes Ⅰ,Ⅱ, Leipzig, 1911. Reprinted, Chelsea Publishing Co., New York, 1967.

[42] P. Morris. Disappearance of Extreme Points, Proc. Amer. Math. Soc., 88(1983), No. 2, 244-246.

[43] P. D. Morris, R. R. Phelps. Theorems of Krein-Milman type for certain convex sets of operators. Trans. Amer. Math. Soc., 150(1970)183-200.

[44] R. R. Phelps. Extreme Positive Operators and Homomorphisms, Trans. Amer Math. Soc., 108(1963)265-274.

[45] R. R. Phelps. Extreme Points in Function Algebras, Duke Math. J., 32(1965)267-277.

[46] R. R. Phelps. Lectures on Choquet's Theorem, D. Van Nostrand, Princeton, NJ, 1966.

[47] R. R. Phelps. Integral Representation for Elements of Convex Sets, Studies in Functional Analysis, MAA Studies in Math, vol. 21, Math. Assoc. Amer. (180), 115-157.

[48] R. R. Phelps. Convexity in Banach Spaces: Some Recent Results. Convexity and Its Applications, 277-295, Birkhauser, Basel-Boston, 1983.

[49] B. A. Rattray, J. E. L. Peck. Infinite Stochastic Matrices, Irans. Roy Soc. Canada. Sect. Ⅲ. (3)49(1955)55-57.

[50] J. W. Roberts. A Compact Convex Set With No Extreme Points, Studia Math., 60(1977), No. 3,255-266.

[51] R. T. Rockafellar. Convex Analysis, Princeton University Press, Princeton, NJ, 1970.

[52] N. M. Roy. A Characterization of Square Banach Spaces, Israel J. Math., 17(1974)142-148.

[53] N. M. Roy. Contractive Projections in Square Banach Spaces, Proc. Amer. Math. Soc., 59(1976), No. 2,291-296.

[54] N. M. Roy. Extreme Points and $l_1(\Gamma)$-spaces, Proc. Amer. Math. Soc., 86(1982)216-218.

[55] H. L. Royden. Real Analysis, Second edition, The Macmillan Co., New York, 1968.

[56] W. M. Ruess, C. P. Stegall. Extreme Points in Duals of Operator Spaces, Math. Ann., 261(1982), No. 2, 535-546.
[57] M. Sharir. Extremal Structure in Operator spaces, Trans. Amer. Math. Soc., 186(1973)91-111.
[58] M. Sharir. A Counterexample on Extreme Operators, Israel J. Math, 24(1976), No. 3-4, 320-337.
[59] M. Sharir. A Non-nice Extreme Operator, Israel J. Math., 26(1977), No. 3-4, 306-312.
[60] G. F. Simmons. Introduction to Topology and Modern Analysis, McGraw-Hill Book Co., New York, 1963.
[61] I. Singer. Best Approximation in Normed Linear Spaces by Elements of Linear Subspaces, Springer-Verlag, Berlin-New York, 1970.
[62] M. H. Stone. Applications of the Theory of Boolean Rings to General Topology, Trans. Amer. Math. Soc., 41(1937)375-481.
[63] P. D. Taylor. A Characterization of G-Spaces, Israel J. Math., 10(1971)131-134.

第21章 三维空间中的有界凸域和拟球

湖南师范大学数学系的褚玉明,宋迎清,上海交通大学数学系的方爱农三位教授1998年证明了三维空间中的有界凸域是拟球,从而也说明了拟共形映照中的黎曼定理在三维空间中的有界凸域上是成立的.

§1 引 言

众所周知,在平面上对于拟圆的研究已经取得了许多丰富的结果[1],但是所有这些结果的获得都利用了平面上的黎曼映照定理. 而在高维空间,黎曼映照定理已不再成立,因此对空间拟球的研究要困难一些. 在高维拟共形映照中关于黎曼定理已有以下两个结果:

定理 1[2,3]　R^n 中的域 D 拟共等价于球 B^n 当且仅当它们对应的 n—维 Royden 代数 $A_n(D)$ 和 $A_n(B^n)$ 同构.

定理 2[4]　设 D 是 $\overline{R}^n$ 中的域,若存在闭集 $E\subset D$, $E^1\subset B^n$ 和拟共形映照 $g:D\backslash E\to B^n\backslash E^1$ 满足 $|g(x)|\to 1, x\in D, x\to\partial D$. 那么 D 拟共等价于 B^n.

F. W. Gehring 和 B. P. Palka[5] 指出定理 1 和定理 2 还相当模糊,对于一个具体给定的区域还无法用它们来检验这个区域是否拟共等价于球. 在本章中作者证明了关于三维空间中拟球的如下一个结论:

定理 3　三维空间中的有界凸域是拟球.

在本章中,我们将分三步来证明定理,第一步构造 R^3 中的单位球 B^3 到有界凸域 D 上的同胚 f,并证明 f 在 R^3 上是几乎处处可微的. 第二步估计同胚 f 的伸张 $H(x,f)$,并证明其在可微点是一致有界的. 最后证明 f 在 R^3 上是具有 ACL 性质的.

§2　R^3 中的 B^3 到有界凸域 D 上的同胚 f 的构造

由于 D 是 R^3 中的有界域,因而存在点 $x_0\in D$,使

$$d(x_0,\partial D)=\max_{x\in D} d(x,\partial D)$$

设

$$a=d(x_0,\partial D), b=\mathrm{dia}(D)$$

则有

$$B^3(x_0,\frac{1}{2}a)\subset D\subset B^3(x_0,b)$$

令

$$\frac{2b}{a}=c$$

经过相似变换,我们不妨可以设

$$a=2,x_0=0,b=c$$

即

$$B^3(0,1)\subset D\subset B^3(0,c)$$

为简便起见我们采用球坐标,对任意$\theta_1\in[0,\pi]$, $\theta_2\in[0,2\pi]$,记$e^{i(\theta_1,\theta_2)}$表示R^3中的点$(\sin\theta_1\cos\theta_2,\sin\theta_1\sin\theta_2,\cos\theta_1)$. 由$D$的凸性可知,对$\theta_1\in[0,\pi]$, $\theta_2\in[0,2\pi]$,存在唯一的点

$$x=r(\theta_1,\theta_2)e^{i(\theta_1,\theta_2)}\in\partial D,r(\theta_1,\theta_2)\in(1,c)$$

令θ'_1充分接近于θ_1,θ'_2充分接近于θ_2,有

$$x'=r(\theta'_1,\theta'_2)e^{i(\theta'_1,\theta'_2)}\in\partial D$$

设过原点O,x和x'三点的平面为T

$$B^2(0,c)=T\cap B^3(0,c)$$

$$B^2(0,1)=T\cap B^3(0,1)$$

在平面T上,从点x向$B^2(0,1)$作两条切线,记切点分别为A,B. 其中点A在平面T上的辐角大于点x在平面T上的辐角,点B在平面T上的辐角小于点x在平面T上的辐角. 在T上记过A,x两点的直线为L_1,过B,x两点的直线为L_2,过O,x'两点的直线为L. L交L_1于点P,L交L_2于点Q. 由于D是凸域,x'必在P和Q之间.

在平面T上,设Ox'和Ox之间的夹角为θ,则θ由

下式决定

$$\sin\frac{\theta}{2}=\frac{1}{2}\left|\mathrm{e}^{\mathrm{i}(\theta_1',\theta_2')}-\mathrm{e}^{\mathrm{i}(\theta_1,\theta_2)}\right| \tag{1}$$

而

$$\begin{aligned}&|r(\theta_1',\theta_2')-r(\theta_1,\theta_2)|\leqslant\\&|x'-x|\leqslant\\&\max\{|x-P|,|x-Q|\}\end{aligned} \tag{2}$$

和

$$\max\{|x-P|,|x-Q|\}=\frac{r^2(\theta_1,\theta_2)\tan\theta}{1-\sqrt{r^2(\theta_1,\theta_2)-1}\tan\theta} \tag{3}$$

结合式(2)和(3)可得

$$|r(\theta_1',\theta_2')-r(\theta_1,\theta_2)|\leqslant\frac{r^2(\theta_1,\theta_2)\tan\theta}{1-\sqrt{r^2(\theta_1,\theta_2)-1}\tan\theta} \tag{4}$$

由(1)和(4)两式可以证明

$$\begin{aligned}&\limsup_{\substack{\theta_1'\to\theta_1\\\theta_2'\to\theta_2}}\frac{|r(\theta_1',\theta_2')-r(\theta_1,\theta_2)|}{\left|\mathrm{e}^{\mathrm{i}(\theta_1',\theta_2')}-\mathrm{e}^{\mathrm{i}(\theta_1,\theta_2)}\right|}\leqslant\\&r^2(\theta_1,\theta_2)<cr(\theta_1,\theta_2)<c^2\end{aligned} \tag{5}$$

而当θ_1'充分接近于θ_1，θ_2'充分接近于θ_2时有

$$\begin{aligned}&\left|\mathrm{e}^{\mathrm{i}(\theta_1',\theta_2')}-\mathrm{e}^{\mathrm{i}(\theta_1,\theta_2)}\right|\leqslant\\&4\left(\left|\sin\frac{\theta_1'-\theta_1'}{2}\right|+\sin\theta_1\left|\sin\frac{\theta_2'-\theta_2}{2}\right|\right)\end{aligned} \tag{6}$$

以及

$$\limsup_{\substack{\theta_1'\to\theta_1\\\theta_2'\to\theta_2}}\frac{\left|\sin\frac{\theta_1'-\theta_1'}{2}\right|+\sin\theta_1\left|\sin\frac{\theta_2'-\theta_2}{2}\right|}{\left|\frac{\theta_1'-\theta_1'}{2}\right|+\sin\theta_1\left|\frac{\theta_2'-\theta_2'}{2}\right|}\leqslant 2 \tag{7}$$

结合不等式(5)(6)和(7)三式可得

$$\limsup_{\substack{\theta_1'\to\theta_1\\ \theta_2'\to\theta_2}} \frac{|r(\theta_1',\theta_2')-r(\theta_1,\theta_2)|}{|\theta_1'-\theta_1|+\sin\theta_1|\theta_2'-\theta_2|} \leqslant 4r^2(\theta_1,\theta_2) \tag{8}$$

构造同胚 f 如下

$$\begin{cases} f(se^{i(\theta_1,\theta_2)}) = sr(\theta_1,\theta_2)e^{i(\theta_1,\theta_2)} \\ (0\leqslant s<\infty,\theta_1\in[0,\pi],\theta_2\in[0,2\pi]) \\ f(\infty)=\infty \end{cases} \tag{9}$$

容易看出 f 是 $\bar{R}^3$ 到 $\bar{R}^3$ 上的同胚. 并且

$$f(B^3)=D$$

和

$$f(\partial B^3)=\partial D$$

下面我们来证明 f 在 R^3 中是几乎处处可微的.

任设

$$x=se^{i(\theta_1,\theta_2)}, x'=s'e^{i(\theta_1',\theta_2')}$$

由 f 的构造(9)得

$$\begin{aligned} &|f(x')-f(x)|= \\ &|r(\theta_1',\theta_2')x'-r(\theta_1,\theta_2)x|\leqslant \\ &s'|r(\theta_1',\theta_2')-r(\theta_1,\theta_2)|+r(\theta_1,\theta_2)|x'-x| \end{aligned} \tag{10}$$

因此

$$\limsup_{x'\to x}\frac{|f(x')-f(x)|}{|x'-x|}\leqslant$$

$$r(\theta_1,\theta_2)+\limsup_{\substack{\theta_1'\to\theta_1\\ \theta_2'\to\theta_2\\ s'\to s}} \frac{|r(\theta_1',\theta_2')-r(\theta_1,\theta_2)|}{\left|\frac{s}{s'}e^{i(\theta_1,\theta_2)}-e^{i(\theta_1',\theta_2')}\right|}\leqslant$$

$$r(\theta_1,\theta_2)+2\limsup_{\substack{\theta_1'\to\theta_1\\ \theta_2'\to\theta_2}}\frac{|r(\theta_1',\theta_2')-r(\theta_1,\theta_2)|}{|e^{i(\theta_1',\theta_2')}-e^{i(\theta_1,\theta_2)}|}\leqslant$$

$$r(\theta_1,\theta_2)+8r^2(\theta_1,\theta_2)<$$

$$c+8c^2 \tag{11}$$

根据参考资料[6]中的 Rademacher-Stepanov 定理和式(11)可知 f 在 R^3 中是几乎处处可微的，因此 f 是 R^3 上的微分同胚.

§3　伸张 $H(x,f)$ 的估计

对任意 $x\in R^3$，f 在点 x 处的伸张 $H(x,f)$ 定义为

$$H(x,f)=\limsup_{r\to 0}\frac{\max\limits_{|y-x|=r}|f(y)-f(x)|}{\min\limits_{|y-x|=r}|f(y)-f(x)|} \tag{12}$$

下设 $y=f(x)$ 在点 x 处是可微的. 令

$$x=(x_1,x_2,x_3)=\sqrt{x_1^2+x_2^2+x_3^2}\,e^{i(\theta_1,\theta_2)}$$

$$u_i=\frac{\partial u(x_1,x_2,x_3)}{\partial x_i}$$

$$v_i=\frac{\partial v(x_1,x_2,x_3)}{\partial x_i}$$

$$w_i=\frac{\partial w(x_1,x_2,x_3)}{\partial x_i}\quad(i=1,2,3)$$

$$f(x)=r(\theta_1,\theta_2)x=$$

$$(u(x_1,x_2,x_3),v(x_1,x_2,x_3),w(x_1,x_2,x_3))$$

记

$$E=u_1^2+v_1^2+w_1^2$$

$$F = u_2^2 + v_2^2 + w_2^2$$

$$G = u_3^2 + v_3^2 + w_3^2$$

$$A = u_1 u_2 + v_1 v_2 + w_1 w_2$$

$$B = u_1 u_3 + v_1 v_3 + w_1 w_3$$

$$C = u_2 u_3 + v_2 v_3 + w_2 w_3$$

$$r = r(\theta_1, \theta_2), r_i = \frac{\partial r(\theta_1, \theta_2)}{\partial \theta_i} \quad (i = 1, 2)$$

经过细致复杂的计算有

$$\begin{cases} u_1 = r + r_1 \sin\theta_1 \cos\theta_1 \cos^2\theta_2 - r_2 \sin\theta_2 \cos\theta_2 \\ v_1 = r_1 \sin\theta_1 \sin\theta_2 \cos\theta_1 \cos\theta_2 - r_2 \sin^2\theta_2 \\ w_1 = r_1 \cos^2\theta_1 \cos\theta_2 - \dfrac{r_2 \cos\theta_1 \sin\theta_2}{\sin\theta_1} \end{cases}$$

$$\begin{cases} u_2 = r_1 \sin\theta_1 \cos\theta_1 \sin\theta_2 \cos\theta_2 + r_2 \cos^2\theta_2 \\ v_2 = r + r_1 \sin\theta_1 \sin^2\theta_2 \cos\theta_1 + r_2 \sin\theta_2 \cos\theta_2 \\ w_2 = r_1 \cos^2\theta_1 \sin\theta_2 + \dfrac{r_2 \cos\theta_1 \cos\theta_2}{\sin\theta_1} \end{cases}$$

$$\begin{cases} u_3 = -r_1 \sin^2\theta_1 \cos\theta_2 \\ v_3 = -r_1 \sin^2\theta_1 \sin\theta_2 \\ w_3 = r - r_1 \sin\theta_1 \cos\theta_1 \end{cases}$$

$$\begin{cases} E = r^2 + 2rr_1 \sin\theta_1 \cos\theta_1 \cos^2\theta_2 - \\ \qquad 2rr_2 \sin\theta_2 \cos\theta_2 + r_1^2 \cos^2\theta_1 \cos^2\theta_2 - \\ \qquad \dfrac{2r_1 r_2 \cos\theta_1 \sin\theta_2 \cos\theta_2}{\sin\theta_1} + \dfrac{r_2^2 \sin^2\theta_2}{\sin^2\theta_1} \\ F = r^2 + 2rr_1 \sin\theta_1 \sin^2\theta_2 \cos\theta_1 + \\ \qquad 2rr_2 \sin\theta_2 \cos\theta_2 + r_1^2 \cos^2\theta_1 \sin^2\theta_2 + \\ \qquad \dfrac{2r_1 r_2 \cos\theta_1 \sin\theta_2 \cos\theta_2}{\sin\theta_1} + \dfrac{r_2^2 \cos^2\theta_2}{\sin^2\theta_1} \\ G = r^2 - 2rr_1 \sin\theta_1 \cos\theta_1 + r_1^2 \sin^2\theta_1 \end{cases}$$

$$\begin{cases}A=2rr_1\sin\theta_1\cos\theta_1\sin\theta_2\cos\theta_2+\\ \quad rr_2(\cos^2\theta_2-\sin^2\theta_2)+\\ \quad r_1^2\cos^2\theta_1\sin\theta_2\cos\theta_2+\\ \quad \dfrac{r_1r_2\cos\theta_1(\cos^2\theta_2-\sin^2\theta_2)}{\sin\theta_1}-\\ \quad \dfrac{r_2^2\sin\theta_2\cos\theta_2}{\sin\theta_1}\\ B=rr_1\cos\theta_2(\cos^2\theta_1-\sin^2\theta_1)-\dfrac{rr_2\cos\theta_1\sin\theta_2}{\sin\theta_1}-\\ \quad r^2\sin\theta_1\cos\theta_1\cos\theta_2+r_1r_2\sin\theta_2\\ C=rr_1\sin\theta_2(\cos^2\theta_1-\sin^2\theta_1)+\dfrac{rr_2\cos\theta_1\cos\theta_2}{\sin\theta_1}-\\ \quad r_1^2\sin\theta_1\cos\theta_1\sin\theta_2-r_1r_2\cos\theta_2\end{cases}$$

考虑如下特征方程

$$\begin{vmatrix}\lambda-E & -A & -B\\ -A & \lambda-F & -C\\ -B & -C & \lambda-G\end{vmatrix}=0$$

即

$$\begin{aligned}&\lambda^3-(E+F+G)\lambda^2+\\&(EF+EG+FG-A^2-B^2-C^2)\lambda-\\&(2ABC+EFG-GA^2-FB^2-EC^2)=0\end{aligned}$$

设上述特征方程的三个根为 $\lambda_1,\lambda_2,\lambda_3$，由几何意义不妨设 $0<\lambda_1\leqslant\lambda_2\leqslant\lambda_3$，利用根与系数之间的关系可得

$$\begin{cases}\lambda_1+\lambda_2+\lambda_3=E+F+G\\ \lambda_1\lambda_2+\lambda_1\lambda_3+\lambda_2\lambda_3=\\ EF+EG+FG-A^2-B^2-C^2\\ \lambda_1\lambda_2\lambda_3=\\ EFG+2ABC-GA^2-FB^2-EC^2\end{cases}\tag{13}$$

根据参考资料[6]可得

$$H(x,f)=\frac{\max\{\lambda_1,\lambda_2,\lambda_3\}}{\min\{\lambda_1,\lambda_2,\lambda_3\}}=\frac{\lambda_3}{\lambda_1}<$$

$$\frac{\lambda_3}{\lambda_1}+\frac{\lambda_2}{\lambda_1}+\frac{\lambda_3}{\lambda_2}+\frac{\lambda_1}{\lambda_2}+\frac{\lambda_1}{\lambda_3}+\frac{\lambda_2}{\lambda_3}=$$

$$\frac{(E+F+G)(EF+EG+FG-A^2-B^2-C^2)}{EFG+2ABC-(GA^2+FB^2+EC^2)} \tag{14}$$

利用 E,F,G 和 A,B,C 的表达式,经仔细计算可得

$$\begin{cases}(E+F+G)(EF+EG+FG-A^2-B^2-C^2)=\\ \left(3r^2+r_1^2+\dfrac{r_2^2}{\sin^2\theta_1}\right)\left(3r^4+r^2r_1^2+\dfrac{r^2r_2^2}{\sin^2\theta_1}\right)\\ EFG+2ABC-(GA^2+FB^2+EC^2)=r^6\end{cases} \tag{15}$$

而由式(8)可知

$$\begin{cases}r_1\leqslant 4r^2<4cr<c^2\\ r_2\leqslant 4\sin\theta_1 r^2<4c\sin\theta_1 r<4c^2\sin\theta_1\end{cases} \tag{16}$$

结合(14)(15)和(16)三式可得

$$H(x,f)<(3+32c^2)^2$$

§4 f 的 ACL 性质

任取 R^3 中平行于 x_2 轴的一条直线段 l,设 l 的两个端点分别为 A 和 B. 坐标中心 O 到 l 的垂直距离为 L. 取

$$b=\max\{|OA|,|OB|\}$$

在 l 上取

$$z=s\mathrm{e}^{\mathrm{i}(\theta_1,\theta_2)},z'=s'\mathrm{e}^{\mathrm{i}(\theta_1',\theta_2')}$$

满足

$$|z'-z|\leqslant\frac{L}{2\sqrt{c^2-1}}$$

由 f 的构造式(9)及三角不等式有

$$\begin{aligned}|f(z')-f(z)|\leqslant & r(\theta_1,\theta_2)|z'-z|+\\ & |z'|\cdot|r(\theta_1',\theta_2')-r(\theta_1,\theta_2)|\leqslant\\ & c|z'-z|+b|r(\theta_1',\theta_2')-\\ & r(\theta_1,\theta_2)|\end{aligned}\tag{17}$$

另外由式(4)和

$$\sin\frac{\theta}{2}=|\mathrm{e}^{\mathrm{i}(\theta_1',\theta_2')}-\mathrm{e}^{\mathrm{i}(\theta_1,\theta_2)}|$$

容易证明 θ 满足

$$\tan\theta\leqslant\frac{|z'-z|}{L}\tag{18}$$

结合式(4)(17)(18)及

$$|z'-z|\leqslant\frac{L}{2\sqrt{c^2-1}}$$

可得

$$\begin{aligned}&|f(z')-f(z)|\leqslant\\ &c|z'-z|+\frac{2br^2(\theta_1,\theta_2)|z'-z|}{L}\leqslant\\ &\left(c+\frac{2bc^2}{L}\right)|z'-z|\end{aligned}\tag{19}$$

因此对任意 $\varepsilon>0$，只要取

$$\delta=\min\left\{\frac{L}{2\sqrt{c^2-1}},\frac{\varepsilon}{c+\frac{2bc^2}{L}}\right\}$$

对任意 $z_i,z_i'\in l$，如果

$$\sum_i |z_i - z_i'| < \delta$$

则必有

$$\sum_i |f(z_i) - f(z_i')| < \varepsilon$$

因而 f 在线段 l 上是绝对连续的. 对 R^3 中平行于 x_1 轴和 x_3 轴的其他线段,我们同样可以证明 f 在其上是绝对连续的. 从而 f 在 R^3 中具有 ACL 性质.

根据参考资料[6]中关于拟共形映照的解析定义和上面所证可知 f 是 $\overline{R}^3$ 到 $\overline{R}^3$ 上的拟共形映照,从而有界凸域 D 是 R^3 中的拟球.

参考资料

[1] F. W. Gehring. Character Properties of Quasidisks. Séminaire de Mathématique Supérieures. Montreal, 1982.

[2] J. Lelong-Ferrand. Étude d'une classe d'applications liéesă des homemorphismes dálgèbres de functions, et généralistant les quasiconformes. Duke Math J, 1973, 40: 163-186.

[3] L. G. Lewis. Quasiconformal mappings and Royden algebras in space. Trans Amer Math Soc, 1971, 158:481-492.

[4] F. W. Gehring. Extension theorems for quasiconformal mappings in n-space. J Math, 1967, 19:149-169.

[5] F. W. Gehring, B. P. Palka. Quasiconformally homogeneous domains. J Analyse Math, 1976, 30:172-199.

[6] J. Väisälä. Lectures on n-dimensional quasiconformal mappings. Lectures Notes in Math, 229, Springer-Verlag, 1974.

第22章 曲率的逐点估计

§1 简　介

为了研究Ricci流的整体性质，我们需要找到在Ricci流下保持不变的曲率条件。在这一章中，我们将给出一些发现不变曲率条件的技巧。这些技巧依赖于极值原理，是由R. Hamilton所发现的。

在§2，我们定义一个凸集的切锥，并讨论它的一些基本的性质。进一步地，我们将给出一个集合在ODE下不变的充分必要条件。在§3，我们给出Hamilton关于Ricci流的极值原理。最后，在§4，我们给出一个夹集合的概念，并且将讨论Hamilton关于Ricci流的收敛性准则。而Hamilton的原始证明则用到了爆破的论证。

§2　凸集的切锥和法锥

下面,设 X 表示一个赋予内积的有限维向量空间.

定义　设 F 是 X 中的一闭凸集.对每个点 $y\in F$,定义

$N_yF=\{z\in X$:对所有的点 $x\in F$,有 $\langle x-y,z\rangle\geqslant 0\}$

和

$T_yF=\{x\in X$:对所有的点 $z\in N_yF$,有 $\langle x,z\rangle\geqslant 0\}$

我们将锥 N_yF 看成是 F 在点 y 的法锥,而 T_yF 称为 F 在点 y 的切锥.

注意到 N_yF 和 T_yF 都是闭凸集.如果 y 落在 F 的内部,那么

$$N_yF=\{0\}$$

而

$$T_yF=X$$

引理1　设 F 是 X 的一闭凸子集.设 $y\in F$,$z\in X$,则下面的两个结论是等价的:

1)$d(z,F)=|y-z|$;

2)$y-z\in N_yF$.

证明　1)⇒2):任给点 $x\in F$.因为 F 是凸集,所以对所有 $s\in[0,1]$,有

$$sx+(1-s)y\in F$$

这意味着

$$|sx+(1-s)y-z|\geqslant d(z,F)=|y-z|$$

从而,对所有 $x\in F$,我们有

$$\langle x-y,y-z\rangle=\frac{1}{2}\frac{\mathrm{d}}{\mathrm{d}s}\left|sx+(1-s)y-z\right|^2\Big|_{s=0}\geqslant 0$$

因此

$$y-z\in N_yF$$

2)⇒1):因为

$$y-z\in N_yF$$

所以对所有 $x\in F$,我们有

$$\langle x-y,y-z\rangle\geqslant 0$$

这意味着

$$|x-z|^2=|x-y|^2+2\langle x-y,y-z\rangle+$$
$$|y-z|^2\geqslant|y-z|^2$$

对所有 $x\in F$ 取下确界,有

$$d(z,F)\geqslant|y-z|$$

因为 $y\in F$,所以

$$d(z,F)=|y-z|$$

证明完毕.

引理 2 设 F 是 X 的一闭凸子集.设 $y\in F$,$z\in X$,并且

$$d(z,F)=|y-z|$$

那么对所有点 $\tilde{z}\in X$,有

$$0\leqslant d(\tilde{z},F)\ |y-z|+\langle\tilde{z}-y,y-z\rangle$$

证明 由引理 1 知

$$y-z\in N_yF$$

这意味着对所有 $x\in F$,有

$$0\leqslant\langle x-y,y-z\rangle\leqslant$$
$$|x-\tilde{z}|\,|y-z|+$$
$$\langle\tilde{z}-y,y-z\rangle$$

对所有点 $x\in F$ 取下确界,即可得结论成立.

命题1　设 F 是 X 的一闭凸子集，$x(t),t\in[0,T)$，是 X 中的一光滑路径，满足 $x(0)\in F$. 则下列结论成立：

1) 如果对所有 $t\in[0,T)$，有 $x(t)\in F$，则 $x'(0)\in T_{x(0)}F$.

2) 如果 $x'(0)$ 是切锥 $T_{x(0)}F$ 的内点，则存在实数 $\varepsilon\in(0,T)$，使得对所有 $t\in[0,\varepsilon]$，有 $x(t)\in F$.

证明　1) 假设对所有 $t\in[0,T)$ 有 $x(t)\in F$，则对所有 $z\in N_{x(0)}F$ 和所有 $t\in[0,T)$，有

$$\langle x(t)-x(0),z\rangle\geqslant 0$$

这意味着

$$\langle x'(0),z\rangle=\lim_{t\to 0}\frac{1}{t}\langle x(t)-x(0),z\rangle\geqslant 0$$

所以

$$x'(0)\in T_{x(0)}F$$

2) 我们用反证法. 假设 $x'(0)$ 是切锥 $T_{x(0)}F$ 的内点. 我们还假设存在实数序列 $t_k\in(0,T)$，使得

$$\lim_{k\to\infty}t_k=0$$

并且对所有 k，有

$$x(t_k)\notin F$$

对每个 k，存在点 $y_k\in F$，使得

$$d(x(t_k),F)=|y_k-x(t_k)|>0$$

定义

$$z_k=\frac{y_k-x(t_k)}{|y_k-x(t_k)|}$$

由引理1知 $z_k\in N_{y_k}F$. 因为 $x(0)\in F$，所以对所有 k，有

$$\langle x(0)-y_k,z_k\rangle\geqslant 0$$

更进一步,由 z_k 的定义知

$$\langle y_k - x(t_k), z_k \rangle \geqslant 0$$

结合所有的事实得到

$$\langle x(t_k) - x(0), z_k \rangle \leqslant 0$$

因为 $x(0) \in F$,所以

$$\lim_{k \to \infty} y_k = x(0)$$

如果需要,选取子列.我们假设序列 z_k 收敛于一单位向量 $\boldsymbol{z} \in X$.因为

$$z_k \in N_{y_k} F$$

所以

$$\boldsymbol{z} \in N_{x(0)} F$$

由于 $x'(0)$ 在切锥 $T_{x(0)} F$ 的内部,因此

$$\langle x'(0), \boldsymbol{z} \rangle > 0$$

另一方面,我们有

$$\langle x(t_k) - x(0), z_k \rangle \leqslant 0$$

这意味着

$$\langle x'(0), \boldsymbol{z} \rangle = \lim_{k \to \infty} \frac{1}{t_k} \langle x(t_k) - x(0), z_k \rangle \leqslant 0$$

矛盾!证明完毕.

在这一节的最后部分,我们考虑光滑向量场 $\Phi: X \to X$.下面的结果给出了一闭集 F 在 ODE $x'(t) = \Phi(x(t))$ 下不变的充分必要条件.

命题 2 设 F 是 X 的一闭子集,则下列结论等价:

1) 集合 F 在 ODE $\frac{\mathrm{d}}{\mathrm{d}t} x(t) = \Phi(x(t))$ 下不变.

2) 对所有满足

$$d(z, F) = | y - z |$$

的点 $y \in F, z \in X$,有

$$\langle \Phi(y), y-z\rangle \geqslant 0$$

证明　1)⇒2):设点

$$y \in F, z \in X$$

满足

$$d(z,F)=|y-z|$$

记 $x(t), t\in[0,T)$,是 ODE $x'(t)=\Phi(x(t))$ 的具有初值

$$x(0)=y$$

的唯一解.因为 F 是不变集,所以对所有 $t\in[0,T)$,有 $x(t)\in F$.这意味着

$$|x(t)-z|\geqslant d(z,F)=|y-z|=|x(0)-z|$$

从而有

$$\langle \Phi(y), y-z\rangle=\langle x'(0), x(0)-z\rangle= \frac{1}{2}\frac{\mathrm{d}}{\mathrm{d}t}|x(t)-z|^2\Big|_{t=0}\geqslant 0$$

2)⇒1):记 $x(t), t\in[0,T)$,是 ODE $x'(t)=\Phi(x(t))$ 的解,满足初值 $x(0)\in F$.断言:对所有的 $t\in[0,T)$,有 $x(t)\in F$.我们利用反证法.假设存在某个 $\tau\in[0,T)$,使得 $x(\tau)\notin F$.对充分大的 k,定义时间序列 t_k 为

$$t_k=\sup\{t\in[0,\tau]: d(x(t),F)\leqslant \mathrm{e}^{kt-k^2}\}$$

显而易见,$t_k\in(0,\tau)$,并且当 k 充分大时,有

$$d(x(t_k),F)=\mathrm{e}^{kt_k-k^2}>0$$

因为 F 是闭集,所以存在点 $y_k\in F$ 使得

$$d(x(t_k),F)=|y_k-x(t_k)|>0$$

由 t_k 的定义知,对所有 $t\in[t_k,\tau]$,有

$$\mathrm{e}^{k(t_k-t)}|y_k-x(t)|\geqslant \mathrm{e}^{k(t_k-t)}d(x(t),F)\geqslant d(x(t_k),F)=$$

$$|y_k - x(t_k)|$$

从而

$$k|y_k - x(t_k)|^2 + \langle x'(t_k), y_k - x(t_k)\rangle =$$

$$-\frac{1}{2}\frac{\mathrm{d}}{\mathrm{d}t}(\mathrm{e}^{2k(t_k-t)}|y_k - x(t)|^2)\Big|_{t=t_k} \leqslant 0$$

这意味着

$$\langle \Phi(x(t_k)), y_k - x(t_k)\rangle \leqslant -k|y_k - x(t_k)|^2$$

由假设条件知

$$\langle \Phi(y_k), y_k - x(t_k)\rangle \geqslant 0$$

结合所有的事实,得到

$$\langle \Phi(y_k), \Phi(x(t_k)), y_k - x(t_k)\rangle \geqslant k|y_k - x(t_k)|^2$$

这与 Φ 的 Lipschitz 连续性矛盾!

当考虑特殊情形时,即如果 F 是一凸集,那么我们可以得到下面的结论:

推论 假设 F 是 X 的一闭凸子集,那么下面的结论等价:

1) 集合 F 在 ODE $\frac{\mathrm{d}}{\mathrm{d}t}x(t) = \Phi(x(t))$ 下不变.

2) 对所有点 $y \in F$,我们有 $\Phi(y) \in T_yF$.

第五编

应用两例

凸轮计算

第23章

复旦大学数学系的丁言功教授1973年利用微分几何研究了机械中凸轮计算问题,虽然多年过去,但仍有数学上的价值.

§1 问题的提出

生产实践中可以碰到很多凸轮.在一些机床里,它用来控制某些部件按预定要求运动,以达到加工某些精密零件的目的.在一些精密仪器中,它可以用来作两种不同的量之间的换算机构.在内燃机中,凸轮则用来控制气缸内的进排气规律或喷油规律,在其他地方也都可以找到它的应用.目前较常见和效果较好的凸轮机构都是以滚轮与凸轮侧面相接触的,下面是两种凸轮机构的平面示意图(图1,图2).

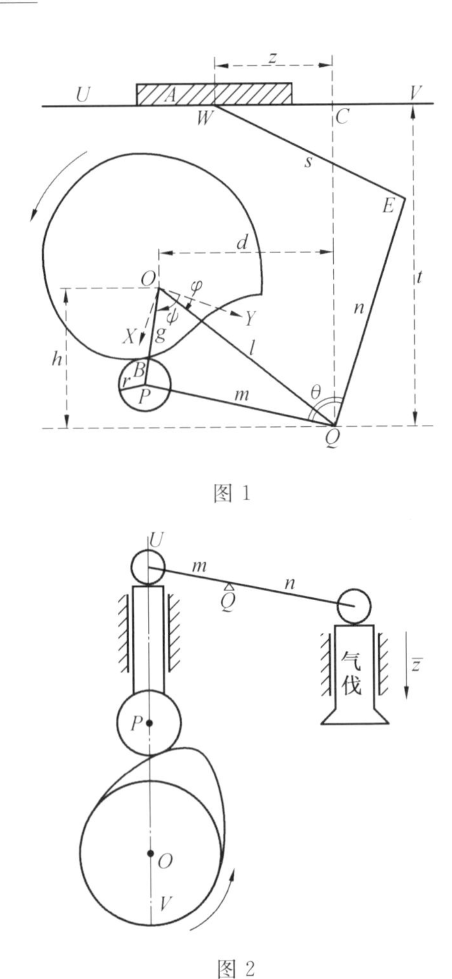

图 1

图 2

图 1 简单表示了某种精密机床的凸轮机构，该凸轮机构使安放工件的工作台 A 在水平方向 UV 上产生关于凸轮轴转角 φ 是匀速的位移 z. 图 2 简单表示了柴油机的一种排气凸轮机构，气伐向下的位移 $z=z(\varphi)$ 是根据气缸内的配气规律预先设计好的，其中 φ 为凸

轮轴转角.柴油机排气凸轮设计的任务之一就是计算使气伐产生上述位移的凸轮曲线.

以往,对于一些部件的运动要求和传动机构(如挺杆、连杆、摆臂等)比较简单的凸轮,多数是采用近似作图法或测绘已有的凸轮线形进行仿造.随着运动要求和精度要求日益提高,以及传动机构的复杂化,新的凸轮设计任务不断提出,提供一个行之有效而简单的设计计算方法就显得很有必要.有了这个方法后,再借助于电子计算机的快速计算,就能迅速地解决生产实践中提出的凸轮设计与计算的任务.尽管粗看起来凸轮形状千变万化,传动机构各式各样,但辩证唯物论告诉我们,世界上的一切事物都有其内在的规律性,通过实践我们完全可以认识和掌握它的内在规律.下面,我们将深入分析图1所示的凸轮机构,导出凸轮曲线的一般计算公式,并用几个例子来说明它的应用.

§2　凸轮曲线的计算公式

在图1中,设凸轮轴中心为O,摆臂转动中心为Q.工作台A只能在固定的水平直线UV上移动.点O、点Q和直线UV都是固定的.设点Q到UV的垂直距离是t,点O与点Q之间的垂直距离是h,水平距离是d.两条摆臂的长分别为m和n,它们之间的夹角θ是固定的.设滚轮中心是P,半径是r.并设连杆长为s,点E和点W处都用铰链相接.

凸轮转动时,作用在滚轮上,通常摆臂和连杆推动工作台沿水平直线向左移动.当一个加工周期结束以后，凸轮倒转，弹簧把工作台拉回到原来的位置.

如果我们自点 Q 向直线 UV 作垂线可以得到点 C，工作台 A 的位置就可以用点 W 到点 C 的距离 z 来表示，按问题的要求就有

$$z(\varphi)=k\varphi+z_0$$

其中 φ 为凸轮轴转角，k 为正常数，z_0 是工作台 A 开始移动的位置. 为了计算凸轮曲线，我们在凸轮平面上引进固联在凸轮上的直角坐标系 XOY. 它是这样确定的：当 $z=z_0$ 时，OY 轴与 O，Q 两点间的连线重合，并设这连线的长是 l. 当凸轮转动时，坐标系 XOY 就与凸轮平面一起转动，可以看到凸轮轴转角 φ 就是 OY 轴到固定连线 l 之间的夹角. 在坐标系 XOY 上观察，就可以看到凸轮曲线（即切点 B 的轨迹）就是滚轮簇的包络线.

如果用 g 表示滚轮中心 P 到凸轮轴中心 O 之间的距离，用 ψ 表示坐标轴 OY 到 g 的夹角，则 g 和 ψ 一经确定，滚轮中心点 P 在坐标系 XOY 中的坐标就确定了. 一般来说，g 和 ψ 都是凸轮轴转角 φ 的函数，因此有

$$g=g(\varphi)$$

和

$$\psi=\psi(\varphi)$$

根据传动机构的具体形式，通常用初等数学的工具就能确定 $g(\varphi)$ 和 $\psi(\varphi)$.

现在先假定 $g(\varphi)$ 和 $\psi(\varphi)$ 已经知道了，来导出凸轮曲线的一般计算公式. 在凸轮转动的任一位置，滚轮中心 P 的坐标是

$$x_P=g(\varphi)\sin\psi(\varphi)$$

$$y_P=g(\varphi)\cos\psi(\varphi)$$

滚轮簇方程式为

$$(x-x_P)^2+(y-y_P)^2=r^2$$

将 x_P 和 y_P 的表达式代入上式，并将 r^2 移到等式左边，记左边为 $F(x,y,\varphi)$，则有

$$F(x,y,\varphi)=[x-g(\varphi)\sin\psi(\varphi)]^2+ [y-g(\varphi)\cos\psi(\varphi)]^2-r^2=0 \quad (1)$$

根据求包络线的方法，切点 B 的坐标应该满足方程式

$$F(x,y,\varphi)=0 \quad (2)$$

$$\frac{\partial F(x,y,\varphi)}{\partial\varphi}=0 \quad (3)$$

我们将$\frac{\mathrm{d}g}{\mathrm{d}\varphi}$ 和$\frac{\mathrm{d}\psi}{\mathrm{d}\varphi}$ 分别简记为 g' 和 ψ'，由式(3) 解出

$$x-g\sin\psi=\frac{-g'\cos\psi+g\psi'\sin\psi}{g'\sin\psi+g\psi'\cos\psi}(y-g\cos\psi)$$

并代入到式(2) 中解得

$$y=g\cos\psi+\frac{r(g'\sin\psi+g\psi'\cos\psi)}{\sqrt{g'^2+g^2\psi'^2}}$$

$$x=g\sin\psi+\frac{r(-g'\cos\psi+g\psi'\sin\psi)}{\sqrt{g'^2+g^2\psi'^2}}$$

和

$$y=g\cos\psi-\frac{r(g'\sin\psi+g\psi'\cos\psi)}{\sqrt{g'^2+g^2\psi'^2}} \quad (4)$$

$$x=g\sin\psi-\frac{r(-g'\cos\psi+g\psi'\sin\psi)}{\sqrt{g'^2+g^2\psi'^2}} \quad (5)$$

这表示有两条包络线，而我们需要的凸轮曲线就是内包络线(图 3 中实线所示)，它对应于(4)(5) 两式所表示的一组解.

为了使表示式清晰简单便于计算和以后加工起来方便，我们引进极坐标表示. 设切点 B 的极坐标是 ρ 和

α,利用(4)(5)两式得到:

当 $g' \geqslant 0$ 时

$$\rho=\sqrt{x^2+y^2}=\sqrt{r^2+g^2\left(1-\frac{2r\psi'}{\sqrt{g'^2+g^2\psi'^2}}\right)} \tag{6}$$

$$\alpha=\psi+\arccos\frac{\rho^2+g^2-r^2}{2\rho g} \tag{7}$$

$$\rho=\sqrt{r^2+g^2\left(1-\frac{2r\psi'}{\sqrt{g'^2+g^2\psi'^2}}\right)} \tag{8}$$

$$\alpha=\psi-\arccos\frac{\rho^2+g^2-r^2}{2\rho g} \tag{9}$$

这样,当 g 和 ψ 的具体形式一经确定,并求得 g' 和 ψ' 以后,就可以利用(6)(7)(8)(9)四式按参数 φ 计算出凸轮曲线的数据 ρ 和 α,用于加工或作检验数据.这里顺便提一下,若模拟凸轮机构的实际运动,使用铣刀加工凸轮,并使铣刀的半径和滚轮半径 r 相等,那么只需计算出 g 和 ψ 两个量就可以加工了.但加工好以后计量时仍要用到 ρ 和 α.

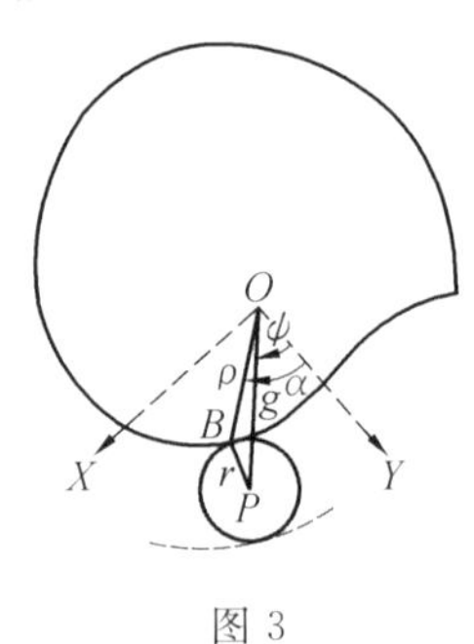

图 3

§3　应用举例

例 1　现在来具体求出图 1 所示凸轮机构的 g,ψ,g',ψ'. 为此引入如下记号:F_1,F_2,β,R_1,R_2. 它们的意义参看图 4,可以看到它们都是 φ 的函数. 考察图 4 所示的一系列直角三角形得

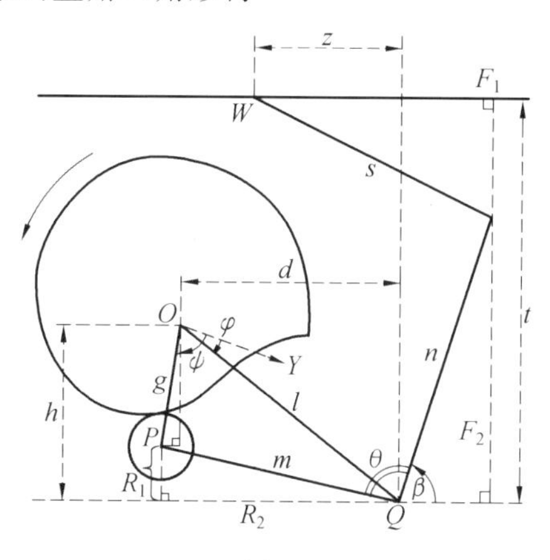

图 4

$$(z+F_1)^2+(t-F_2)^2=s^2 \tag{10}$$

$$F_1^2+F_2^2=n^2 \tag{11}$$

$$\cos\beta=\frac{F_1}{n} \tag{12}$$

$$\sin\beta=\frac{F_2}{n} \tag{13}$$

$$R_1=m\sin(\pi-\theta-\beta) \tag{14}$$

$$R_2=m\cos(\pi-\theta-\beta) \tag{15}$$

$$g^2=(h-R_1)^2+(d-R_2)^2 \tag{16}$$

从 $\triangle OPQ$ 得

$$\cos(\psi-\varphi)=\frac{l^2+g^2-m^2}{2lg} \tag{17}$$

从式(10)(11)解出

$$F_1=\frac{\sqrt{n^2(1+d_1^2)-d_2^2}-d_1d_2}{1+d_1^2} \tag{18}$$

$$F_2=d_1F_1+d_2 \tag{19}$$

这里

$$d_1=\frac{z}{t} \tag{20}$$

$$d_2=\frac{z^2+n^2+t^2-s^2}{2t} \tag{21}$$

将式(12)(13)代入式(14)(15)的展开式中得

$$R_1=\frac{m}{n}[F_1\sin(\pi-\theta)-F_2\cos(\pi-\theta)] \tag{22}$$

$$R_2=\frac{m}{n}[F_1\cos(\pi-\theta)+F_2\sin(\pi-\theta)] \tag{23}$$

从式(16)(17)求得

$$g=\sqrt{(h-R_1)^2+(d-R_2)^2} \tag{24}$$

$$\psi=\varphi+\arccos\frac{l^2+g^2-m^2}{2lg} \tag{25}$$

当 $z=z(\varphi)$ 知道以后，利用一系列关系式(20)(21)(18)(19)(22)(23)(24)(25)就可以求出 g 和 ψ 的数值.

接下来求 g' 和 ψ'. 利用等式(10)(11)两边对参数 φ 求导数得到

$$(z+F_1)(z'+F'_1)+(t-F_2)(-F'_2)=0$$

$$F_1F'_1+F_2F'_2=0$$

从以上两式解出

$$F'_1=-\frac{(z-F_1)F_2}{tF_1+zF_2}z' \quad (26)$$

$$F'_2=\frac{(z+F_1)F_1}{tF_1+zF_2}z' \quad (27)$$

同样从式(22)(23)两边对 φ 求导数有

$$R'_1=\frac{m}{n}[F'_1\sin(\pi-\theta)-F'_2\cos(\pi-\theta)] \quad (28)$$

$$R'_2=\frac{m}{n}[F'_1\cos(\pi-\theta)+F'_2\sin(\pi-\theta)] \quad (29)$$

从式(16)(17)得

$$g'=\frac{1}{g}[(R_1-h)R'_1+(R_2-d)R'_2] \quad (30)$$

$$\psi'=1-\frac{g^2+m^2-l^2}{2lg^2\sin(\psi-\varphi)}g' \quad (31)$$

当 $z=z(\varphi)$ 已知时,$z'(\varphi)$ 也可以求得. 例如图1所示机构要求

$$z=k\varphi+z_0$$

那么 $z'=k$. 按计算式(26)～(31)并利用计算 g 和 ψ 时的中间结果就可以求出 g' 和 ψ'.

最后,将 g,ψ,g',ψ' 的值代入公式(6)～(9)便可以计算出凸轮曲线的极坐标数值 ρ 和 α.

例2　图2所示的柴油机排气凸轮机构是这样运动的:凸轮作用在滚轮上,由固联在滚轮上的挺杆传给摆臂左端的球面,然后再由右端球面推动气伐向下运动. 球面与挺杆上端面,球面与气伐上端面之间可以相对滑动. 挺杆和气伐只能在固定的垂直方向上下移动. 凸轮中心 O 和滚轮中心 P 始终在挺杆运动的直线 UV 上. 设摆臂长分别是 m 和 n,它们在同一直线上,并可绕点 Q 转动. 柴油机中的进排气凸轮一般由基圆和凸出部分组成,当凸轮以其基圆部分与滚轮接触时,气伐将气伐口关闭，这时气伐静止. 当凸轮转过最高点以后，由于弹簧的作用，气伐向上运动.

从上述结构不难理解，若气伐向下的位移是$z(\varphi)$，那么滚轮中心点P的反向位移就是$\frac{m}{n}z(\varphi)$. 由于对气伐位移一般要求$z(0)=0$和$z'(0)=0$，也就是说在气伐刚开始向下移动的瞬时，位移和速度都是零. 所以凸轮的凸出部分和基圆部分在联结点一般是相切的. 因此在凸轮平面上这样引进坐标系XOY(图5)：气伐刚开始向下运动时，OY轴与挺杆运动方向一致，这时滚轮和凸轮的接触点正好是基圆与凸出部分相接的一点，并在此时取

$$z=0,\varphi=0$$

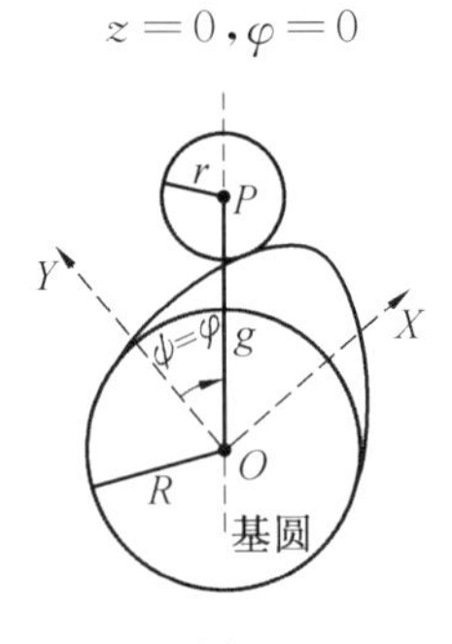

图5

和前面一样引进记号g和ψ可得

$$g=R+r+\frac{m}{n}z(\varphi)$$

$$\psi=\varphi$$

其中R是凸轮基圆半径，r是滚轮半径.

而且有

$$g'=\frac{m}{n}z'(\varphi)$$

$$\psi' = 1$$

将 g,ψ,g',ψ' 的上述表示式代入到式(6) ~ (9) 中就可以计算出柴油机排气凸轮曲线.

例 3　纺织机械中有一种共轭凸轮装置,如图 6 所示.这是一种把凸轮轴的转动与另一根平行轴的转动按一定要求联系起来的机构.

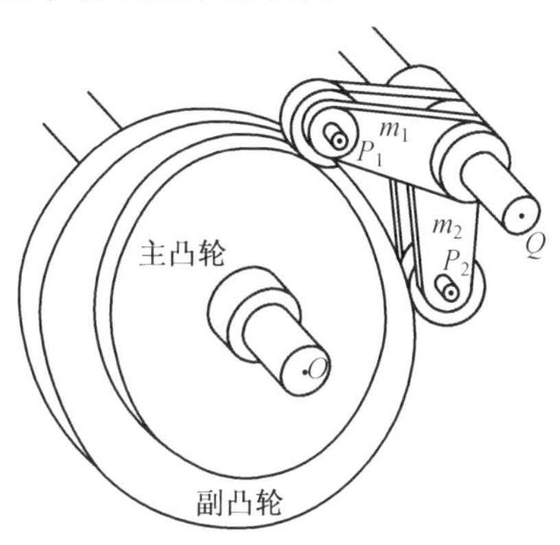

图 6

通过主凸轮和副凸轮分别对滚轮 P_1 和 P_2 的作用,使摆臂绕轴 Q 摆动,从而带动轴 Q 按一定要求往复转动.轴 Q 的转动与凸轮轴 O 的转动之间的关系是按一定要求预先确定的.图 7 是共轭凸轮装置的轴向平面示意图.O 是凸轮轴中心,Q 是另一根平行轴的中心,也即摆臂摆动中心,P_1 和 P_2 分别是与主凸轮和副凸轮相接触的滚轮中心.同样设 m_1 和 m_2 为摆臂之长,l 为点 O 与点 Q 之间的距离,r_1 和 r_2 为滚轮半径.两条摆臂间的夹角 θ 是固定的.类似地,这样引进坐标系 XOY:开始转动时,OY 轴与 l 的方向重合.因此转动过程中,OY 轴到 l 方向的夹角就是凸轮轴转角 φ.设转动中任一时刻 l 到摆臂 m_1 之间的夹角是 β,那么 β 可以表示轴Q的转角.按问题的提法,$\beta=\beta(\varphi)$是已知的,需要计算主凸轮和副凸轮曲线.

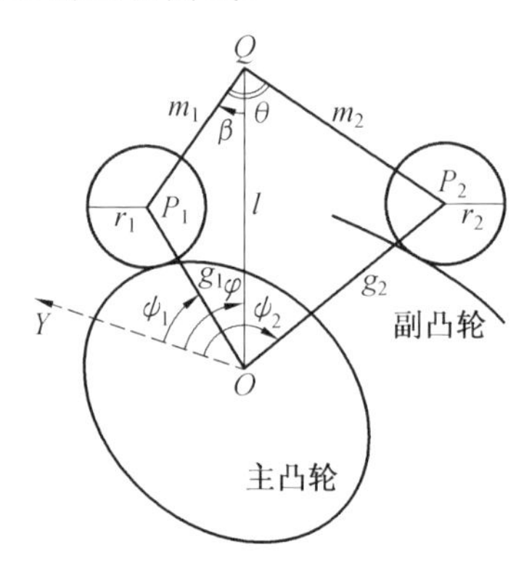

图 7

类似地引进记号g_1,g_2,ψ_1,ψ_2(图 7).容易看到有下面的关系式

$$g_1^2=l^2+m_1^2-2lm_1\cos\beta \tag{32}$$

$$\cos(\varphi-\psi_1)=\frac{l^2+g_1^2-m_1^2}{2lg_1} \tag{33}$$

$$g_2^2=l^2+m_2^2-2lm_2\cos(\theta-\beta) \tag{34}$$

$$\cos(\psi_2-\varphi)=\frac{l^2+g_2^2-m_2^2}{2lg_2} \tag{35}$$

从上述关系式求得

$$g_1=\sqrt{l^2+m_1^2-2lm_1\cos\beta}$$

$$\psi_1=\varphi-\arccos\frac{l^2+g_1^2-m_1^2}{2lg_1}$$

$$g_2=\sqrt{l^2+m_2^2-2lm_2\cos(\theta-\beta)}$$

$$\psi_2=\varphi+\arccos\frac{l^2+g_2^2-m_2^2}{2lg_2}$$

由式(32)~(35)两边对φ求导数可解出

$$g'_1=\frac{lm_1\sin\beta}{g_1}\beta'$$

$$\psi'_1=1+\frac{g_1^2+m_1^2-l^2}{2lg_1^2\sin(\varphi-\psi_1)}g'_1$$

$$g'_2=-\frac{lm_2\sin(\theta-\beta)}{g_2}\beta'$$

$$\psi'_2=1-\frac{g_2^2+m_2^2-l^2}{2lg_2^2\sin(\psi_2-\varphi)}g'_2$$

将 $g_1,\psi_1,g'_1,\psi'_1,r_1$ 和 $g_2,\psi_2,g'_2,\psi'_2,r_2$ 分别代入到式(6)～(9)的 g,ψ,g',ψ',r 中就可以计算出主、副凸轮曲线.

通过上面的分析和应用,我们看到从 g 和 ψ 求凸轮外形曲线是这类凸轮机构计算问题的共性.而 g 和 ψ 的具体形式则随传动机构形式的不同及部件运动要求的不同而不同,这又是它的特殊性.一旦分析清楚了每一凸轮机构的特殊性,凸轮计算问题也就迎刃而解了.

第24章 (γ,α) 型广义强凸性[①]

东北财经大学数学与数量经济学院的吕延方，中国人民大学应用统计科学研究中心的赵进文两位教授2009年引入(γ,α)型广义强凸集与强凸函数，讨论了广义强凸性质，并在此基础上提出对强凸函数进行分类的标准和判定方法. 然后引入标准强凸函数概念，推出最小标准强凸函数形式，并探讨了广义强凸集与强凸函数的关系.

§1 引言

西方经济学的核心问题是最优化问题. 在经营管理、工程安排及交通运输等方面普遍地存在着最优化问题. 例如：如何在现有人力、物力、财力及其他资源条件下合理安排产品生产，以取得

① 本章摘自《数学的实践与认识》2009年8月的第39卷第16期.

最高的利润;如何制造某种产品,在满足规格、性能、质量要求的前提下,达到最低的成本等.而最优化理论又与凸函数与凹函数密切相关.凸规划在数学规划、最优控制、逼近论等许多方面有着广泛的应用.它是一类特殊的非线性规划,对于一般的非线性规划问题,局部解不一定是全局解.但凸规划的局部解必为全局解,而且凸规划的可行集和最优解集都是凸集.因此凸性的概念在最优化问题的研究中是十分重要的,各种凸性概念的推广受到了广泛的关注.

凸集是凸分析的基本概念.但是,由于凸集是一个很大的类,因此为了区别不同性质的凸集便派生出一系列更为具体的凸集概念,如严格凸、一致凸、强凸[1,2] 等.例如,1960 年 I. Singer 为了研究最佳逼近问题把严格凸性推广为 $K-$ 严格凸性.1979 年,Sullivan 在参考资料[3] 中推广一致凸性,利用凸集的体积引入 K 一致凸和局部 K 一致凸(简记为 $K-UR$ 和 $LK-UR$) 概念.由于用词或译名不同等原因,使得各种凸集概念的意义不完全统一,通常只能根据文献中的具体规定理解概念的含义.

凸函数是一类重要的函数,在最优化理论、不动点理论以及逼近论等许多领域内都有着广泛的应用.特别是在非光滑分析中,被作为一类最重要的不可微函数类加以研究.由于凸函数有连续性、方向可微性、次可微性,因而它实际上是一个很重要的理论.常见广义凸函数有拟凸函数、强拟凸函数、严格拟凸函数、伪凸函数、严格伪凸函数等.拟凸函数及函数的各种广义凸性,在数学规划中起着重要作用.本文引入与上述概念不同的广义强凸函数,希望借此对优化理论(凸分析)

有一定的理论参考价值.

§2　广义强凸集概念及性质

定义 1　设 $D\subseteq R^n$,若存在常数 $\gamma>0,\alpha\geqslant 0$,使得对于任意 $x,y\in D$ 和任意向量 $z\in R^n$,只要

$$\|z\|<\gamma\|x-y\|^{1+\alpha}$$

就有

$$\frac{1}{2}(x+y)+z\in D$$

则称 D 是(γ,α)型强凸集.

记

$$SC(\gamma,\alpha)=\{D:D\text{ 是}(\gamma,\alpha)\text{ 型强凸集}\}$$

$$SC_\alpha=\bigcup_{\gamma>0}SC(\gamma,\alpha)$$

$$SC=\bigcup_{\substack{\gamma>0\\ \alpha\geqslant 0}}SC(\gamma,\alpha)$$

称 SC_α 为 α 型强凸集类,SC 为强凸集类.若 $D\in SC$,则称 D 为广义强凸集(参见参考资料[2]).

命题 1　若 $C_i\in SC(\gamma,\alpha)(i\in J)$,其中 $J=\{1,2,\cdots,n\}$,则

$$C:=\bigcap\{C_i:i\in J\}\in SC(\lambda,\alpha)$$

证明　因为

$$C_i\in SC(\gamma,\alpha)\quad(i\in J)$$

则存在常数 $\gamma_i>0$,对于任意 $x,y\in C_i$ 和任意 $z\in R^n$,只要

$$\|z\|<\gamma_i\|x-y\|^{1+\alpha}$$

就有

$$\frac{1}{2}(x+y)+z\in C_i$$

取

$$\gamma_0=\min\{\gamma_i\}\quad(i\in J)$$

则任意 $x,y\in C$ 和任意 $z\in R^n$，当

$$\left\|z-\frac{x+y}{2}\right\|<\gamma_0\|x-y\|^{1+\alpha}$$

时，有

$$\left\|z-\frac{x+y}{2}\right\|<\gamma_0\|x-y\|^{1+\alpha}<\gamma_i\|x-y\|^{1+\alpha}$$

$\forall i\in J$ 有 $z\in C_i$. 所以

$$z\in\bigcap C_i\quad(i\in J)$$

即 $z\in C$. 由广义强凸集的定义，故可得

$$C:=\bigcap\{C_i:i\in J\}\in SC(\lambda,\alpha)$$

命题 2　C 是 (γ,α) 型强凸集，则

$$\lambda C=\{\lambda x:x\in C\}\quad(\lambda>0)$$

是 $(\gamma\lambda^{-\alpha},\alpha)$ 型强凸集.

证明　对于任意

$$x=\lambda x_0,y=\lambda y_0$$

其中 $x_0,y_0\in C$，则 $x,y\in C$. 对任意 $\lambda z\in R^n$，当

$$\left\|\lambda z-\frac{x+y}{2}\right\|<\lambda^{-\alpha}\gamma\|x-y\|^{1+\alpha}$$

时，即

$$\left\|z-\frac{x_0+y_0}{2}\right\|<\gamma\|x_0-y_0\|^{1+\alpha}$$

时，由于 C 是 (γ,α) 型强凸集，故 $z\in C$，所以 $\lambda z\in\lambda C$. 因此

$$\lambda C=\{\lambda x:x\in C\}\quad(\lambda>0)$$

是 $(\gamma\lambda^{-\alpha},\alpha)$ 型强凸集.

§3 广义强凸函数概念及性质

定义 2 设 $f(x)$ 在凸集 $D\subset R^n$ 上有定义，若存在常数 $\gamma>0,\alpha>0$，使得对任意 $x,y\in D$，有

$$f\left(\frac{x+y}{2}\right)\leqslant\frac{1}{2}(f(x)+f(y))-\gamma\|x-y\|^{1+\alpha}$$

成立，则称 $f(x)$ 是凸集 D 上的 (γ,α) 型强凸函数，记

$$SCF(\gamma,\alpha)=\{f:f\text{ 是}(\gamma,\alpha)\text{ 型强凸函数}\}$$

$$SCF_\alpha=\bigcup_{\gamma>0}SCF(\gamma,\alpha)$$

$$SCF=\bigcup_{\alpha>0}SCF_\alpha$$

称 SCF_α 为 α 一型强凸函数类，SCF 为广义强凸函数类，若 $f\in SCF$，则称 f 是广义强凸函数(参见参考资料[2])。

从定义容易看出，SCF_α 对非负线性组合是封闭的，即

$$f_i\in SCF(\gamma_i,\alpha),\alpha_i>0\quad(1\leqslant i\leqslant k)$$

则

$$f(x)=\sum_{i=1}^{k}\alpha_i f_i(x)\in SCF(\sum_{i=1}^{k}\alpha_i\gamma_i,\alpha)$$

命题 3 一元函数 $g:I\to R$ 是非减 (γ,α) 型强凸函数，且 $h:R^n\to I$ 是 (γ,α) 型强凸函数. $\exists c,\forall x,y\in R^n$，有

$$\|h(x)-h(y)\|^{1+\alpha}\geqslant c\|x-y\|^{1+\alpha}$$

则复合函数

$$f=g\circ h\in SCF(\gamma_C,\alpha)$$

证明 因为 $h\in SCF(\gamma,\alpha)$，对于 $\forall x,y\in R^n$，有

$$h\left(\frac{x+y}{2}\right)\leqslant\frac{1}{2}(h(x)+h(y))-\gamma\|x-y\|^{1+\alpha}$$

又因为 $g\in SCF(\gamma,\alpha)$，有

$$g\left(\frac{h(x)+h(y)}{2}\right)\leqslant\frac{1}{2}(g(h(x))+g(h(y)))-\gamma\|h(x)-h(y)\|^{1+\alpha}$$

而

$$h\left(\frac{x+y}{2}\right)\leqslant\frac{1}{2}(h(x)+h(y))$$

g 非减. 故

$$g\left(h\left(\frac{x+y}{2}\right)\right)\leqslant g\left(\frac{h(x)+h(y)}{2}\right)$$

所以有

$$g\left(h\left(\frac{x+y}{2}\right)\right)\leqslant\frac{1}{2}(g(h(x))+g(h(y)))-\gamma\|h(x)-h(y)\|^{1+\alpha}$$

又因为

$$\|h(x)-h(y)\|^{1+\alpha}\geqslant c\|x-y\|^{1+\alpha}$$

所以

$$g\left(h\left(\frac{x+y}{2}\right)\right)\leqslant\frac{1}{2}(g(h(x))+g(h(y)))-\gamma_C\|x-y\|^{1+\alpha}$$

即

$$f\left(\frac{x+y}{2}\right)\leqslant\frac{1}{2}(f(x)+f(y))-\gamma_C\|x-y\|^{1+\alpha}$$

所以

$$f=g\circ h\in SCF(\gamma_C,\alpha)$$

命题 4　若 f_1,f_2 是定义在 $D\subset R^n$ 上 (γ,α) 型强凸函数，则

$$f=\sup\{f_1,f_2\}\in SCF(\gamma,\alpha)$$

证明 因为

$$f_1,f_2\in SCF(\gamma,\alpha),\forall x,y\in D\subset R^n$$

有

$$f_1\left(\frac{x+y}{2}\right)\leqslant\frac{1}{2}(f_1(x)+f_1(y))-\gamma\|x-y\|^{1+\alpha}$$

$$f_2\left(\frac{x+y}{2}\right)\leqslant\frac{1}{2}(f_2(x)+f_2(y))-\gamma\|x-y\|^{1+\alpha}$$

故有

$$\sup\left\{f_1\left(\frac{x+y}{2}\right),f_2\left(\frac{x+y}{2}\right)\right\}\leqslant\frac{1}{2}\sup\{f_1(x),f_2(x)\}+\frac{1}{2}\sup\{f_1(y),f_2(y)\}-\gamma\|x-y\|^{1+\alpha}$$

即

$$f\left(\frac{x+y}{2}\right)\leqslant\frac{1}{2}(f(x)+f(y))-\gamma\|x-y\|^{1+\alpha}$$

所以有

$$f=\sup\{f_1,f_2\}\in SCF(\gamma,\alpha)$$

推论 1 若 $f_j\in SCF(\gamma,\alpha)(1\leqslant j\leqslant k)$,则

$$f:\sup f_j\in SCF(\gamma,\alpha)$$

§4 标准强凸函数

任何一个在 R^n 上定义的强凸函数都可经平移变

换,变换成一个最小值为 0,且最值点为 0 的强凸函数,这也是引入下面概念的原因.

定义 3　设 $f(x)\in SCF(\gamma,\alpha)$,称 $f(x)$ 为标准 (γ,α) 型强凸函数(简称为标准 (γ,α) 型函数),如果 $f(0)=0$,且对任意 x 都有 $f(x)\geqslant 0$ 成立(参见参考资料[2]).

定理 1　对于 $\gamma>0$,则 $f(x)=\dfrac{2^{1+\alpha}}{2^{\alpha}-1}\gamma\|x\|^{1+\alpha}$ 是定义在 R^n 上的最小标准 (γ,α) 型函数.

证明　首先说明

$$f(x)=\frac{2^{1+\alpha}}{2^{\alpha}-1}\gamma\|x\|^{1+\alpha}$$

是标准 (γ,α) 型函数.

因 $\gamma>0$,对任意 x 都有 $f(x)\geqslant 0$,且 $f(0)=0$. $\forall x,y\in R^n,\alpha>0$,因为

$$\|x\|^{1+\alpha}+\|y\|^{1+\alpha}\|\geqslant\|x+y\|^{1+\alpha}$$

$$\|x\|^{1+\alpha}+\|y\|^{1+\alpha}\|\geqslant\|x-y\|^{1+\alpha}$$

(参见参考资料[4])则有

$$\frac{1}{2\alpha-1}\gamma\|x+y\|^{1+\alpha}+\gamma\|x-y\|^{1+\alpha}\leqslant$$

$$\frac{1}{2^{\alpha}-1}\gamma(\|x\|^{1+\alpha}+\|y\|^{1+\alpha})+$$

$$\gamma(\|x\|^{1+\alpha}+\|y\|^{1+\alpha})$$

进而有

$$\frac{1}{2^{\alpha}-1}\gamma\|x+y\|^{1+\alpha}\leqslant$$

$$\frac{2^{\alpha}}{2^{\alpha}-1}\gamma(\|x\|^{1+\alpha}+\|y\|^{1+\alpha})-\gamma\|x-y\|^{1+\alpha}$$

所以

$$\frac{2^{1+\alpha}}{2^{\alpha}-1}\gamma \left\| \frac{x+y}{2} \right\|^{1+\alpha} \leqslant$$

$$\frac{1}{2}\cdot\frac{2^{\alpha+1}}{2^{\alpha}-1}\gamma(\| x \|^{1+\alpha}+\| y \|^{1+\alpha})-\gamma\| x-y \|^{1+\alpha}$$

即

$$f\left(\frac{x+y}{2}\right)\leqslant\frac{1}{2}(f(x)+f(y))-\gamma\| x-y \|^{1+\alpha}$$

下面说明 $f(x)$ 的最小性.

事实上，任取一标准(γ,α)型函数 $g(x)(x\in R^n)$，有

$$g\left(\frac{x}{2}\right)\leqslant\frac{1}{2}g(x)-\gamma\| x \|^{1+\alpha}$$

即

$$g(x)\geqslant 2\gamma\| x \|^{1+\alpha}+2g\left(\frac{x}{2}\right) \tag{1}$$

由 x 的任意性，可用$\frac{x}{2}$代换式(1)中的 x，则式(1)可变为

$$2g\left(\frac{x}{2}\right)\geqslant 2^{1-\alpha}\gamma\| x \|^{1+\alpha}+4g\left(\frac{x}{4}\right) \tag{2}$$

归纳可得

$$2^n g\left(\frac{x}{2^n}\right)\geqslant 2^{1-\alpha}(2^{-\alpha})^{n-1}\gamma\| x \|^{1+\alpha}+2^{n+1}g\left(\frac{x}{2^{n+1}}\right) \tag{3}$$

利用式(1)及归纳得到的式(3)，可得

$$g(x)\geqslant 2\gamma\| x \|^{1+\alpha}+2g\left(\frac{x}{2}\right)\geqslant$$

$$2\gamma\| x \|^{1+\alpha}+2^{1-\alpha}\gamma\| x \|^{1+\alpha}+4g\left(\frac{x}{4}\right)\geqslant\cdots\geqslant$$

$$2\gamma\sum_{i=0}^{n}2^{-i\alpha}\| x \|^{1+\alpha}+2^{n-1}g\left(\frac{x}{2^{n+1}}\right)$$

由 n 的任意性及 $g \geqslant 0$，可得

$$g(x) \geqslant \frac{2^{1+\alpha}}{2^{\alpha}-1}\gamma \| x \|^{1+\alpha}$$

故

$$f(x) = \frac{2^{1+\alpha}}{2^{\alpha}-1}\gamma \| x \|^{1+\alpha}$$

是定义在 R^n 上的最小标准(γ,α)型函数.

上述定理说明对每个类都有最小标准函数. 为行文方便，引入标准强凸函数符号.

记

$$SSCF(\gamma,\alpha) = \{f : f \text{ 是标准}(\gamma,\alpha)\text{型强凸函数}\}$$

$$SSCF_{\alpha} = \bigcup_{\gamma>0} SSCF(\gamma,\alpha)$$

$$SSCF = \bigcup_{\alpha>0} SSCF_{\alpha}$$

称 $SSCF_{\alpha}$ 为 α － 型标准强凸函数类，$SSCF$ 为标准强凸函数类.

命题 5　若 $\gamma_1 > \gamma_2$，则

$$SSCF(\gamma_1,\alpha) \subset SSCF(\gamma_2,\alpha)$$

证明　$\forall f \in SSCF(\gamma_1,\alpha)$，则存在常数 $\gamma_1 > 0$，$\alpha > 0$，使得 $\forall x,y \in R^n$，有

$$f\left(\frac{x+y}{2}\right) \leqslant \frac{1}{2}(f(x)+f(y)) - \gamma_1 \| x-y \|^{1+\alpha}$$

由于 $\gamma_1 > \gamma_2$，故有

$$f\left(\frac{x+y}{2}\right) \leqslant \frac{1}{2}(f(x)+f(y)) - \gamma_2 \| x-y \|^{1+\alpha}$$

即存在常数 $\gamma_2 > 0$，$\alpha > 0$，使得 $\forall x,y \in R^n$，有

$$f\left(\frac{x+y}{2}\right) \leqslant \frac{1}{2}(f(x)+f(y)) - \gamma_2 \| x-y \|^{1+\alpha}$$

则 $f \in SSCF(\gamma_2,\alpha)$，所以

$$SSCF(\gamma_1,\alpha) \subseteq SSCF(\gamma_2,\alpha)$$

由定理 1 知,$SSCF(\gamma_2,\alpha)$ 类的最小标准函数为

$$f(x)=\frac{2^{1+\alpha}}{2^{\alpha}-1}\gamma_2\|x\|^{1+\alpha}\notin SSCF(\gamma_1,\alpha)$$

所以

$$SSCF(\gamma_1,\alpha)\subset SSCF(\gamma_2,\alpha)$$

命题 6 $\bigcup_{\gamma>\gamma_0} SSCF(\gamma,\alpha)\subseteq SSCF(\gamma_0,\alpha)\backslash\{\inf SSCF(\gamma_0,\alpha)\}$.

证明 由命题 5 知

$$SSCF(\gamma,\alpha)\subseteq SSCF(\gamma_0,\alpha)\backslash\{\inf SSCF(\gamma_0,\alpha)\}$$

故有

$$\bigcup_{\gamma>\gamma_0} SSCF(\gamma,\alpha)\subseteq SSCF(\gamma_0,\alpha)\backslash\{\inf SSCF(\gamma_0,\alpha)\}$$

§5 强凸函数与强凸集的关系

参考资料[1] 中给出这样一个命题:设 $f(x)$ 是满足定义 2 的二阶连续可微强凸函数,则

$$Y=\{x:f(x)\leqslant f(x_0)\}$$

是$(\gamma,1)$ 型强凸集.

现将上述命题推广,得到如下定理.

定理 2 设 $x_0\in R^n$,$f(x)$ 是(γ,α) 型二阶连续可微强凸函数,则

$$Y=\{x:f(x)\leqslant f(x_0)\}$$

是$\left(\frac{\gamma}{M},\alpha\right)$ 型强凸集,其中

$$M=\max_{x\in Y}|f'(x)|$$

证明 $\forall x_1,x_2\in Y$ 及任意向量 $\boldsymbol{y}(\|\boldsymbol{y}\|<$

$\frac{\gamma}{M}\|x_1-x_2\|^{1+\alpha}$)，要证

$$\frac{x_1+x_2}{2}+\boldsymbol{y}\in Y$$

只需证明

$$f\left(\frac{x_1+x_2}{2}+\boldsymbol{y}\right)\leqslant f(x_0)$$

由于

$$\begin{aligned}f\left(\frac{x_1+x_2}{2}+\boldsymbol{y}\right)=f\left(\frac{x_1+x_2}{2}\right)+f'(\xi)^{\mathrm{T}}\boldsymbol{y}\leqslant\\ \frac{1}{2}(f(x_1)+f(x_2))-\\ \gamma\|x_1-x_2\|^{1+\alpha}+f'(\xi)^{\mathrm{T}}\boldsymbol{y}\leqslant\\ f(x_0)+\left(\frac{\gamma}{M}\|f'(\xi)\|-\gamma\right)\cdot\\ \|x_1-x_2\|^{1+\alpha}\leqslant f(x_0)\end{aligned}$$

从而

$$Y=\{x:f(x)\leqslant f(x_0)\}$$

是 $\left(\frac{\gamma}{M},\alpha\right)$ 型强凸集.

上述定理给出了强凸函数与强凸集的一个关系.

最后，我们指出：一般来说，非线性规划的局部最优解和全局最优解是不同的，但是，对凸规划问题，局部最优解就是全局最优解. 如果目标函数 $f(x)$ 为 (γ,α) 型强凸函数，求解与此类似的优化问题还有待于进一步讨论.

参考资料

[1] 王川龙，冯梅. 最优化原理与微观经济学[M]. 北

京:经济科学出版社,1997.

[2] 谢琳,吕延方.关于强凸集的概念及其推广[J].辽宁师范大学学报,2003(4):337-340.

[3] F. A. SULLIVAN. Generalization of uniformly rotund Banach Space[J]. Cand Math, 1979,31: 628-636.

[4] W. RUDIN. Realand Complex Analysis[M]. New York: MCGraw Hill, 1966.

[5] 夏少刚. 运筹学[M]. 北京:清华大学出版社, 2005.

[6] TYRRELL ROCKAFELLAR R. Convex Analysis [M]. The United States of America, 1970.

第六编

泛函中的凸集

引言——一个普特南试题

第25章

试题 证明:对于任意两个有界函数 $g_1, g_2: \mathbf{R} \to [1,\infty)$,存在函数 $h_1, h_2: \mathbf{R} \to \mathbf{R}$,使得对每个 $x \in \mathbf{R}$,有

$$\sup_{s\in\mathbf{R}}(g_1(s)^x g_2(s)) = \max_{t\in\mathbf{R}}(xh_1(t)+h_2(t))$$

(第73届美国大学生数学竞赛)

证明 注意,每个形如

$$f(x)=\sup_{t\in\mathbf{R}}(xh_1(t)+h_2(t)) \quad (1)$$

的函数 $f:\mathbf{R}\to\mathbf{R}$ 是凸的,其中 $h_1, h_2: \mathbf{R}\to\mathbf{R}$ 是两个任意的函数,只要对于每个 $x\in\mathbf{R}$,式(1)右端的上确界存在.事实上,对于每个 $x, y\in\mathbf{R}$ 和每个 $\lambda\in(0,1)$,有

$$\lambda f(x)+(1-\lambda)f(y)=$$
$$\sup_{t\in\mathbf{R}}(\lambda xh_1(t)+\lambda h_2(t))+$$
$$\sup_{t\in\mathbf{R}}((1-\lambda)yh_1(t)+(1-\lambda)h_2(t))\geqslant$$

$$\sup_{t\in\mathbf{R}}(((\lambda x+(1-\lambda)y)h_1(t)+(\lambda+(1-\lambda))h_2(t)))=f(\lambda x+(1-\lambda)y)$$

反之亦真,即每个凸函数 $f:\mathbf{R}\to\mathbf{R}$ 对于某两个 $h_1,h_2:\mathbf{R}\to\mathbf{R}$ 满足式(1).事实上,我们断言,可以选取 h_1 和 h_2,使得它们满足更强一些的条件

$$f(x)=\max_{t\in\mathbf{R}}(xh_1(t)+h_2(t))\qquad(2)$$

事实上,因为 f 是凸的,我们知道:f 是一个连续函数,并且在每一点处具有左导数和右导数,它们对任意满足 $a<b$ 的 $a,b\in\mathbf{R}$,满足

$$f'_-(a)\leqslant f'_+(a)\leqslant\frac{f(b)-f(a)}{b-a}\leqslant f'_-(b)$$

由此即得,对于每个 $t\in\mathbf{R}$ 有

$$f(x)\geqslant(x-t)f'_-(t)+f(t)$$

当 $t=x$ 时等号成立.立即得到,当

$$h_1(t)=f'_-(t),h_2(t)=f(t)-tf'_-(t)$$

时式(2)成立.

令 $g_1,g_2:\mathbf{R}\to[1,\infty)$ 如问题的叙述中所述.在上面讨论的第1部分中,我们已经证明了

$$f(x)=\sup_{t\in\mathbf{R}}(x\ln g_1(t)+\ln g_2(t))$$

定义了一个凸函数 $f:\mathbf{R}\to\mathbf{R}$,因为 $\ln g_1,\ln g_2:\mathbf{R}\to\mathbf{R}$ 是有界的.因而 $e^{f(x)}$ 也是凸的.这是众所周知的,并且从

$$\lambda e^{f(x)}+(1-\lambda)e^{f(y)}\geqslant e^{\lambda f(x)+(1-\lambda)f(y)}\geqslant e^{f(\lambda x+(1-\lambda)y)}$$

也可得到,其中第1步利用了指数函数的凸性,第2步利用了函数 f 的凸性以及指数函数的单调性.由于 $e^{f(x)}$ 是一个凸函数,由式(2)即得,对于某两个函数

$h_1, h_2: \mathbf{R} \to \mathbf{R}$,有

$$\mathrm{e}^{f(x)} = \max_{t \in \mathbf{R}} (x h_1(t) + h(t))$$

这等价于我们所要证明的.

凸集及其性质

第26章

定义1 设 X 是数域 Y 上的线性空间，$S\subset X$，若 $\forall x\in S$，均有 $-x\in S$，则称 S 为对称集.

显然，若 S 为对称集，则有 $-S\subset S$，从而 $-S=S$.

定义2 设 X 是数域 Y 上的线性空间，$S\subset X$，$E=\{a\mid a\in\mathbf{R},\mid a\mid\leqslant 1\}$，若 $ES\subset S$，则称 S 为平衡集，其中 $ES=\{ax\mid a\in E,x\in S\}$.

任给集合 T，称 ET 为 T 的平衡壳. 显然 ET 是平衡集，且是包含 T 的最小的平衡集.

定义3 设 X 是数域 Y 上的线性空间，$S\subset X$，若 $\forall x\in X(x\neq\theta)$，都存在 $\varepsilon>0$，使当 $0<a<\varepsilon$ 时，有 $ax\in S$，则称 S 为吸收集.

以下我们列举一些有关这三类集合的例子.

例 1　在 $\mathbf{R}^2$ 中：

集合 $\delta=\{(x,y)\mid x^2+y^2\leqslant 1\}$ 是对称集，吸收集，平衡集(图 1(a)).

集合 $\delta'=\{(x,y)\mid 0<x^2+y^2\leqslant 1\}$ 是对称集，吸收集，但不是平衡集(图 1(b)).

集合 $\delta''=\{(x,y)\mid x^2+y^2\leqslant 1,(x,y)\neq\left(0,\pm\frac{1}{n}\right),n=1,2,\cdots\}$ 是对称集，但不是吸收集和平衡集(图 1.1(c)).

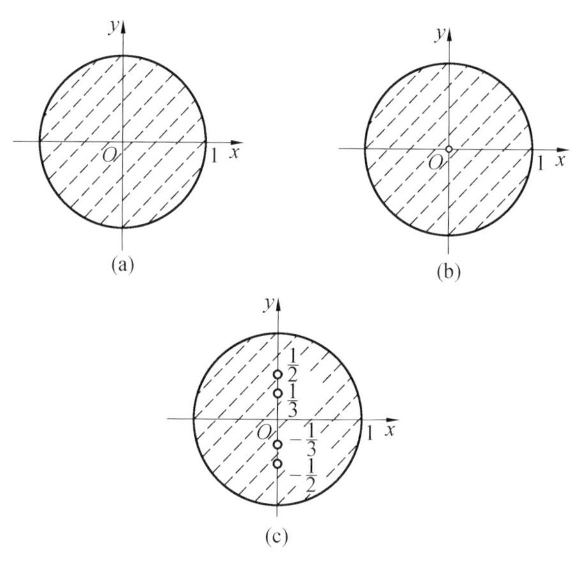

图 1

例 2　在 $\mathbf{R}^2$ 中：

$S=\{(x,y)\mid(x,y)$ 属于联结 $(-1,-1)$ 与 $(1,1)$ 的线段$\}$ 是对称集，平衡集，但不是吸收集(图 2(a)).

$S'=\{(x,y)\mid(x,y)$ 属于联结 $(-1,-1)$ 与 $(1,1)$

的线段，但$(x,y)\neq\left(\frac{1}{2},\frac{1}{2}\right)\}$是不平衡，不对称，不吸收的集(图 2(b)).

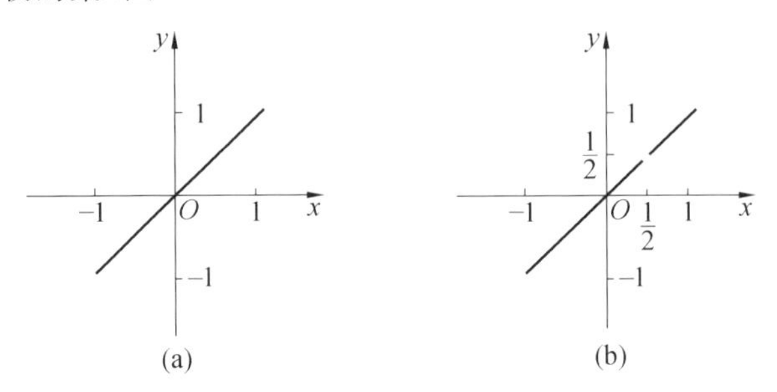

图 2

例 3 在 $\mathbf{R}^2$ 中：

$T=\{(x,y)\mid y\geqslant x^2$ 或 $y\leqslant -x^2\}$是对称集，平衡集，但不是吸收集(图 3(a)).

$T'=\{(x,y)\mid y\geqslant x^2$ 或 $y\leqslant -x^2$，但$(x,y)\neq(0,0)\}$是对称集，但不是平衡集和吸收集(图 3(b)).

$T''=\{(x,y)\mid y\geqslant x^2$ 或 $y\leqslant -x^2$ 或 $y=0\}$是对称集，吸收集，平衡集(图 3(c)).

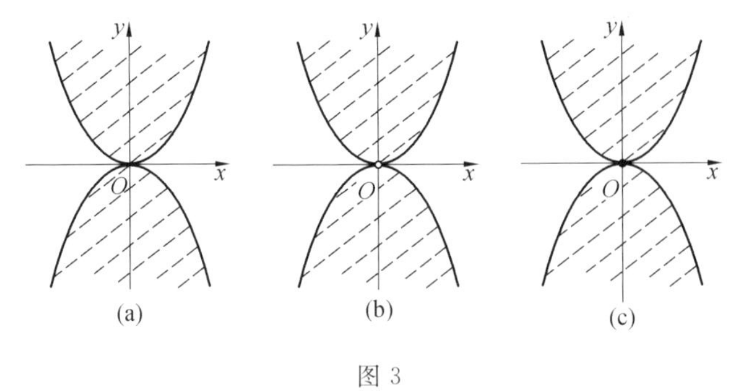

图 3

通过以上定义及例子我们不难看出这三类集合的关系如下：

定义 4　设 X 是数域 Y 上的线性空间，$E\subset X$，若 $\forall x,y\in E,\lambda\in[0,1]$，皆有 $\lambda x+(1-\lambda)y\in E$，则称 E 为凸集.

称集合 $\{z \mid z=\lambda x+(1-\lambda)y,x,y\in E,\lambda\in[0,1]\}$ 为联结 x 与 y 的线段，这显然是二维平面两点连线的推广. 于是，所谓凸集就是集合中任意两点的连线仍在其中的集合，如图 4.

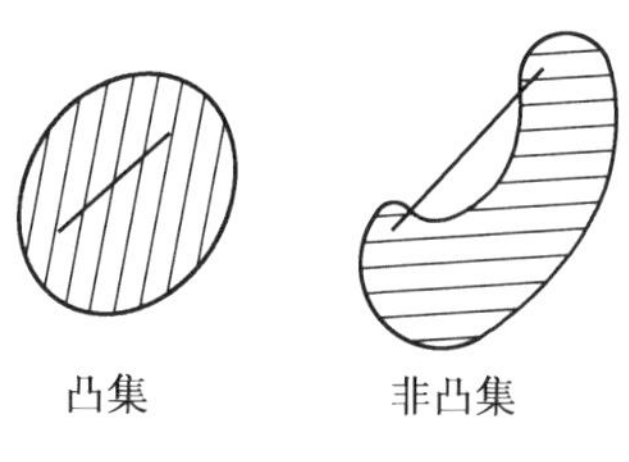

图 4

定义 5　设 X 是数域 Y 上的线性空间，$B\subset X$，称集合 $\{\sum_{i=1}^{n}a_ix_i \mid x_i\in B,a_i\in\mathbf{R},a_i\geqslant 0$，且 $\sum_{i=1}^{n}a_i=1,n=1,2,3,\cdots\}$ 为 B 的凸包，记为 $[B]$ 或 COV B.

易知：B 的凸包 $[B]$ 是包含 B 的一切凸集的交集，从而 $[B]$ 是包含 B 的最小的凸集.

例 4　单元素集 $A=\{a\}$ 是凸集，全空间 X 是凸集.

例 5　$C[0,1]$ 中的集 $M=\{f \mid f(x)\geqslant 0,\forall x\in[0,1]\}$ 是凸集.

例 6　在 $\mathbf{R}^2$ 中，任何两条射线所围成的夹角小于

π 的部分所成集为凸集(图 5).

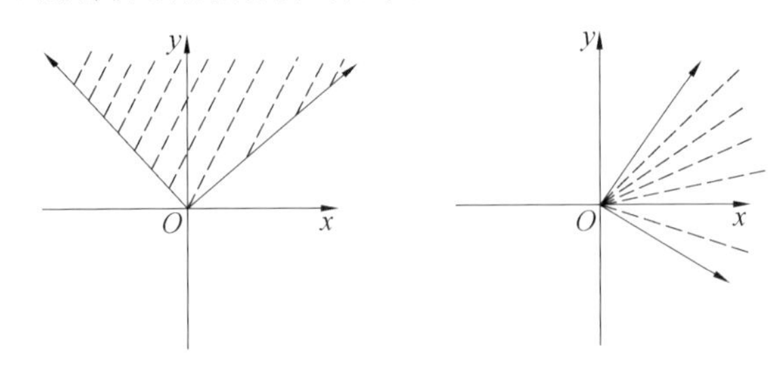

图 5

凸集有以下简单性质:

1) 设 V_1, V_2 是 X 中的凸集,则 $\forall \alpha, \beta \in Y, \alpha V_1 + \beta V_2$ 也是 X 中的凸集,其中 $\alpha V_1 + \beta V_2 \triangleq \{\alpha x + \beta y \mid x \in V_1, y \in V_2\}$.

证明 首先,若 V 是凸集,则显然 αV 也是凸集.

其次,若 V_1, V_2 是凸集,则 $V = V_1 + V_2$ 也是凸集.

事实上,$\forall x, y \in V$,有 $x = x_1 + x_2, y = y_1 + y_2$,其中 $x_i \in V_i, i = 1, 2$. 于是

$$\lambda x + (1-\lambda) y = \lambda x_1 + (1-\lambda) y_1 + \lambda x_2 + (1-\lambda) y_2 \in V_1 + V_2 = V$$

由以上证明可知,$\alpha V_1 + \beta V_2$ 也是 X 中的凸集.

2) $V_i (i \in I)$ 为 X 中的凸集,则 $\bigcap_{i \in I} V_i$ 也是 X 中的凸集.

3) 设 $\| \cdot \|$ 为线性空间 X 中的拟范数,E 是 X 中的凸集,则 $E_\delta = \{x \mid x \in X$,存在 $y \in E$ 使得 $\| x - y \| < \delta\}$ 也是凸集.

证明 只需证明 $E_\delta = E + o(\theta, \delta)$ 即可. 事实上,$E + o(\theta, \delta) \subset E_\delta$ 是显然的. 又 $\forall z \in E_\delta$,存在 $x \in E$ 使得 $\| z - x \| < \delta$. 令 $y = z - x$,显然 $y \in o(\theta, \delta)$,且

$z = x + y \in E + o(\theta,\delta)$，即 $E + o(\theta,\delta) \subset E_\delta$.

4) 设 X,Y 是线性空间，$T:X \to Y$ 是线性映射，E 是 X 中的凸集，则 $T(E)$ 是 Y 中的凸集.

5) 设 X 是线性空间，$V \subset X$，则 V 是凸集 $\Leftrightarrow$ $\forall \alpha > 0, \beta > 0$，都有 $(\alpha+\beta)V = \alpha V + \beta V$.

证明　充分性. 设 V 是 X 中的凸集，则首先有

$$(\alpha+\beta)V \subset \alpha V + \beta V$$

其次，$\forall y \in \alpha V + \beta V$，都存在 $x_1, x_2 \in V$ 使

$$y = \alpha x_1 + \beta x_2 = (\alpha+\beta)\frac{\alpha x_1 + \beta x_2}{\alpha+\beta} =$$

$$(\alpha+\beta)\left(\frac{\alpha}{\alpha+\beta}x_1 + \frac{\beta}{\alpha+\beta}x_2\right) \in (\alpha+\beta)V$$

于是

$$(\alpha+\beta)V = \alpha V + \beta V$$

必要性. 若 $\forall \alpha > 0, \beta > 0$，都有 $(\alpha+\beta)V = \alpha V + \beta V$，于是对 $\forall x, y \in V, \lambda \in [0,1]$. 当 $\lambda \neq 0, 1$ 时，有 $\lambda > 0, (1-\lambda) > 0$，由

$$\lambda x + (1-\lambda)y \in \lambda V + (1-\lambda)V = (\lambda + (1-\lambda))V$$

知

$$\lambda x + (1-\lambda)y \in V$$

当 $\lambda = 0$ 时

$$\lambda x + (1-\lambda)y = y \in V$$

当 $\lambda = 1$ 时

$$\lambda x + (1-\lambda)y = x \in V$$

从而 V 是 X 中的凸集，证毕！

6) 设 X 是线性赋范空间，S 是 X 中的凸集，则 $\overline{S}$ 也是 X 中的凸集.

证明　$\forall x, y \in \overline{S}$ 都存在 $x_n, y_n \in S, n = 1, 2, \cdots$ 使得

$$x_n \xrightarrow{\|\cdot\|} x, y_n \xrightarrow{\|\cdot\|} y \quad (n \to \infty)$$

从而有：$\forall \lambda, 0 \leqslant \lambda \leqslant 1$，$\lambda x_n \xrightarrow{\|\cdot\|} \lambda x$，$(1-\lambda) y_n \xrightarrow{\|\cdot\|} (1-\lambda) y$. 由 S 为凸集，知

$$\lambda x_n + (1-\lambda) y_n \in S \subset \overline{S}$$

又 $\overline{S}$ 为闭集，从而由

$$\lambda x_n + (1-\lambda) y_n \xrightarrow{\|\cdot\|} \lambda x + (1-\lambda) y$$

知

$$\lambda x + (1-\lambda) y \in \overline{S}$$

所以 $\overline{S}$ 也为凸集.

7) 若 S 为一开集，则其凸壳$[S]$也为开集.

证明 $\forall x \in [S]$，有 $x = \sum_{i=1}^{n} \alpha_i x_i, x_i \in S, \alpha_i \geqslant 0$，且 $\sum_{i=1}^{n} \alpha_i = 1$.

因为 S 为开集，所以存在 x_i 的开球邻域 V_i 使得 $V_i \subset S, i = 1, 2, \cdots, n$.

令 $T = \sum_{i=1}^{n} \alpha_i V_i$，显然 $x \in T \subset [S]$.

由 V_i 为开集易知 $\alpha_i V_i$ 也为开集，从而可得 $\alpha_i V_i + \alpha_j V_j$ 为开集.

事实上，$\forall y \in \alpha_j V_j$，$y + \alpha_i V_i$ 显然为开集，而

$$\alpha_i V_i + \alpha_j V_j = \bigcup_{y \in \alpha_j V_j} (y + \alpha_i V_i)$$

所以 $\alpha_i V_i + \alpha_j V_j$ 为开集，由此 $T = \sum_{i=1}^{n} \alpha_i V_i$ 为开集. 于是 x 是$[S]$的内点，从而$[S]$为开集.

证毕！

以下讨论希尔伯特(Hilbert)空间中的闭凸集，有

关它的一系列结论是最佳逼近问题的基础之一.

定理 1　设 H 是希尔伯特空间,C 是 X 中的闭凸子集,则 C 上存在唯一元素 x_0 取到最小模(即存在 $x_0\in C$ 使 $\|x_0\|=\inf\limits_{x\in C}\|x\|$).

证明　存在性.若零元素 $\theta\in C$,则 $x_0=\theta$.若 $\theta\notin C$,则

$$d \overset{\triangle}{=\!=} \inf_{x\in C}\|x\|>0$$

由下确界定义,$\forall n\in\mathbf{N}$,存在 $x_n\in C$,使得

$$d\leqslant\|x_n\|<d+\frac{1}{n}\quad(n=1,2,\cdots)\tag{1}$$

假设数列$\{x_n\}$有极限 x_0,那么由于 C 是闭集,我们知道 $x_0\in C$,且由上面式(1)知 $\|x_0\|=d$,即 x_0 取到了 C 上元素的最小模.事实上,数列$\{x_n\}$确有极限.

由平行四边形等式知

$$\begin{aligned}&\|x_m-x_n\|^2=\\&2(\|x_m\|^2+\|x_n\|^2)-4\left\|\frac{x_m+x_n}{2}\right\|^2\leqslant\\&2\left[\left(d+\frac{1}{n}\right)^2+\left(d+\frac{1}{m}\right)^2\right]-4d^2\to 0\quad(n,m\to\infty)\end{aligned}$$

所以,$\{x_n\}$是一个基本列,从而有极限.

唯一性.若有 $x_0\in C,\hat{x}_0\in G$ 使得

$$\|x_0\|=\|\hat{x}_0\|=d$$

则有

$$\begin{aligned}\|x_0-\hat{x}_0\|^2=2(\|x_0\|^2+\|\hat{x}_0\|^2)-&\\4\left\|\frac{x_0+\hat{x}_0}{2}\right\|^2\leqslant&\\4d^2-4d^2=0&\end{aligned}$$

从而有 $x_0=\hat{x}_0$,见图 6.

证毕.

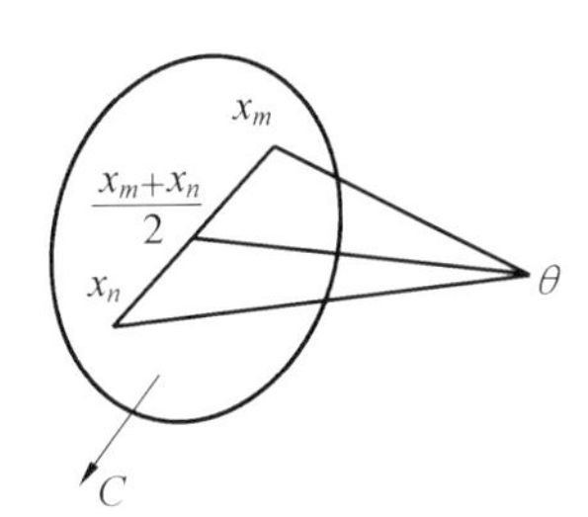

图 6

定理 2(变分引理)　设 M 是内积空间 H 中完备的凸集,$x \in H$. 记 d 为 x 到 M 的距离 $d = d(x, M) = \inf\limits_{y \in M} \| x - y \|$,则必存在唯一的 $x_0 \in M$ 使得 $\| x - x_0 \| = d$. 称 x_0 为 x 在 M 上的最佳逼近元.

证明　由距离定义知:存在 M 中点列 $\{x_n\}$ 使得

$$\lim_{n \to \infty} \| x_n - x \| = d$$

这样的点列称为"极小化"序列. 下面证明 $\{x_n\}$ 是基本列.

由平行四边形等式知

$$2 \left\| \frac{x_m - x_n}{2} \right\|^2 = \| x_m - x \|^2 + \| x_n - x \|^2 - 2 \left\| \frac{x_m + x_n}{2} - x \right\|^2 \qquad (2)$$

因为 M 是凸集,$\frac{x_m + x_n}{2} \in M$,所以

$$\left\| \frac{x_m + x_n}{2} - x \right\| \geqslant d$$

由上面式(2) 得

$$0 \leqslant 2 \left\| \frac{x_m + x_n}{2} \right\|^2 \leqslant \| x_m - x \|^2 + \| x_n - x \|^2 - 2d^2$$

从而有

$$\lim_{m,n\to\infty}\|x_m-x_n\|^2=0$$

所以$\{x_n\}$是基本列.

又因为M是完备的度量空间,所以有$x_0\in M$,且$\lim\limits_{n\to\infty}x_n=x_0$.这时

$$\|x-x_0\|=\lim_{n\to\infty}\|x-x_n\|=d$$

若还有$y_0\in M$,使$\|x-y_0\|=d$,那么点列$\{x_0,y_0,x_0,y_0,\cdots\}$显然也是"极小化"序列,因而是基本列,这说明$x_0=y_0$.即在$M$中存在唯一的$x_0$使$\|x-x_0\|=d$.

证毕.

显然,若定理 2 中的H为希尔伯特空间,则此定理是定理 1 的推论.

事实上,集合

$$M-\{x\}\xlongequal{\triangle}\{y-x\mid y\in M\}$$

显然还是H中的闭凸子集,由定理 1,存在唯一的$z_0\in M-\{x\}$,使得

$$\|z_0\|=\inf_{z\in M-\{x\}}\{\|y\|\}$$

令$x_0=z_0+x$,则$x_0\in M$,且

$$\|x-x_0\|=\inf_{y\in M}\{\|x-y\|\}$$

定理 3　设H是内积空间,C是H中闭凸子集,$\forall y\in H$,为了x_0是y在C上的最佳逼近元,必须且仅须它适合

$$\mathrm{Re}(y-x_0,x_0-x)\geqslant 0\quad(\forall x\in C)\tag{3}$$

证明　对$\forall x\in C$,考察函数

$$\varphi_x(t)=\|y-tx-(1-t)x_0\|^2\quad(t\in[0,1])$$

显然,为了使x_0是y在C上的最佳逼近元,必须且仅

须它适合

$$\varphi_x(t) \geqslant \varphi_x(0) \quad (\forall x \in C, \forall t \in [0,1]) \quad (4)$$

以下我们证明(3)⇔(4).

由于

$$\varphi_x(t) = \| (y - x_0) + t(x_0 - x) \|^2 = \| y - x_0 \|^2 + 2t\mathrm{Re}(y - x_0, x_0 - x) + t^2 \| x_0 - x \|^2$$

故

$$\varphi'_x(0) = 2\mathrm{Re}(y - x_0, x_0 - x)$$

于是

$$(3) \Leftrightarrow \varphi'_x(0) \geqslant 0 \quad (5)$$

又因为

$$\varphi_x(t) - \varphi_x(0) = \varphi'_x(0)t + \| x_0 - x \| t^2$$

所以

$$\varphi'_x(0) \geqslant 0 \Leftrightarrow (4) \quad (6)$$

联合式(5)与(6)可得(3)⇔(4).

证毕.

推论 设 H 是希尔伯特空间，M 是 H 的一个闭线性子流形. $\forall x \in H$，为了使 y 是 x 在 M 上的最佳逼近元，必须且仅须它适合

$$x - y \perp M - N \quad (N = \{w \mid w = z - y, y \in M\})$$

证明 由定理 3 知，为了使 y 是 x 在 M 上的最佳逼近元，必须且仅须

$$\mathrm{Re}(x - y, y - z) \geqslant 0 \quad (\forall z \in M)$$

由于 M 是线性流形，故 $\forall z \in M$，有

$$z = y + w \quad (w \in M - \{y\} = N)$$

注意到 N 是线性子空间，且当 z 取遍 M 中所有值时，w 也取遍 N 中的所有值. 将 $z = y + w$ 代入 $\mathrm{Re}(x - y,$

$y-z)\geqslant 0$ 得

$$\mathrm{Re}(x-y,w)\leqslant 0\quad (\forall w\in N)$$

在上式中用 $-w$ 代替 w，便得

$$\mathrm{Re}(x-y,w)=0\quad (\forall w\in N)$$

进一步，在 $\mathrm{Re}(x-y,w)=0$ 中用 $\mathrm{i}w$ 代替 w，则有

$$(x-y,w)=0\quad (\forall w\in N)$$

于是 $x-y\perp M-N$.

证毕.

注　所谓线性流形是线性空间的子空间对某个向量的平移. 具体定义如下：

设 H 是一个线性空间，$E\subset H$，若存在 $x_0\in H$ 及线性子空间 $E_0\subset H$，使得

$$E=E_0+x_0\overset{\triangle}{=\!=}\{x+x_0\mid x\in E_0\}$$

则称 E 为线性流形.

第27章 闵可夫斯基泛函

定义 设 X 是线性空间，K 是 X 的吸收的凸集，且零点 $\theta \in K$，记 $A_x = \{\alpha \mid \alpha > 0, x \in \alpha K\}$，$\forall x \in X$；记 $P_K(x) = \inf A_x$. 称 $P_K(x)$ 为关于 K 的闵可夫斯基泛函.

显然，$0 \leqslant P_K(x) < +\infty$.

例 1 X 是线性空间，$K = X$，求 $P_K(x)$.

解 $\forall \alpha > 0$，有 $\alpha X = X$，即 $\alpha K = X$. 于是

$$A_x = \{\alpha \mid \alpha > 0, x \in \alpha K\} = \{\alpha \mid \alpha > 0, x \in X\} = \{\alpha \mid \alpha > 0\}$$

从而

$$P_K(x) = \inf A_x = 0$$

即

$$P_K(x) = 0 \quad (\forall x \in X)$$

例 2　X 是线性空间，$K=\{x \mid x\in X, \|x\|\leqslant r\}(r>0)$，求 $P_K(x)$.

解　$\forall x\neq 0$，欲使 $x\in \alpha K$，必须 $\|x\|\leqslant \alpha r$，即 $\alpha\geqslant \frac{\|x\|}{r}$. 因此

$$P_K(x)=\inf A_x\geqslant \frac{\|x\|}{r}$$

又

$$x=\frac{\|x\|}{r}\left(\frac{r}{\|x\|}x\right)\in \frac{\|x\|}{r}K$$

$\left(因\frac{r}{\|x\|}x\in K\right)$故正数$\frac{\|x\|}{r}\in A_x$，于是

$$P_K(x)=\inf A_x\leqslant \frac{\|x\|}{r}$$

综合上述，可得

$$P_K(x)=\frac{\|x\|}{r}\quad (\forall x\neq 0)$$

若 $x=\theta$，则显然有 $P_K(\theta)=0$. 事实上，$\forall \alpha>0$，有 $\theta\in \alpha K$，从而

$$P_K(\theta)=\inf A_\theta=\inf\{\alpha \mid \alpha>0\}=0$$

由以上知

$$P_K(x)=\frac{\|x\|}{r}\quad (\forall x\in X)$$

例 3　如图 1，设 $X=\mathbf{R}^2$，$K=\{u \mid u=(x,y),(x,y)\in \mathbf{R}^2, y\geqslant x^2-1\}$，求 $P_K(g)$.

解　当 $x=\theta$ 时，$P_K(\theta)=0$，这与上例中 $P_K(\theta)=0$ 的证法一致.

$\forall g\neq\theta, g\in\mathbf{R}^2$，联结 θ, g 使得过点 θ, g 的直线与曲线 $y=x^2-1$ 交于点 g'，显然 $g'\neq\theta$.

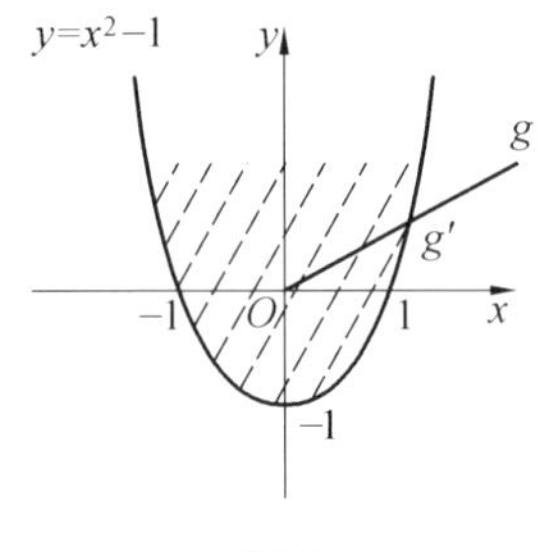

图 1

欲使 $g\in\alpha K$，必须 $\|g\|\leqslant\alpha\|g'\|$，即 $\alpha\geqslant\dfrac{\|g\|}{\|g'\|}$，因此

$$P_K(g)\geqslant\frac{\|g\|}{\|g'\|}$$

又

$$g=\frac{\|g\|}{\|g'\|}\left(\frac{\|g'\|}{\|g\|}g\right)\in\frac{\|g\|}{\|g'\|}K$$

$\left(\text{因为}\dfrac{\|g'\|}{\|g\|}g\in K\right)$，所以正数 $\dfrac{\|g\|}{\|g'\|}\in A_g$，于是

$$P_K(g)=\inf A_g\leqslant\frac{\|g\|}{\|g'\|}$$

综合上述得

$$P_K(g)=\frac{\|g\|}{\|g'\|}$$

从而

$$P_K(g)=\begin{cases}\dfrac{\|g\|}{\|g'\|} & (g\neq 0)\\ 0 & (g=\theta)\end{cases}$$

闵可夫斯基泛函有下列性质：

设 X 是线性空间，K 是 X 中含点 θ 的吸收的凸集，那么：

1) $P_K(x)$ 是次加的，即

$$P_K(x+y) \leqslant P_K(x) + P_K(y)$$

2) $P(\theta)=0$，且 $P_K(x)$ 是正齐的，即

$$P_K(\lambda x) = \lambda P_K(x) \quad (\forall \lambda > 0)$$

3) 若假设 K 还是对称的，则 $P_K(x)$ 是绝对齐的，即

$$P_K(\lambda x) = |\lambda| P_K(x) \quad (\forall \lambda \in \mathbf{R})$$

由上述三条性质可知，若 K 是 X 中对称的、含点 θ 的吸收的凸集，则 $P_K(x)$ 是 X 的一个拟范数.

证明　1) 对于任意给定的 $x, y \in X$，欲证

$$P_K(x+y) \leqslant P_K(x) + P_K(y)$$

事实上，$\forall \alpha \in A_x, \beta \in A_y$，均有

$$x + y \in \alpha K + \beta K = (\alpha+\beta)K$$

(由 K 是凸集可得 $\alpha K + \beta K = (\alpha+\beta)K$)，于是 $\alpha+\beta \in A_{x+y}$，而

$$P_K(x+y) = \inf A_{x+y}$$

所以有

$$P_K(x+y) \leqslant \alpha + \beta$$

又由 α, β 的任意性可知

$$P_K(x+y) \leqslant P_K(x) + P_K(y)$$

2) 一方面，因为 $\theta \in K$，所以 $\forall \alpha > 0$，均有 $\theta \in \alpha K$，从而

$$P_K(\theta) = \inf\{\alpha \mid \alpha > 0\} = 0$$

对于任意给定的 $x \in X$，欲证

$$P_K(\lambda x) = \lambda P_K(x) \quad (\forall \lambda > 0)$$

事实上，$\forall \alpha \in A_{\lambda x}$，有 $\lambda x \in \alpha K$，于是 $x \in \frac{\alpha}{\lambda} K$，从而 $P_K(x) \leqslant \frac{\alpha}{\lambda}$，亦即

$$\alpha \geqslant \lambda P_K \quad (\forall \lambda > 0)$$

由 α 的任意性知

$$P_K(\lambda x) \geqslant \lambda P_K(x)$$

另一方面，$\forall \beta \in A_x$，有 $x \in \beta K$，于是 $\lambda x \in \lambda\beta K$，从而

$$P_K(\lambda x) \leqslant \lambda\beta$$

又由 β 的任意性知

$$P_K(\lambda x) \leqslant \lambda P_K(x)$$

综合上述得

$$P_K(\lambda x) = \lambda P_K(x) \quad (\forall x \in X, \lambda > 0)$$

3) 对于任意给定的 $x \in X$，欲证

$$P_K(\lambda x) = |\lambda| P_K(x) \quad (\forall \lambda \in \mathbf{R})$$

事实上，$\forall \alpha \in A_x$，有 $x \in \alpha K$，于是有 $\frac{x}{\alpha} \in K$. 由于 K 对称，故 $-\frac{1}{\alpha}x \subset K$. 从而 $\forall \lambda \in \mathbf{R}, \lambda \neq 0$，有 $\frac{\lambda x}{|\lambda|\alpha} \in K$，即 $\lambda x \in |\lambda|\alpha K$，于是 $P_K(\lambda x) \leqslant |\lambda|\alpha$. 又由 α 的任意性知

$$P_K(\lambda x) \leqslant |\lambda| P_K(x).$$

另外，$\forall \beta \in A_{\lambda x}$，有 $\lambda x \in \beta K$，由 K 是对称集还知 $-\lambda x \in \beta K$，从而有 $|\lambda| x \in \beta K$. 于是有 $x \in \frac{\beta}{|\lambda|}K$，即 $P_K(x) \leqslant \frac{\beta}{|\lambda|}$，即 $\beta \geqslant |\lambda| P_K(x)$. 由 β 的任意性知

$$P_K(\lambda x) \geqslant |\lambda| P_K(x)$$

综合上述得

$$P_K(\lambda x) = |\lambda| P_K(x) \quad (\forall \lambda \in \mathbf{R}, \lambda \neq 0)$$

当 $\lambda = 0$ 时

$$P_K(\lambda x)=0\mid\lambda\mid P_K(x)=0$$

从而

$$P_K(\lambda x)=\mid\lambda\mid P_K(x)\quad(\lambda=0)$$

于是

$$P_K(\lambda x)=\mid\lambda\mid P_K(x)\quad(\forall\lambda\in\mathbf{R})$$

证毕.

定理 1　设 X 是线性空间，K 是 X 中含点 θ 的吸收的凸集，$P_K(x)$ 是关于 K 的闵可夫斯基泛函，则：

1) $x\in K\Rightarrow P_K(x)\leqslant 1$；

2) $P_K(x)<1\Rightarrow x\in K$.

证明　1) 因为 $x\in K$，即 $x\in 1\cdot K$，所以有 $P_K(x)\leqslant 1$.

2) 若 $P_K(x)<1$，则必存在 α，$0<\alpha<1$，且 $x\in\alpha K$，即 $\frac{1}{\alpha}x\in K$. 又由 K 是凸集，故

$$\alpha\left(\frac{1}{\alpha}x\right)+(1-\alpha)\cdot\theta\in K$$

即 $x\in K$. 证毕.

注意：$P_K(x)=1$ 推不出 $x\in K$.

例如：设 X 是线性空间，$K=o(\theta,1)=\{x\mid x\in X,\|x\|<1\}$，即 x_0 使 $\|x_0\|=1$，则有 $P_K(x_0)=1$，但 $x_0\notin K$.

定理 2　设 $(X,\|\cdot\|)$ 是赋范线性空间，K 是 X 中的凸集，$\theta\in K$（θ 是 K 的内点），则关于 K 的闵可夫斯基泛函 $P_K(x)$ 是连续的.

证明　首先 $P_K(x)$ 是有界泛函，即存在 $\delta>0$ 使 $\forall x\in X$，$x\neq\theta$，皆有 $P_K(x)\leqslant\frac{1}{\delta}\|x\|$ $\left(P_K(\theta)=0=\frac{\|\theta\|}{\delta}\text{ 显然}\right)$.

事实上，$\theta \in \mathring{K}$，故存在 $\delta > 0$ 使

$$S(\theta,\delta) \subset K(S(\theta,\delta) = \{x \mid \| x \| \leqslant \delta, x \in X\})$$

于是 $\forall x \in X, x \neq \theta$，均有

$$\frac{\delta x}{\| x \|} \in S(\theta,\delta) \subset K$$

由定理 1 知

$$P_K\left(\frac{\delta x}{\| x \|}\right) = \frac{\delta}{\| x \|} P_K(x) \leqslant 1$$

即

$$P_K(x) \leqslant \frac{\| x \|}{\delta}$$

从而

$$P_K(x) \leqslant \frac{\| x \|}{\delta} \quad (\forall x \in X)$$

其次，$\forall x_0 \in X$，有

$$P_K(x) - P_K(x_0) \leqslant P_K(x - x_0) \leqslant \frac{\| x - x_0 \|}{\delta}$$

同样也有

$$P_K(x_0) - P_K(x) \leqslant P_K(x_0 - x) \leqslant \frac{\| x_0 - x \|}{\delta} = \frac{\| x - x_0 \|}{\delta}$$

故有

$$| P_K(x) - P_K(x_0) | \leqslant \frac{\| x - x_0 \|}{\delta}$$

所以 $P_K(x)$ 是连续的.

证毕.

定理 3 设$(X, \| \cdot \|)$是赋范线性空间，K 是 X 中凸集，$\theta \in \mathring{K}$，$P_K(x)$ 是关于 K 的闵可夫斯基泛函，则：

1) $\overline{K}=\{x \mid P_K(x)\leqslant 1, x\in X\}$;

2) $\mathring{K}=\{x \mid P_K(x)<1, x\in X\}$.

证明　1) 记

$$K_2=\{x \mid P_K(x)\leqslant 1, x\in X\}$$

首先有 $\overline{K}\subset K_2$，事实上，$\forall x_0\in\overline{K}$，都存在 $x_n\in K$，$n=1,2,\cdots$，使得 $x_n\to x_0\ (n\to+\infty)$. 由定理 2 知 $P_K(x)$ 是连续的，故

$$P_K(x_n)\to P_K(x_0)\quad (n\to+\infty)$$

又由定理 1 知 $P_K(x_n)\leqslant 1$，从而 $P_K(x_0)\leqslant 1$，于是 $x_0\in K_2$. 所以有 $\overline{K}\subset K_2$.

反之又有 $\overline{K}\supset K_2$. 因为 $\forall x'_0\in K_2$，取 $x_n=\left(1-\dfrac{1}{n}\right)x'_0$，$n=1,2,\cdots$，显然有 $x_n\to x'_0(n\to+\infty)$.

由 $P_K(x'_0)\leqslant 1$ 知

$$P_K(x_n)=\left(1-\frac{1}{n}\right)P_K(x'_0)<1$$

于是

$$x_n\in K\quad (n=1,2,\cdots)$$

从而 $x'_0\in\overline{K}$，即 $\overline{K}\supset K_2$.

由以上证明即得 $\overline{K}=K_2$，即

$$\overline{K}=\{x \mid P_K(x)\leqslant 1, x\in X\}$$

2) 记

$$K_1=\{x \mid P_K(x)<1, x\in X\}$$

先证 $\mathring{K}\subset K_1$. 事实上，$\forall x\in\mathring{K}$，都存在 δ，$0<\delta<1$，使得 $\dfrac{x}{1-\delta}\in K$，即 $x\in(1-\delta)K$，于是

$$P_K(x)\leqslant 1-\delta<1$$

从而 $x \in K_1$. 因此 $\mathring{K} \subset K_1$.

再证 $\mathring{K} \supset K_1$. 事实上, $\forall x_0 \in K_1$, 有 $P_K(x_0) < 1$, 记 $P_K(x_0) = \alpha$. 因为 $P_K(x)$ 在 x_0 是连续的, 所以对于 $1-\alpha > 0$, 必存在 $\delta > 0$, 使得只要 $\| x - x_0 \| < \delta$, 就有

$$| P_K(x) - P_K(x_0) | < 1 - \alpha$$

从而 $P_K(x) < 1, x \in K$. 于是对 $\forall x_0 \in K_1$, 有 $o(x_0, \delta) \subset K$, 所以 $x_0 \in \mathring{K}$, 即 $\mathring{K} \supset K_1$.

综合上述可得 $\mathring{K} = K_1$, 即

$$\mathring{K} = \{x \mid P_K(x) < 1, x \in X\}$$

证毕.

推论 设 X 是线性赋范空间, K 是 X 中含内点的凸集, 则 $\overline{\mathring{K}} = \overline{K}$.

证明 不妨设内点就是 θ(否则可作一平移变换使内点变为 θ).

首先, 由 $\mathring{K} \subset K$ 知 $\overline{\mathring{K}} \subset \overline{K}$.

其次, 有 $\overline{\mathring{K}} \supset \overline{K}$. 事实上, $\forall x \in \overline{K}$, 有 $P_K(x) \leqslant 1$. 若 $P_K(x) < 1$, 则 $x \in \mathring{K} \subset \overline{\mathring{K}}$.

若 $P_K(x) = 1$, 令 $x_n = \left(1 - \frac{1}{n}\right) x, n = 1, 2, \cdots$, 因为

$$P_K(x_n) = \left(1 - \frac{1}{n}\right) P_K(x) < 1$$

所以 $x_n \in \mathring{K}$, 而 $x_n \to x (n \to +\infty)$, 故 $x \in \overline{\mathring{K}}$.

由上述证明可知 $\overline{\mathring{K}}=\overline{K}$.

证毕.

注　若把定理 2 和定理 3 中的条件"$(X,\|\cdot\|)$是赋范线性空间"换成"$(X,\|\cdot\|)$是(F^*)空间",定理的结论仍然成立.

(F^*)空间的定义请见第 28 章的定义 2.

闵可夫斯基泛函的一个应用
——非零连续线性泛函的存在性

第28章

定义 1 （(B^*) 空间与 (B) 空间）称线性赋范空间 $(X, \|\cdot\|)$ 为 (B^*) 空间，称巴拿赫空间为 (B) 空间.

定义 2 （(F^*) 空间与 (F) 空间）设 X 是数域 Y 上的线性空间，$\|\cdot\|: X \to \mathbf{R}$ 是定义在 X 上的实函数，且满足：

1) $\|x\| = 0 \Leftrightarrow x = 0$；$\|x\| \geqslant 0$，$\forall x \in X$；

2) $\|x + y\| \leqslant \|x\| + \|y\|$，$\forall x, y \in X$；

3) $\|-x\| = \|x\|$，$\forall x \in X$；

4) $\lim\limits_{\alpha_n \to 0} \|\alpha_n x\| = 0$，$\forall x \in X$；$\lim\limits_{\|x_n\| \to 0} \|\alpha x_n\| = 0$，$\forall \alpha \in Y$.

则称 $\|\cdot\|$ 为 X 上的一个准范数，称 $(X, \|\cdot\|)$ 为准赋范线性空间.

称准赋范线性空间为(F^*)空间,称完备的(F^*)空间为(F)空间.

例1　设$X=\{x\mid x=(\xi_1,\xi_2,\cdots,\xi_n,\cdots),\xi_n\in\mathbf{R}\}$,记$\|x\|=\sum_{n=1}^{\infty}\frac{1}{2^n}\frac{|\xi_n|}{1+|\xi_n|}$,则$\|\cdot\|$为$X$上的一个准范数,$(X,\|\cdot\|)$为$(F)$空间.

证明　首先,由上述定义易知:

1) $\|x\|=0\Leftrightarrow x=0$;$\|x\|\geqslant 0,\forall x\in X$;

3) $\|-x\|=\|x\|,\forall x\in X$.

其次,来证情形2)成立.

$\forall x,y\in X$,有

$$x=(\xi_1,\xi_2,\cdots,\xi_n,\cdots)\quad(\xi_n\in\mathbf{R})$$

$$y=(\eta_1,\eta_2,\cdots,\eta_n,\cdots)\quad(\eta_n\in\mathbf{R})$$

欲使

$$\|x+y\|\leqslant\|x\|+\|y\|$$

即

$$\sum_{n=1}^{\infty}\frac{1}{2^n}\frac{|\xi_n+\eta_n|}{1+|\xi_n+\eta_n|}\leqslant$$

$$\sum_{n=1}^{\infty}\frac{1}{2^n}\frac{|\xi_n|}{1+|\xi_n|}+\sum_{n=1}^{\infty}\frac{1}{2^n}\frac{|\eta_n|}{1+|\eta_n|}$$

只要

$$\frac{|\xi_n+\eta_n|}{1+|\xi_n+\eta_n|}\leqslant\frac{|\xi_n|}{1+|\xi_n|}+\frac{|\eta_n|}{1+|\eta_n|}\quad(\forall n=1,2,\cdots)\tag{7}$$

而欲使式(7)成立,只要

$$\frac{|\xi_n+\eta_n|}{1+|\xi_n+\eta_n|}\leqslant\frac{|\xi_n|+|\eta_n|}{1+|\xi_n|+|\eta_n|}\quad(\forall n=1,2,\cdots)\tag{8}$$

由此,欲证$\|x+y\|\leqslant\|x\|+\|y\|$,只要证明式

(8) 成立即可. 事实上,令 $\varphi(u)=\dfrac{u}{1+u}$,由于

$$\varphi'(u)=\frac{1+u-u}{(1-u)^2}=\frac{1}{(1+u)^2}>0$$

所以 $\varphi(u)$ 为严格单增函数,从而由

$$|\xi_n+\eta_n|\leqslant|\xi_n|+|\eta_n|$$

知式(8) 显然成立,于是 $\|x+y\|\leqslant\|x\|+\|y\|$,即情形 2) 成立.

再次,来证 4) 成立.

先证

$$\lim_{\|x_n\|\to 0}\|\alpha x_n\|=0\quad(\forall\alpha\in Y)$$

事实上,$\forall\alpha\in Y$,由

$$\frac{\alpha\beta}{1+\alpha\beta}\leqslant\begin{cases}\alpha\dfrac{\beta}{1+\beta} & (\alpha\geqslant 1,\beta>0)\\ \dfrac{\beta}{1+\beta} & (\alpha<0,\beta>0)\end{cases}$$

知

$$\|\alpha x_n\|\leqslant\max\{|\alpha|,1\}\|x_n\|$$

又由

$$\lim_{n\to\infty}\|x_n\|=0$$

知 $\lim\limits_{\|x_n\|\to 0}\|\alpha x_n\|=0,\forall\alpha\in Y$.

再证 $\lim\limits_{\alpha_n\to 0}\|\alpha_n x\|=0,\forall x\in X$. 事实上

$$\|\alpha_n x\|=\sum_{i=1}^{\infty}\frac{1}{2^i}\frac{|\alpha_n x_i|}{1+|\alpha_n x_i|}=$$

$$\sum_{i=1}^{m_1}\frac{1}{2^i}\frac{|\alpha_n x_i|}{(1+|\alpha_n x_i|)}+$$

$$\sum_{i=m_1+1}^{\infty}\frac{1}{2^i}\frac{|\alpha_n x_i|}{1+|\alpha_n x_i|}\quad(\forall x\in X)$$

这里,m_1 可为任一正整数.

对于 $\forall \varepsilon > 0$,由 $\sum_{i=1}^{\infty} \frac{1}{2^i}$ 收敛知:存在正整数 m_0,使得

$$\sum_{i=m_0+1}^{\infty} \frac{1}{2^i} < \frac{\varepsilon}{2}$$

从而

$$\sum_{i=m_0+1}^{\infty} \frac{1}{2^i} \frac{|\alpha_n x_i|}{1+|\alpha_n x_i|} < \frac{\varepsilon}{2}$$

而对上述 ε 和 m_0,又由 $\lim\limits_{n\to\infty} \alpha_n = 0$ 知,必存在正整数 N,使得当 $n > N$ 时,有

$$|\alpha_n| \max\{|x_1|, |x_2|, \cdots, |x_{m_0}|\} \sum_{i=1}^{m_0} \frac{1}{2^i} < \frac{\varepsilon}{2}$$

于是对 $\forall \varepsilon > 0$,存在正整数 N,使得当 $n > N$ 时,有

$$\begin{aligned}\|\alpha_n x\| &= \sum_{i=1}^{\infty} \frac{1}{2^i} \frac{|\alpha_n x_i|}{1+|\alpha_n x_i|} = \\ &\sum_{i=1}^{m_0} \frac{1}{2^i} \frac{|\alpha_n x_i|}{1+|\alpha_n x_i|} + \\ &\sum_{i=m_0+1}^{\infty} \frac{1}{2^i} \frac{|\alpha_n x_i|}{1+|\alpha_n x_i|} \leqslant \\ &\sum_{i=1}^{m_0} \frac{1}{2^i} |\alpha_n x_i| + \sum_{i=m_0+1}^{\infty} \frac{1}{2^i} < \\ &\frac{\varepsilon}{2} + \frac{\varepsilon}{2} = \varepsilon\end{aligned}$$

从而

$$\lim_{\alpha_n \to 0} \|\alpha_n x\| = 0 \quad (\forall x \in X)$$

至此,$\|\cdot\|$ 为 X 上的一个准范数已经证明,以下我们只要证明这个空间是完备的就可以了.

设$\{x^{(m)}\}$是$(X, \|\cdot\|)$中的柯西列，则

$$\|x^{(m+p)}-x^{(m)}\| \to 0 \quad (m\to\infty)$$

且对$P\in\mathbf{N}$是一致收敛的，$\mathbf{N}$是自然数集.

于是对任意给定的n_0，有

$$|x_{n_0}^{(m+p)}-x_{n_0}^{(m)}| \to 0 \quad (m\to\infty)$$

对$P\in\mathbf{N}$一致收敛. 从而$\{x_{n_0}^{(m)}\}$是柯西列，于是存在$x_{n_0}^{*}\in\mathbf{R}$使得$x_{n_0}^{(m)}\to x_{n_0}^{*}(m\to\infty)$.

记$x^{*}=(x_1^{*},x_2^{*},\cdots,x_n^{*},\cdots)$，我们来证

$$x^{(m)} \xrightarrow{\|\cdot\|} x^{*} \quad (m\to\infty)$$

事实上，$\forall\varepsilon>0$，由$\sum\limits_{i=1}^{\infty}\frac{1}{2^i}$收敛知，存在$N$，使

$$\sum_{i=N+1}^{\infty}\frac{1}{2^i}<\frac{\varepsilon}{2}$$

而对这个N和上述ε，又存在M使得$m>M$时有

$$|x_i^{(m)}-x_i^{*}|<\frac{\varepsilon}{2} \quad (i=1,2,\cdots,N)$$

于是，$\forall\varepsilon>0$，存在M，当$m>M$时有

$$\begin{aligned}\|x^{(m)}-x^{*}\| &= \sum_{i=1}^{\infty}\frac{1}{2^i}\cdot\frac{|x_i^{(m)}-x_i^{*}|}{1+|x_i^{(m)}-x_i^{*}|}=\\ &\sum_{i=1}^{N}\frac{1}{2^i}\cdot\frac{|x_i^{(m)}-x_i^{*}|}{1+|x_i^{(m)}-x_i^{*}|}+\\ &\sum_{i=N+1}^{\infty}\frac{1}{2^i}\frac{|x_i^{(m)}-x_i^{*}|}{1+|x_i^{(m)}-x_i^{*}|}\leqslant\\ &\sum_{i=1}^{N}\frac{1}{2^i}|x_i^{(m)}-x_i^{*}|+\sum_{i=N+1}^{\infty}\frac{1}{2^i}<\\ &\frac{\varepsilon}{2}+\frac{\varepsilon}{2}=\varepsilon\end{aligned}$$

这样，我们就证明了空间$(X, \|\cdot\|)$是完备的，从而$(X, \|\cdot\|)$是(F)空间. 但显然它不是(B^{*})空

间,因为 $\|\cdot\|$ 不满足 $\|\alpha x\|=|\alpha|\cdot\|x\|,\forall x\in X,a\in Y$.

定义 3　((B_0^*)空间与(B_0)空间)设 X 是数域 Y 上的线性空间,$\|\cdot\|:X\to\mathbf{R}$ 满足:

1) $\|x\|\geqslant 0,x\in X;\|\theta\|=0$;

2) $\|x+y\|\leqslant\|x\|+\|y\|,\forall x,y\in X$;

3) $\|\alpha x\|=|\alpha|\ \|x\|,\forall\alpha\in Y,x\in X$.

则称 $\|\cdot\|$ 为定义在 X 上的一个拟范数.

又设 $\|\cdot\|_n,n=1,2,\cdots$ 是 X 上的一列拟范数,令

$$\|x\|=\sum_{n=1}^{\infty}\frac{1}{2^n}\ \frac{\|x\|_n}{1+\|x\|_n}$$

则易证 $\|\cdot\|$ 是 X 上的一个准范数,若由 $\|x\|_n=0$, $n=1,2,\cdots\Rightarrow x=\theta$. 称以上定义的准范数为($B_0$)型准范数,称此时的空间($X,\|\cdot\|$)为($B_0^*$)空间,称完备的($B_0^*$)空间为($B_0$)空间.

在例 1 中,令 $\|x\|_n=|x_n|,x=(x_1,x_2,\cdots,x_n,\cdots)$,则易知 $\|\cdot\|_n$ 为 X 中一列拟范数,且由 $\|x\|_n=0,n=1,2,\cdots\Rightarrow x=\theta$,故

$$\|x\|=\sum_{n=1}^{\infty}\frac{1}{2^n}\ \frac{|x_n|}{1+|x_n|}=\sum_{n=1}^{\infty}\frac{\|x\|_n}{1+\|x\|_n}$$

是 X 上的(B_0)型准范数,从而($X,\|\cdot\|$)是(B_0^*)空间,又它是完备的,从而它是(B_0)空间.

下面讨论(B^*),(B_0^*),(F^*)三类空间之间的关系.

定义 4　设 $\|\cdot\|_1$ 与 $\|\cdot\|_2$ 是 X 上的两个拟范数(或准范数),称 $\|\cdot\|_2$ 比 $\|\cdot\|_1$ 强是指由 $\|x_n\|_2\to 0(n\to\infty)$ 能推出 $\|x_n\|_1\to 0(n\to\infty)$. 称 $\|\cdot\|_1$ 与 $\|\cdot\|_2$ 等价是指 $\|\cdot\|_1$ 比 $\|\cdot\|_2$ 强,同

时 $\|\cdot\|_2$ 也比 $\|\cdot\|_1$ 强.

定理 1 1) 设 $\|\cdot\|'$ 是 X 中拟范数, $\|x\| = \sum_{n=1}^{\infty} \frac{1}{2^n} \frac{\|x\|_n}{1+\|x\|_n}$ 是(B_0)型准范数, 则 $\|\cdot\|$ 比 $\|\cdot\|'$ 强 $\Leftrightarrow$ 存在正整数 n 及常数 C 使 $\|x\|' \leqslant C\|x\|_n, x \in X$,(即存在拟范数 $\|\cdot\|_n$ 比 $\|\cdot\|'$ 强)这里 $C > 0$.

2) 设 $\|x\|'' = \sum_{n=1}^{\infty} \frac{1}{2^n} \frac{\|x\|''_n}{1+\|x\|''_n}$ 与 $\|x\| = \sum_{n=1}^{\infty} \frac{1}{2^n} \frac{\|x\|_n}{1+\|x\|_n}$ 是两个(B_0)型准范数,则 $\|\cdot\|$ 比 $\|\cdot\|''$强 $\Leftrightarrow \forall$ 自然数K,存在自然数n_K及常数$C_K > 0$,使 $\|x\|''_K \leqslant C_K\|x\|_{n_K}, x \in X, K=1,2,\cdots$.

3) 设 $\|\cdot\|'''$ 与 $\|\cdot\|'$ 是两个拟范数,则二者等价 $\Leftrightarrow$ 存在常数 $C_1 > 0$ 和 $C_2 > 0$ 使

$$C_1\|x\|''' \leqslant \|x\|' \leqslant C_2\|x\|''' \quad (\forall x \in X)$$

证明 先证情形 1) 成立.

必要性. 若存在正整数 n 及常数 $C > 0$ 使得 $\|x\|' \leqslant C\|x\|_n, x \in X$,则由 $\|x_K\|_n \to 0 (K \to \infty)$ 易知 $\|x_K\|' \to 0 (K \to \infty)$, 于是由 $\|x_K\| \to 0 (K \to \infty)$,我们可得到 $\|x_K\|_n \to 0 (K \to \infty)$,从而 $\|x_K\|' \to 0 (K \to \infty)$,即 $\|\cdot\|$ 比 $\|\cdot\|'$ 强.

充分性. 若 $\|\cdot\|$ 比 $\|\cdot\|'$强,但不存在自然数 n 及常数$C > 0$ 使 $\|x\|' \leqslant C\|x\|_n, x \in X$,则对每个自然数 K 都必有一个 $x_K \in X$ 使 $\|x_K\| \geqslant R\|x_K\|_K$,令 $y_K = \frac{x_K}{\sqrt{R}\|x_K\|_K}$ 不妨设

$$\|x\|_1 \leqslant \|x\|_2 \leqslant \cdots \leqslant \|x\|_n \leqslant \cdots \quad (x \in X)$$

否则令

$$\| x \|_n^* = \sup_{1 \leqslant p \leqslant n} \| x \|_p$$

则有

$$\| x \|_1^* \leqslant \| x \|_2^* \leqslant \cdots \leqslant \| x \|_n^* \leqslant \cdots$$

且

$$\| x \|^* = \sum_{n=1}^{\infty} \frac{1}{2^n} \frac{\| x \|_n^*}{1 + \| x \|_n^*}$$

与

$$\| x \| = \sum_{n=1}^{\infty} \frac{1}{2^n} \frac{\| x \|_n}{1 + \| x \|_n}$$

等价.

一方面,当 $K \geqslant n$ 时,有

$$\| y_K \|_n = \frac{\| x_K \|_n}{\sqrt{R} \| x_K \|_K} \leqslant \frac{1}{\sqrt{K}}$$

从而有

$$\| y_K \| = \sum_{n=1}^{\infty} \frac{1}{2^n} \frac{\| y_K \|_n}{1 + \| y_K \|_n} =$$

$$\sum_{n=1}^{K} \frac{1}{2^n} \frac{\| y_K \|_n}{1 + \| y_K \|_n} +$$

$$\sum_{n=K+1}^{\infty} \frac{1}{2^n} \frac{\| y_K \|_n}{1 + \| y_K \|_n} \leqslant$$

$$\left(\sum_{n=1}^{K} \frac{1}{2^n} \right) \frac{1}{\sqrt{K}} + \sum_{n=K+1}^{\infty} \frac{1}{2^n} \to 0 \quad (K \to \infty)$$

即

$$\| y_K \| \to 0 \quad (K \to \infty)$$

另一方面

$$\| y_K \|' = \frac{\| x_K \|'}{\sqrt{K} \| x_K \|_K} \geqslant \frac{K \| x_K \|_K}{\sqrt{K} \| x_K \|_K} =$$

$$\sqrt{K} \to 0 \quad (K \to \infty)$$

与前 $\| y_K \| \to 0 (K \to \infty)$ 比较知 $\| \cdot \|$ 不比 $\| \cdot \|'$

强,故与假设矛盾.

情形1)证毕.

至于2),3)都是1)的推论,证明略.

在拟范数或准范数等价的意义下,有以下结论

$$(B^*) \not\rightleftarrows (B_0^*) \not\rightleftarrows (F^*)$$

首先,$(B^*) \rightarrow (B_0^*)$.

若 $\|\cdot\|$ 是 X 上的范数,令 $\|x\|'_n = \|x\|$,则

$$\|x\|' = \sum_{n=1}^{\infty} \frac{1}{2^n} \frac{\|x\|'_n}{1+\|x\|'_n}$$

是 X 上的(B_0)型准范数,且 $\|\cdot\|'$ 与 $\|\cdot\|$ 等价.

$(B_0^*) \rightarrow (F^*)$,这是显然的,因为$(B_0)$型准范数一定是准范数.

其次,$(B_0^*) \nrightarrow (B^*)$.

例2 设 $X=C(-\infty,+\infty)$,令

$$\|x\|_n = \max_{-n\leqslant t\leqslant n} |x(t)|, n=1,2,\cdots$$

记

$$\|x\| = \sum_{n=1}^{\infty} \frac{1}{2^n} \frac{\|x\|_n}{1+\|x\|_n}$$

则 $\|\cdot\|$ 为 X 上的(B_0)型准范数.

事实上,易证 $\|\cdot\|_n, n=1,2,\cdots$ 是 X 上的一列拟范数,且由 $\|x\|_n=0, n=1,2,\cdots$,可推出 $x=\theta$.

于是,$(X,\|\cdot\|)$为(B_0^*)空间.但我们还可证明,在 X 上再赋一个与 $\|\cdot\|$ 等价的范数 $\|\cdot\|'$ 是不可能的.

事实上,若存在与准范数 $\|\cdot\|$ 等价的范数 $\|\cdot\|'$,显然 $\|\cdot\|'$ 也是拟范数,则存在自然数 n_0 及常数 $C>0$ 使得

$$\|x\|' \leqslant C\|x\|_{n_0} \quad (\forall x \in X)$$

取一点 $x_0 \in C(-\infty, +\infty)$，使 $\| x_0 \|_{n_0} = 0$，但 $x_0 \neq 0$，由

$$\| x \|' \leqslant C \| x \|_{n_0} \quad (\forall x \in X)$$

知 $\| x_0 \|' = 0$，但 $\| \cdot \|'$ 是范数，于是有 $x_0 = \theta$，这与上面 x_0 的取法矛盾. 故假设错误，从而我们证明了 $(B_0^*) \nrightarrow (B^*)$.

至于 $(F^*) \nrightarrow (B_0^*)$，则由以下定理 4 和例 3 不难看出.

定理2　（哈恩—巴拿赫定理）设 X 是实（或复）数域上的线性空间，$p(x)$ 是 X 上的拟范数，X_0 是 X 的线性子空间，f_0 是 X_0 上的线性泛函且满足：$| f_0(x) | \leqslant p(x), \forall x \in X_0$ 则必存在 X 上的线性泛函 $f(x)$，满足：

1）$| f(x) | \leqslant p(x), \forall x \in X$；

2）$f(x) = f_0(x), \forall x \in X_0$.

证明　略.

定理3　设 X 是数域 Y 上的 (F^*) 空间，$X \neq \{\theta\}$，则 X 上有非零连续线性泛函 $f \Leftrightarrow X$ 中存在不空，对称，开、凸的真子集.

证明　充分性. 设 $f(x)$ 是 X 上的非零连续线性泛函，令

$$A \overset{\triangle}{=\!=} \{x \mid x \in X, | f(x) | < 1\}$$

则可以证明 A 就是 X 中不空，对称，开、凸的真子集.

1）$A \neq \varnothing$. 因 $f(\theta) = 0$，所以 $\theta \in A$.

2）A 是对称的. 因 $\forall x \in A$ 有 $| f(x) | < 1$，而

$$| f(-x) | = | -f(x) | = | f(x) | < 1$$

所以 $-x \in A$.

3）A 是开集. 因 $\forall x_0 \in A$，$f(x)$ 在 x_0 连续，于是

对

$$\varepsilon = 1 - |f(x_0)| > 0$$

必存在 $\delta > 0$,使得当 $\|x - x_0\| < \delta$ 时,有

$$|f(x) - f(x_0)| < \varepsilon$$

于是

$$|f(x)| < |f(x_0)| + \varepsilon = |f(x_0)| + 1 - |f(x_0)| = 1$$

从而 $x \in A$. 于是 x_0 为内点,由 x_0 的任意性知 A 为开集.

4)A 为凸集. $\forall x, y \in A, 0 \leqslant \lambda \leqslant 1$,有

$$\begin{aligned} &|f(\lambda x + (1-\lambda)y)| = \\ &|\lambda f(x) + (1-\lambda)f(y)| \leqslant \\ &|\lambda f(x)| + |(1-\lambda)f(y)| < \\ &\lambda + (1-\lambda) = 1 \end{aligned}$$

从而

$$\lambda x + (1-\lambda)y \in A$$

即 A 为凸集.

5)A 为真子集. 事实上,$f(x)$ 不恒为 0,于是存在 $x_0 \in X$ 使 $f(x_0) \neq 0$,取

$$x = \frac{2x_0}{f(x_0)} \in X$$

有

$$f(x) = \frac{2f(x_0)}{f(x_0)} = 2$$

故 $x \notin A$.

必要性. 设 A 是 X 中不空,对称,开、凸的真子集,则 $\theta \in A$,且 θ 是 A 的内点,当然 A 是吸收集.

事实上,A 不空,则必存在 $x_0 \in A$,又 A 对称,故 $-x_0 \in A$,而 A 凸,所以

$$\theta=\frac{1}{2}x_0+\left(1-\frac{1}{2}\right)(-x_0)\in A$$

A 还为开集，于是 θ 是其内点，从而 A 还为吸收集.

考虑关于 A 的闵可夫斯基泛函 $p_A(x)$，则：

（ⅰ）$p_A(x)$ 不恒为0. 事实上，A 是 X 的真子集，故存在 $x_0\in X-A$，有 $p_A(x_0)\geqslant 1$.

（ⅱ）$p_A(x)$ 是连续的. 因 $\theta\in\mathring{A}$，由第27章的定理2可知.

（ⅲ）$p_A(x)$ 是 X 上的拟范数. 因为 A 对称，由闵可夫斯基泛函的性质3）可得.

取 $x_0\in X$，使 $p_A(x_0)\neq 0$，记 X_0 为由 x_0 张成的线性子空间，即

$$X_0=\{\lambda x_0\mid\lambda\in Y\}$$

令 $f_1(x)\triangleq\lambda p_A(x_0)$，$x\in X_0$，$x=\lambda x_0$，则 $f_1(x)$ 是 X_0 上的非零线性连续泛函.

事实上，$\forall x,y\in X_0$，有 $x=\lambda x_0$，$y=\mu x_0$，对 $\forall\alpha,\beta\in Y$，有

$$\begin{aligned}&f_1(\alpha x+\beta y)=f((\alpha\lambda+\beta\mu)x_0)=\\&(\alpha\lambda+\beta\mu)P_A(x_0)=\alpha\lambda P_A(x_0)+\beta\mu P_A(x_0)=\\&\alpha P_A(\lambda x_0)+\beta P_A(\mu x_0)=\alpha f_1(x)+\beta f_1(y)\end{aligned}$$

从而 $f_1(x)$ 是线性的.

$f_1(x)$ 的非零性显然.

以下只需证 $f_1(x)$ 是连续的即可.

事实上，$\forall x\in X_0$，$x=\lambda x_0$，有

$$f_1(x)=\lambda P_A(x_0)\leqslant|\lambda|P_A(x_0)=P_A(x)$$

而

$$-f_1(x)=f_1(-x)\leqslant P_A(-x)=P_A(x)$$

所以有

$$|f_1(x)|\leqslant P_A(x)$$

于是 $\forall \bar{x}\in X_0$，有

$$|f_1(x)-f_1(\bar{x})|=|f_1(x-\bar{x})|\leqslant$$
$$P_A(x-\bar{x})\to 0\quad(x\to\bar{x})$$

从而由 $P_A(x)$ 的连续性知 $f_1(x)$ 是连续的.

最后，由定理 2 知存在 X 上的线性泛函 $F(x)$ 满足：

①$F(x)=f_1(x),\forall x\in X_0$；

② $|F(x)|\leqslant P_A(x),\forall x\in X$.

这里，情形 ① 保证了 $F(x)$ 的非零性，情形 ② 保证了 $F(x)$ 的连续性，从而 $F(x)$ 是 X 上的非零线性连续泛函.

证毕.

以下给出一个无非零连续线性泛函的(F^*)空间.

例 3 设 $S[0,1]$ 表示$[0,1]$上使积分 $\|x\|=\int_0^1\frac{|x(t)|}{1+|x(t)|}\mathrm{d}t$ 有意义的一切函数 $x(t)$ 的集，易知：$\|\cdot\|$ 是$S[0,1]$上的准范数，从而$(S[0,1],\|\cdot\|)$是(F^*)空间.

今证明 $S[0,1]$ 中非空的，对称，开、凸的子集U必是 $S[0,1]$.

事实上，由于 U 是不空，对称，开的凸集，所以有 $\theta\in U$，且 θ 是 U 的内点，于是存在球 $S(\theta,\varepsilon)\subset U$.

以下证明 $\forall x_0\in S[0,1]$，有 $x_0\in U$.

取 $n>\frac{1}{\varepsilon}$，令

$$x_K(t)=\begin{cases} nx_0(t) & \left(\dfrac{K-1}{n}\leqslant t\leqslant\dfrac{K}{n}\right)\\ 0 & \left(t<\dfrac{K}{n}\text{ 或 }t>\dfrac{K-1}{n},K=1,2,\cdots n\right)\end{cases}$$

则

$$\|x_K\|=\int_0^1\frac{|x_K(t)|}{1+|x_K(t)|}\mathrm{d}t=$$

$$\int_{\frac{K-1}{n}}^{\frac{K}{n}}\frac{n|x_0(t)|}{1+n|x_0(t)|}\mathrm{d}t\leqslant$$

$$\frac{1}{n}<\varepsilon$$

即

$$x_K\in S(\theta,\varepsilon)\subset U\quad(K=1,2,\cdots,n)$$

由 U 是凸集知

$$x_0=\frac{1}{n}\sum_{K=1}^{n}x_K\in U$$

又由 x_0 的任意性便知 $S[0,1]\in U$.

以上我们证明了在 (F^*) 空间 $(S[0,1],\|\cdot\|)$ 中,不存在非空、凸、对称、开的真子集.由定理 3 知,在 $(S[0,1],\|\cdot\|)$ 中不存在非零连续线性泛函.也就是说,的确存在非零连续线性泛函.也就是说,的确存在无非零连续线性泛函的 (F^*) 空间.

定理4　设 X 是 (B_0^*) 空间,$X\neq\{\theta\}$,则其上必存在非零连续线性泛函.

证明　设

$$\|x\|=\sum_{n=1}^{\infty}\frac{1}{2^n}\frac{\|x\|_n}{1+\|x\|_n}$$

是 X 上的 (B_0) 型准范数,即 $\|\cdot\|_n,n=1,2,\cdots$ 是 X 上的一列拟范数,且由 $\|x\|_n=0,n=1,2,\cdots$ 知 $x=\theta$.

$\forall x_0 \in X, x_0 \neq \theta$,必存在最小的自然数 n_0 使 $\| x_0 \|_{n_0} \neq 0$,记

$$X_0 = \{x \mid x = \lambda x_0, \lambda \in (-\infty, +\infty)\}$$

在 X_0 上令

$$f(x) = \lambda \| x_0 \|_{n_0}, x \in X_0, x = \lambda x_0$$

则易知 $f(x)$ 是 X_0 上的不恒为零的线性泛函,且 $| f(x) | \leqslant \| x \|_{n_0}, \forall x \in X_0$. 这样的 $f(x)$ 还是连续的,因为 $\forall x_0 \in X_0$,当 $\| x - x_0 \| \to 0$ 时有

$$\| x - x_0 \|_{n_0} \to 0 \quad (x \to x_0)$$

于是由

$$| f(x) - f(x_0) | = | f(x - x_0) | \leqslant$$
$$\| x - x_0 \|_{n_0} \to 0 \quad (x - x_0)$$

知 $f(x)$ 在 x_0 是连续的.

由定理 2 知存在 X 上的线性泛函 $F(x)$ 满足:

1) $F(x) = f(x), \forall x \in X_0$;

2) $| F(x) | \leqslant \| x \|_{n_0}, \forall x \in X$.

由 1) 知 $F(x)$ 不恒为零,由 2) 知 $F(x)$ 是连续的,从而 $F(x)$ 就是 X 上的非零连续线性泛函. 即(B_0^*)空间必存在非零连续线性泛函.

证毕.

凸集分离定理

第29章

预备知识——线性流形与超平面：

定义 1 设 X 是线性空间，E_0 是 X 的线性子空间，$x_0 \in X$，称 $E = E_0 + x_0$ 为线性流形. 可见所谓线性流形即线性子空间的一个平移. 而当 E_0 为极大线性子空间时，称 $E = E_0 + x_0$ 为极大线性流形或超平面；特别，当 X 是(F^*)空间时，我们还要求 E 是闭的.

如图 1，在 $\mathbf{R}^2$ 中，过原点的直线 l 是 $\mathbf{R}^2$ 的极大线性子空间，平行于直线 l 的直线 l_r 都是 $\mathbf{R}^2$ 的超平面. 亦即：$\mathbf{R}^2$ 中一切直线都是它的超平面. 可见超平面无非是平面上直线的一个推广.

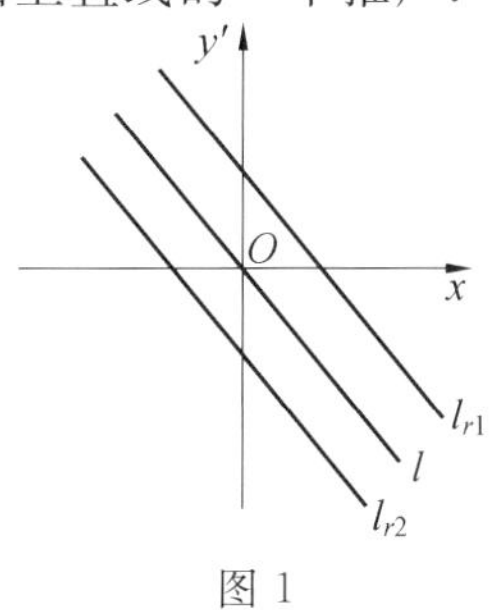

图 1

设

$$l=\{x \mid x=(\xi,\eta)\in \mathbf{R}^2,a\xi+b\eta=0\}$$

$$l_r=\{x \mid x=(\xi,\eta)\in \mathbf{R}^2,a\xi+b\eta=r\}$$

令 $f(x)=a\xi+b\eta$，则易证 $f(x)$ 是 $\mathbf{R}^2$ 上的线性连续泛函，且有 $l_r=\{x \mid f(x)=r\}$.

定理 1（超平面表示定理）　设 X 是 (B_0^*) 空间，则 L 是极大（闭）线性流形 $\Leftrightarrow$ 存在非零（连续）线性泛函 f 及数 r 使得 $L=H_f^r$，其中 $H_f^r=\{x \mid f(x)=r,x\in X\}$.

证明　必要性. 若 $L=H_f^r$，f 是非零（连续）线性泛函.

首先，由 f 是连续的知

$$H_f^0=\{x \mid f(x)=0,x\in X\}$$

是闭线性子空间.

其次，H_f^0 还是极大线性子空间. 因为第一，它是线性子空间；第二，它是真子空间（由 f 非零可知）；第三，设 $M\supset H_f^0$，$M\neq H_f^0$，M 是 X 的线性子空间，只要有 $M=X$ 即可.

事实上，$\forall x_1\in M\backslash H_f^0$，一方面，$M\supset M_1$，$M_1$ 是由 x_1 和 H_f^0 张成的线性子空间. 另一方面，$M_1\supset X$，这是因为 $\forall x\in X$，有

$$x'=x-\frac{f(x)}{f(x_1)}x_1\in H_f^0$$

于是

$$x=x'+\frac{f(x)}{f(x_1)}x\in M_1$$

所以由 $M\supset M_1\supset X$ 知 $M=X$. 从而 H_f^0 是极大闭线性子空间.

设 $f(x_1)=r_1\neq 0$,取 $x_0=\dfrac{r}{r_1}x_1$,则有

$$H_f^r=H_f^0+x_0$$

事实上,$\forall x\in H_f^0+x_0$,有

$$x=x'+x_0,x'\in H_f^0$$

于是

$$f(x)=f(x'+x_0)=f(x')+f(x_0)=r$$

从而 $x\in H_f^r$. 又 $\forall x\in H_f^r$, 有 $f(x)=r$, 而由 $x=(x-x_0)+x_0,(x-x_0)\in H_f^0$(因为 $f(x-x_0)=f(x)-f(x_0)=0$)知 $x\in H_f^r+x_0$,从而

$$H_f^r=H_f^0+x_0$$

于是 L 是极大线性闭流形.

充分性. 设 L 是 X 的极大线性(闭)流形,即 $L=E_0+x_0$,E_0 是 X 的极大线性(闭)子空间,$x_0\in X\backslash E_0$,欲证,存在 X 上的非零(连续)线性泛函 f 及数 r 使得 $L=H_f^r$.

事实上,E_0 是极大线性子空间,故 E_0 与 x_0 张成的线性子空间就是 X. 于是 $\forall x\in X$,都有 $x=y+tx_0$ 其中 $y\in E_0$,$t\in(-\infty,+\infty)$,且这样的表示法是唯一的.

注意到:$x\in L\Leftrightarrow x=y+x_0,y\in E_0$. 令 $f(x)=t$,$x\in X,x=y+tx_0$,则显然 $f(x)$ 是 X 上的线性泛函,且易知

$$x\in E_0\Leftrightarrow f(x)=0$$

$$x\in L\Leftrightarrow f(x)=1$$

于是 $f(x)$ 为 X 上的非零线性泛函,且 $L=H_f^1$.

由 L 是闭的还可推出 $f(x)$ 是连续的. 事实上,由 $L=E_0+x_0$ 是闭的知 E_0 是闭的. 设

$$x_n=y_n+t_nx_0\to x^*=y^*+t^*x_0\quad(n\to\infty)$$

则有

$$t_n\to t^*\quad(n\to\infty)$$

否则,存在 $\varepsilon_0>0$ 和 n_K 使

$$|t_{n_K}-t^*|\geqslant\varepsilon_0\quad(K=1,2,\cdots)$$

由

$$y_n+t_nx_0\to y^*+t^*x_0$$

知

$$y_{n_K}-y^*+(t_{n_K}-t^*)x_0\to 0\quad(K\to\infty)$$

从而

$$\frac{y_{n_K}-y^*}{t_{n_K}-t^*}+x_0\to 0$$

即

$$\frac{y_{n_K}-y^*}{t_{n_K}-t^*}\to -x_0\notin E_0$$

这与 y_n,y^* 的取法矛盾. 故 $t_n\to t^*(n\to\infty)$, 而 $f(x_n)=t_n,f(x^*)=t^*$,即

$$f(x_n)\to f(x^*)\quad(x_n\to x^*)$$

所以 $f(x)$ 是连续的.

证毕.

推论 1 设 X 是线性空间,f,g 是 X 上的线性泛函且 $f\neq 0,g\neq 0$,若 f 与 g 有公共的零空间 M,则 $f=Kg$, 其中 K 是常数.

证明 设 $g(x_0)\neq 0,x_0\in X$,令 $x_1=\dfrac{x_0}{g(x_0)}$,则有 $g(x_1)=1$,于是 $\forall x\in X$,有

$$x=x-g(x)x_1+g(x)x_1$$

令 $y=x-g(x)x_1$,因为

$$g(y)=g(x)-g(x)g(x_1)=g(x)-g(x)=0$$

所以 $y \in M$,从而有 $f(y)=0$. 又 $\forall x \in X$,有

$$x=x-g(x)x_1+g(x)x_1=y+g(x)x_1$$

故

$$f(x)=f(y)+g(x)f(x_1)=f(x_1)g(x)$$

令 $K=f(x_1)$,显然有

$$f(x)=Kg(x)\quad(\forall x \in X)$$

证毕.

引理(角谷静夫引理)　设 X 是线性空间,E,F 是 X 中两个凸集,满足 $E \cap F=\varnothing$,则存在凸集 A_0,B_0 使得 $A_0 \supset E$,$B_0 \supset F$,$A_0 \supset B_0=\varnothing$,$A_0 \cup B_0=X$.

证明　1) 考虑集合

$$M=\{(A,B) \mid E \subset A, F \subset B;\ A,B \text{ 是凸集}, A \cap B=\varnothing\}$$

首先 M 不空,因为$(E,F) \in M$.

其次,设(A_1,B_1),$(A_2,B_2) \in M$,若有 $A_1 \subset A_2$,$B_1 \subset B_2$,则定义

$$(A_1,B_1)<(A_2,B_2)$$

于是 M 成了一个半序集. 又任取 M 的一个全序子集 $M_0=\{(A_\alpha,B_\alpha),\alpha \in I\}$,$M_0$ 有上界$(\bigcup_{\alpha \in I} A_\alpha, \bigcup_{\alpha \in I} B_\alpha)$,从而由佐恩引理,$M$ 中必存在极大元(A_0,B_0). 显然,A_0,B_0 为 X 中的两个凸集,$A_0 \supset E$,$B_0 \supset F$,$A_0 \cap B_0=\varnothing$.

2) 下面证明 $A_0 \cup B_0=X$.

事实上,若 $A_0 \cup B_0 \neq X$,则必有 $x_0 \in X \backslash (A_0 \cup B_0)$,于是

$$[A_0 \cup \{x_0\}] \cap B_0=\varnothing$$

$$[B_0 \cup \{x_0\}] \cap A_0=\varnothing$$

这两个等式中至少有一个成立(图2).

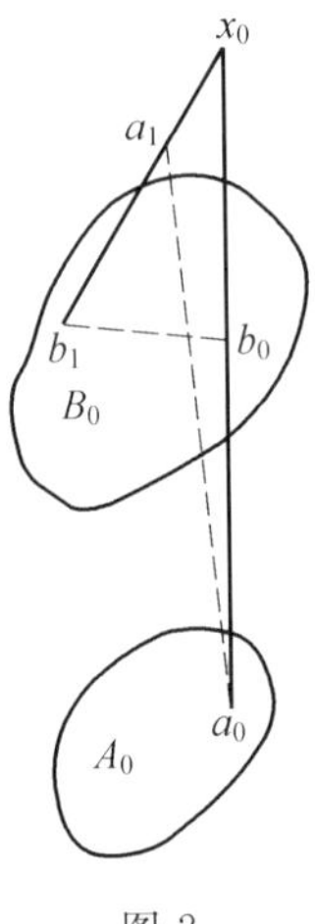

图 2

不妨设

$$[A_0 \cup \{x_0\}] \cap B_0 = \varnothing$$

因为$[A_0 \cup \{x_0\}]$是集合$A_0 \cup \{x_0\}$的凸包，故$[A_0 \cup \{x_0\}]$是凸集，且包含 E，所以

$$([A_0 \cup \{x_0\}], B_0) \in M$$

这与(A_0, B_0)是 M 的极大元矛盾. 故$A_0 \cup B_0 = X$.

在上面证明中我们用到了$[A_0 \cup \{x_0\}] \cap B_0 = \varnothing$，$[B_0 \cup \{x_0\}] \cap A_0 = \varnothing$ 这两个等式中至少有一个成立的结论. 事实上，若上述两个等式均不成立则存在

$$a_0 \in A_0, b_0 \in B_0, b_0 \in [a_0, x_0]$$

$$a_1 \in A_0, b_1 \in B_0, a_1 \in [b_1, x_0]$$

线段$[a_0, a_1]$与线段$[b_0, b_1]$必相交，而这个交点必属于 $A_0 \cap B_0$，这与 $A_0 \cap B_0 = \varnothing$ 矛盾. 于是所证成立.

证毕.

定义 2 设 $H = H_f^r$ 是线性空间 X 中的一个超平面，E，F 是 X 中的集合，称 H 分离 E 与 F，如果

$$\begin{cases} x \in E \Rightarrow f(x) \geqslant r & (\text{或} \leqslant r) \\ x \in F \Rightarrow f(x) \geqslant r & (\text{或} \geqslant r) \end{cases}$$

当 $x \in E \Rightarrow f(x) \geqslant r(\leqslant r)$ 时,称 E 在 $H = H_f^r$ 的上(下)侧.

定理 2(艾德海(Eidelheit)凸集分离定理)　设 X 是(B_0^*)空间,E 和 F 是 X 中的两个凸集,$E \cap F = \varnothing$,E 有内点,则存在超平面 H_f^r 分离 E 与 F.

证明　不妨设 $\theta \in E$,且 θ 是 E 的内点(否则可作平移使之成立).

记 $P_E(x)$ 是关于 E 的闵可夫斯基泛函,$H = \overline{E} \cap \overline{F}$,则 $P_E(x)$ 和 H 有以下性质:

1)H 是凸集且 $H = \{x \mid P_E(x) = 1\}$;

2)$P_E(x)$ 是连续的,而且当 $P_E(x) > 0$,$P_E(y) > 0$ 时,有

$$P_E(x + y) = P_E(x) + P_E(y)$$

事实上,根据角谷静夫引理,我们不妨假设 $E \cup F = X$. 由第 27 章的定理 2 知,$P_E(x)$ 连续,而且有

$$x \in \overline{E} \Leftrightarrow P_E(x) \leqslant 1, x \in \overline{F} \Leftrightarrow P_E(x) \geqslant 1$$

因为 E,F 为凸集,所以 $\overline{E},\overline{F}$ 也为凸集,从而 $H = \overline{E} \cap \overline{F}$ 为凸集,且 $x \in H \Leftrightarrow P_E(x) = 1$,即

$$H = \{x \mid P_E(x) = 1\}$$

又 $\forall x, y \in X$,只要 $P_E(x) > 0, P_E(y) > 0$,由

$$\frac{x}{P_E(x)} \in H, \frac{y}{P_E(y)} \in H$$

知

$$\frac{P_E(x)}{P_E(x) + P_E(y)} \cdot \frac{x}{P_E(x)} + \frac{P_E(y)}{P_E(x) + P_E(y)} \cdot \frac{y}{P_E(y)} \in H$$

即

$$\frac{x+y}{P_E(x)+P_E(y)} \in H$$

于是

$$\frac{P_E(x+y)}{P_E(x)+P_E(y)}=1$$

即

$$P_E(x+y)=P_E(x)+P_E(y)$$

记 $L=\{y \mid P_E(y)+P_E(-y)=0\}$，则 L 有如下性质：

（ⅰ）L 是闭线性子空间.

首先，不难验证

$$\forall x, y \in L \Rightarrow x+y \in L$$

其次，由 L 对称和 $P_E(x)$ 有正齐性，于是，$\forall x \in L, \alpha \in (-\infty, +\infty)$，有 $\alpha x \in L$.

最后

$$\forall x_n \in L, x_n \to x_0 \ (n \to +\infty)$$

由

$$P_E(x_n)+P_E(-x_n)=0$$

知

$$P_E(x_n)=0 \quad (n=1,2,\cdots)$$

从而

$$P_E(x_n) \to 0 \quad (n \to +\infty)$$

由 $P_E(x)$ 的连续性知

$$P_E(x_n) \to P_E(x_0) \quad (n \to +\infty)$$

所以 $P_E(x_0)=0$. 又

$$P_E(-x_0)=\lim_{n\to\infty} P_E(-x_n)=0$$

故 $x_0 \in L$，即 L 是闭的.

(ⅱ)$H=L+x_0,x_0\in H$.

先证$x_0+L\subset H$.事实上,$\forall x_1\in L$,有$x_0+x_1\in H$.因为,一方面

$$P_E(x_0+x_1)\leqslant P_E(x_0)+P_E(x_1)=1$$

另一方面

$$P_E(x_0+x_1)=P_E(x_0+x_1)+P_E(-x_1)\geqslant P_E(x_0+x_1-x_1)=P_E(x_0)=1$$

所以$P_E(x_0+x_1)=1$,从而$x_0+x_1\in H$.

由x_1的任意性知$x_0+L\subset H$.

再证$x_0+L\supset H$.事实上,$\forall x_1\in H$,有$x_1=x_1-x_0+x_0$,只要证明$x_1-x_0\in L$即可.

反证之.若$x_1-x_0\notin L$,则$P_E(x_1-x_0)>0$或$P_E(x_0-x_1)>0$,不妨设$P_E(x_1-x_0)>0$,于是有

$$P_E(x_1)=P_E(x_1-x_0+x_0)=P_E(x_1-x_0)+P_E(x_0)>1$$

与$x_1\in H$矛盾($P_E(x_1-x_0)>0,P_E(x_0)=1>0$,于是

$$P_E(x_1-x_0+x_0)=P_E(x_1-x_0)+P_E(x_0))$$

由x_1的任意性知$x_0+L\supset H$,由以上两方面有$x_0+L=H,x_0\in L$.

(ⅲ)L是X的极大线性子空间.

$\forall x_1\in X\backslash L$,视$x_1$与$L$张成的线性子空间为$X_1$,可以证明$X_1\supset X$.事实上,$\forall x\in X$,若$x\in L$,则$x=x+0\cdot x_1\in X_1$.若$x\notin L$,不妨设$P_E(x)>0$(不然$P_E(-x)>0$),同样设$P_E(x_1)>0$,于是

$$\frac{x}{P_E(x)},\frac{x_1}{P_E(x_1)}\in H$$

由$H=L+x_0$知:存在$z,z_1\in L$使得

$$\frac{x}{P_E(x)}=z+x_0,\frac{x_1}{P_E(x_1)}=z_1+x_0$$

从而

$$\frac{x}{P_E(x)}=z+\frac{x_1}{P_E(x_1)}-z_1$$

$$x=P_E(x)(z-z_1)+\frac{P_E(x)}{P_E(x_1)}x_1\in X_1\quad(z-z_1\in L)$$

由此 $X_1=X$,即 L 是 X 的极大线性子空间,从而 H 是超平面.

以下我们证明 H 分离 E 与 F.

由定理 1,存在 X 上的线性连续泛函 f 使 $H=H_f^1$,而 H_f^1 分离 $\overline{E}$ 与 F,从而分离 E 与 F.

事实上,$P_E(x)>0$ 时,有 $P_E(x)=f(x)$.(待证)

于是当 $x\in F$ 时,由 $P_E(x)\geqslant 1$ 知 $f(x)\geqslant 1$.

当 $x\in E$ 时,$P_E(x)\leqslant 1$,若 $P_E(x)>0$,则

$$f(x)=P_E(x)\leqslant 1$$

若 $P_E(x)=0$,那么,如果也有

$$P_E(-x)=0\Rightarrow x\in L$$

从而 $f(x)=0$(可证 $L=H_f^0$). 如果 $P_E(-x)>0$,有

$$f(-x)=P_E(-x)>0$$

从而 $-f(x)>0$,$f(x)<0$. 显然有 $f(x)\leqslant 1$,$\forall x\in E$.

至此证明了 $H=H_f^1$ 分离了 E 与 F.

上面我们用到了 $P_E(x)>0$ 时,$P_E(x)=f(x)$. 事实上,$\forall x\in X$,若 $P_E(x)>0$,则

$$\frac{x}{P_E(x)}\in H=H_f^1$$

于是

$$f\left(\frac{x}{P_E(x)}\right)=1$$

即

$$f(x)=P_E(x)$$

以下我们再证 $L=H_f^0$. 因为 L 为极大线性子空间,H_f^0 为 X 的线性真子空间,于是只需证明 $L\subset H_f^0$ 即可.

事实上,由 $H=L+x_0$ 知 $L=H-x_0$. 于是 $\forall y\in L$,有 $x\in H$ 使 $y=x-x_0$,从而

$$f(y)=f(x)-f(x_0)=0$$

于是有 $y\in H_f^0$,即$L=H_f^0$.

证毕.

注　条件 $E\cap F=\varnothing$ 可放宽为 $\mathring{E}\cap F=\varnothing$. 从证明过程可以看出,由 $\mathring{E}\cap F=\varnothing$ 有 H 分离 $\overline{\mathring{E}}$ 与 F,而 $\overline{\mathring{E}}=\overline{E}$,所以有 H 分离 $\overline{E}$ 与 F,从而有 H 分离 E 与 F.

定义 3　设 $H=H_f^r$ 是线性空间 X 的超平面,E 是 X 中的集合,$x_0\in E$. 若 $x_0\in E\cap H$,且 E 在 H 的一侧,则称 H 是 E 在 x_0 的一个承托超平面. 如图 3,l_1,l_2 是 E 的承托超平面,但 l_3 不是.

推论 2　(哈恩—巴拿赫定理的几何形式)设 X 是 (B_0^*) 空间,E 是 X 中一个含内点的凸的不空的真子集,$x_0\in X\backslash E$,则存在超平面 H_f^r 分离 x_0 与 E,即存在 X 上的线性连续泛函 f 及数 r 使得:

1)$f(x_0)\geqslant r$(或 $\leqslant r$);

2)$x\in E\Rightarrow f(x)\leqslant r$(或 $\geqslant r$).

证明　方法 1:视 E 为定理 2 中的 E,$\{x_0\}$ 为其中的 F,则推论显然成立.

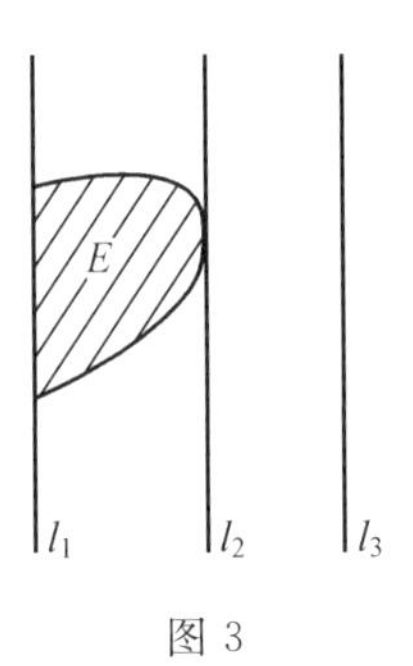

图 3

方法 2:用哈恩—巴拿赫定理证.

设 $X_0=\{\lambda x_0 \mid \lambda\in(-\infty,+\infty)\}$,$f_0(x)=\lambda P_E(x_0)$,$x=\lambda x_0$,$P_E(x)$ 是关于 E 的闵可夫斯基泛函,则 $f_0(x)$ 是 X_0 上的线性连续泛函且 $|f_0(x)|\leqslant P_E(x)$.

于是由哈恩—巴拿赫定理即第 28 章的定理 2 知,存在 X 上的线性连续泛函 $f(x)$ 满足:

(i) $f(x)=f_0(x)$,$x\in X_0$,特别的,$f(x_0)=P_E(x_0)\geqslant 1$.

(ii) $|f(x)|\leqslant p_E(x)$,$x\in X$.特别的,当 $x'\in E$ 时,$f(x')\leqslant p_E(x')\leqslant 1$.

这就是说超平面 H_f^1 分离了 E 与 x_0.

证毕.

以下用哈恩—巴拿赫定理的几何形式即推论 2 来证明凸集分离定理即定理 2.

首先记 $E_1=E+(-1)F$,则:

①E_1 是凸集,显然;

②E_1 含有内点,由 E 有内点可知;

③$\theta\notin E_1$.若不然,则存在 $x_1\in E$,$x_2\in F$ 使 $\theta=x_1-x_2\in E_1$,从而 $x_1=x_2\in E\cap F$,这与 $E\cap F=\varnothing$

矛盾. 所以 $\theta \notin E$ 成立.

据哈恩一巴拿赫定理的几何形式即推论 2，存在超平面 H_f^r 分离 E_1 与 $\{\theta\}$，不妨假定

$$\begin{cases} f(x) \leqslant r \quad (x \in E_1) \\ f(\theta) \geqslant r \end{cases}$$

由 $f(\theta)=0$ 知 $r \leqslant 0$，所以 $\forall x \in E_1$ 有 $f(x) \leqslant 0$. 于是 $\forall x_1 \in E, x_2 \in F$ 有

$$f(x_1 - x_2) = f(x_1) - f(x_2) \leqslant 0$$

即 $f(x_1) \leqslant f(x_2)$，故存在数 S 使得

$$\sup_{x_1 \in E} f(x_1) \leqslant S \leqslant \inf_{x_2 \in F} f(x_2)$$

从而 H_f^s 分离了 E 与 F，而由 H_f^r 是超平面知 H_f^s 也是超平面.

证毕.

推论 3　设 X 是 (B_0^*) 空间，E 是 X 中有内点的凸集，F 是 X 的线性流形，即 $F = X_0 + x_0$，其中 $x_0 \in F$，X_0 是 X 的线性子空间. 若 $\mathring{E} \cap F = \varnothing$，则存在超平面 H_f^r 使

$$\begin{cases} E \text{ 在 } H_f^r \text{ 的一侧} \\ F \subset H_f^r \end{cases}$$

即

$$\begin{cases} x \in E \Rightarrow f(x) \leqslant r \\ x \in F \Rightarrow f(x) = r \end{cases}$$

证明　首先，由艾德海凸集分离定理，存在 $H_f^{r_0}$ 分离 E 与 F，即

$$\begin{cases} x \in E \Rightarrow f(x) \leqslant r_0 \\ x \in F \Rightarrow f(x) \geqslant r_0 \end{cases}$$

其次设 $H_f^{r_0} = H_f^0 + x_1$，其中 $f(x_1) = r_0$，则有 $X_0 \subset$

H_f^0. 事实上，$\forall x \in X_0$，有 $x + x_0 \in F$，于是有

$$f(x + x_0) = f(x) + f(x_0) \geqslant r_0$$

从而 $f(x) = 0$. 否则，如果 $f(x) > 0$，则对任给的自然数 n，有

$$f(-nx) + f(x_0) \geqslant r_0$$

亦即

$$-nf(x) + f(x_0) \geqslant r_0$$

这不可能，因为

$$-nf(x) + f(x_0) \to -\infty \quad (n \to \infty)$$

同理，$f(x) < 0$ 也不可能，故有 $f(x) = 0$，从而 $x \in H_f^0$，由 x 的任意性知：$X_0 \subset H_f^0$. 于是

$$F = X_0 + x_0 \subset H_f^0 + x_0$$

若记 $f(x_0) = r$，则

$$H_f^r = H_f^0 + x_0$$

它当然是超平面，且$F \subset H_f^r$.

最后，我们有 $\begin{cases} E \text{ 在 } H_f^r \text{ 的一侧} \\ F \subset H_f^r \end{cases}$，因为 $\begin{cases} x \in F \Rightarrow f(x) \geqslant r_0 \\ x \in E \Rightarrow f(x) \leqslant r_0 \end{cases}$，而由 $F \subset H_f^r$ 知

$$x \in F \Rightarrow f(x) = r$$

故有 $r \geqslant r_0$. 从而有

$$\begin{cases} x \in E \Rightarrow f(x) \leqslant r \\ x \in F \Rightarrow f(x) = r \end{cases}$$

证毕.

推论 4 设 X 是(B_0^*)空间，E, F 是 X 中的闭凸集，满足$E \cap F = \varnothing$，E 是致密的(列紧的)，则 E 与 F 可用一个超平面严格分离. 换言之，存在 $f \in X^*$ 及 $\varepsilon > 0$，r 为实常数，使得

$$\begin{cases} x \in E \Rightarrow f(x) \leqslant r - \varepsilon \\ x \in F \Rightarrow f(x) \geqslant r \end{cases}$$

证明　为了应用艾德海凸集分离定理,我们必须改造一个凸集使其有内点且与另一凸集不交.为此,我们先构造一个与 F 不交的集,再证明它确实包含一个含有 E 的凸的且有内点的集.

1) 设 X 上的(B_0)型准范数为

$$\| x \| = \sum_{n=1}^{\infty} \frac{1}{2^n} \frac{\| x \|}{1 + \| x \|_n}$$

其中 $\| \cdot \|_n (n=1,2,\cdots)$ 是 X 上的拟范数.

记

$$\delta(\varepsilon) = \{x \mid x \in X, \| x \| < \varepsilon\}$$

可以证明:存在 $\varepsilon_1 > 0$ 使 $E + \delta(\varepsilon_1)$ 与 F 不交.事实上,若这样的 ε_1 不存在,则 $\forall$ 自然数 m,皆有 $E+\delta\left(\frac{1}{m}\right)$ 与 F 相交,即存在

$$y_m \in F \cap \left(E + \delta\left(\frac{1}{m}\right)\right)$$

于是存在 $x_m \in E$ 使

$$\| x_m - y_m \| < \frac{1}{m}$$

由 E 的列紧性,存在 $x_0 \in E$,使得

$$x_m \to x_0 \quad (m \to \infty)$$

从而

$$y_m \to x_0 \quad (m \to \infty)$$

又因 F 为闭的,从而有 $x_0 \in F$,于是 $x_0 \in E \cap F$,与 $E \cap F = \varnothing$ 矛盾.

但 $\delta(\varepsilon_1)$ 不一定是凸集,从而 $E + \delta(\varepsilon_1)$ 也不一定是凸集.

2）以下证明存在拟范数 $\|\cdot\|'$ 及数 $\delta_0>0$ 使得 $\{x \mid \|x\|'<\delta_0\}\subset\delta(\varepsilon_1)$.

事实上，只要取 n_0 使 $\frac{1}{2^{n_0}}<\frac{\varepsilon_1}{2}$，取 $\delta_0=\frac{\varepsilon_1}{2}$ 以及 $\|x\|'=\max\limits_{1\leqslant K\leqslant n_0}\|x\|_K$，就有

$$\{x \mid \|x\|'<\delta_0\}\subset\delta(\varepsilon_1)$$

记 $E_1=E+\{x \mid \|x\|'<\delta_0\}$，显然 E_1 为凸集，$E_1\cap F=\varnothing$，$E_1\supset E$，$E_1\subset E+\delta(\varepsilon_1)$，且 E_1 有内点.

3）由艾德海凸集分离定理，存在超平面 H_f^r 分离 E_1 与 F，即

$$\begin{cases}x\in F\Rightarrow f(x)\geqslant r\\ x\in E_1\Rightarrow f(x)\leqslant r\end{cases}$$

今证存在 $\varepsilon>0$ 使 $x\in E$ 时，有 $f(x)\leqslant r-\varepsilon$.

事实上，由 E 是闭的、列紧的知 E 是紧的，所以 $f(x)$ 在 E 上达到最大值 r_0，即存在 $x_0\in E$ 使 $f(x_0)=r_0$ 且 $\forall x\in E\Rightarrow f(x)\leqslant r_0$. 而 $r_0<r$，若不然，则 $f(x_0)=r_0=r$ 是 f 在 E_1 上的最大值，更是 f 在 $\{x \mid \|x-x_0\|'<\delta_0\}\subset E_1$ 上的最大值. 但是线性泛函 f 不可能在球心上取到最大值和最小值. 于是 $r_0<r$. 从而存在 $\varepsilon>0$ 使得 $r_0\leqslant r-\varepsilon$，故

$$\begin{cases}x\in F\Rightarrow f(x)\geqslant r\\ x\in E\Rightarrow f(x)\leqslant r-\varepsilon\end{cases}$$

证毕.

用凸集分离定理及其推论可证明下面一些结论.

定理 3 设 X 是 (B_0^*) 空间，$E\subset X$，则

$$[\overline{E}]=\bigcap_{f\in X^*}\{x \mid f(x)\leqslant\sup_{y\in E}f(y)\}$$

证明 首先，$\forall f\in X^*$，有

$$E \subset \{x \mid f(x) \leqslant \sup_{y \in E} f(y)\}$$

而

$$\{x \mid f(x) \leqslant \sup_{y \in E} f(y)\}$$

既是闭集又是凸集,故有

$$[\overline{E}] \subset \bigcap_{f \in X^*} \{x \mid f(x) \leqslant \sup_{y \in E} f(y)\}$$

其次

$$[\overline{E}] \supset \bigcap_{f \in X^*} \{x \mid f(x) \leqslant \sup_{y \in E} f(y)\}$$

事实上,若 $x_0 \notin [\overline{E}]$,则对致密闭集 $\{x_0\}$ 和 $[\overline{E}]$ 利用推论 4 可得:必存在 $g \in X^*$ 及 $\varepsilon > 0$ 使得

$$\varepsilon + g(x_0) \leqslant g(x) \quad (\forall x \in [\overline{E}])$$

令 $f = -g$,则有

$$f(x) \leqslant f(x_0) - \varepsilon, \forall x \in [\overline{E}]$$

从而

$$\sup_{y \in E} f(y) < f(x_0)$$

于是

$$x_0 \notin \bigcap_{f \in X^*} \{x \mid f(x) \leqslant \sup_{y \in E} f(y)\}$$

综上有

$$[\overline{E}] = \bigcap_{f \in X^*} \{x \mid f(x) \leqslant \sup_{y \in E} f(y)\}$$

定理 4　设 X 是 (B_0^*) 空间,$E \subset X$,E 是闭凸子集,若 $x_n \in E$,$x_n \to x_0$(弱收敛,$n \to \infty$),则有 $x_0 \in E$.

证明　若 $x_0 \notin E$,则对 $\{x_0\}$ 及 E 用推论 4 得:必存在 $f \in X^*$,$\varepsilon > 0$ 及数 r 使

$$\begin{cases} f(x_0) \leqslant r - \varepsilon \\ f(x) \geqslant r, x \in E \end{cases}$$

于是,$\forall x \in E$,有 $f(x) \geqslant f(x_0) + \varepsilon$,这与 $x_n \in E$,$x_n \to x_0$(弱收敛,$n \to \infty$)矛盾.

所以 $x_0 \in E$.

证毕.

定理5 设 X 是 (B_0^*) 空间, E 是 X 中含内点的闭凸集,则通过 E 的每一个边界点都可作出 E 的一个承托超平面.

证明 $\forall x_0 \in \partial E$($\partial E$ 表示 E 的边界),则 $\{x_0\} \cap \mathring{E} = \varnothing$,对 $\{x_0\}$ 及 $\mathring{E}$ 用艾德海凸集分离定理知:存在 $f \in X^*$ 及数 r 使得

$$\begin{cases} f(x) \leqslant r \quad (x \in E) \\ f(x_0) \geqslant r \end{cases}$$

又因 $x_0 \in E$,所以 $f(x_0) = r$,因此 H_f^r 是 E 在 x_0 处的承托超平面.

证毕.

美国大学生数学竞赛中几个有关凸集的试题

附录

试题 1 考虑闭的平面曲线 C_i 与 C_0，它们的长各为 $|C_i|$ 与 $|C_0|$；闭曲面 s_i 与 s_0，它们的面积各为 $|s_i|$ 与 $|s_0|$. 假设 C_i 在 C_0 内而 s_i 在 s_0 内（下标 i 表示在内，0 表示在外）. 证明下面四项之中的正确结论及其他不正确的结论.

1）当 C_i 是凸的，则 $|C_i|\leqslant|C_0|$.

2）当 s_i 是凸的，则 $|s_i|\leqslant|s_0|$.

3）当 C_0 是包含 C_i 的最小凸曲线，则 $|C_0|\leqslant|C_i|$.

4）当 s_0 是包含 s_i 的最小凸曲面，则 $|s_0|\leqslant|s_i|$. 可假设 C_i 与 C_0 是多边形而 s_i 与 s_0 是多面体.

（第 10 届美国大学生数学竞赛）

解 结论 1),2),3) 真而 4) 不真.

1) 假设 c_i 是在闭多边形 c_0 内的闭凸多边形,要证 $|c_i| \leqslant |c_0|$. 这里要作点说明,"在内""在外"的意思是从 c_i 的一点画出的每一条无限射线均与 c_0 相交.

设 c_i 的顶点依序为 $A_0, A_1, \cdots, A_{n-1}, A_n = A_0$. 在线段 $A_{q-1}A_q$ 上构造一个半无限的矩形带 s_q 于 c_i 的外部,它包含开线段 $A_{q-1}A_q$ 但不包含那些无限线段. 因为 c_i 是凸的,故这些带不相交.

考虑 $c_0 \cap s_q$ 在 $A_{q-1}A_q$ 上的正投影. 因为若 $X \in A_{q-1}A_q$ 不在这个范围内,则 s_q 内的射线从 X 垂直于 $A_{q-1}A_q$(图 1),不会与 c_0 相交. 故此投射为满射. 正投影不增加多边形的长度,所以

$$|c_0 \cap s_q| \geqslant |A_{q-1}A_q|$$

因此

$$|c_0| \geqslant \sum_q |c_0 \cap s_q| \geqslant \sum_q |A_{q-1}A_q| = |c_i|$$

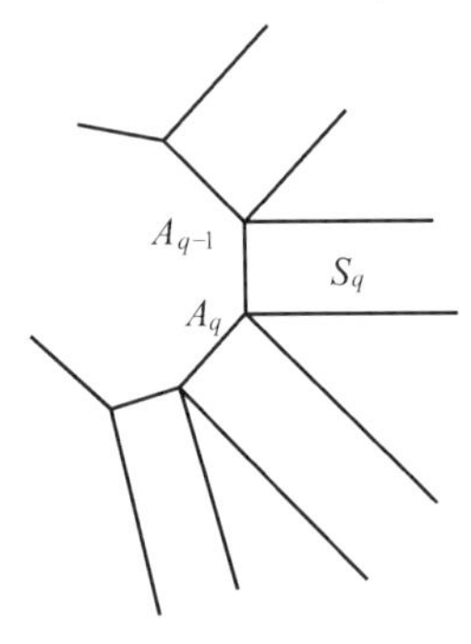

图 1

2) 类似 1) 的三维情形也成立(实际上更高维也成立),证明也类似. 在凸多面体 s_i 的第 q 个面 F_q 上,竖立一个半无限矩形棱柱 P_q 于 s_i 外,它包含开的第 q 个面

但不含那些无限面的点，则这些棱柱是不相交的. $s_0 \cap P_q$ 在 F_q 上的正投影不增加它的面积，并且投影一定覆盖 P_q 的内部，所以如同1）有

$$|s_0| \geqslant \sum_q |s_0 \cap P_q| \geqslant \sum_q |F_q| = s_i$$

这里绝对值表示面积.

3）令 c_0 是一个闭凸多边形，顶点依序为 $A_0,A_1,A_2,\cdots,A_n=A_0$. 令 c 是任一闭多边形（可能自行相交）. 它的顶点包含所有 A_k，有

$$|c| \geqslant |c_0| \tag{1}$$

当且仅当 $c=c_0$ 取等号.

假设此时上式不等号成立，设 c_i 是一个平面上的闭多边形曲线，而 c_0 是 c_i 是凸包的界，则 c_0 是多边形，它的顶点包括 c_i 的顶点，由前述有 $|c_i| \geqslant |c_0|$.

现在证明不等式(1). 因为这些 A 是凸多边形的顶点，设有三个顶点是共线的. 若 c 除 $A_0,A_1,\cdots,A_n$ 外还有顶点，我们可以用一个较短的多边形代替以去掉那个多出来的顶点. 因此可设 c 能表示为 $B_0,B_1,\cdots,B_n$，其中 $B_n=B_0$. 这些 B 是那些 A 的一个排列.

如果这些 A 与那些 A 有相同或相反的循环次序，则 $c=c_0$. 否则，我们将表明如何将这些 B 再排列得到一个较短闭多边形 c'. 因为仅有有限多个可能的以这些 A 为顶点的多边形，一定有一个最短的. 因此 c_0 就是所求的最短多边形.

设这些 B 相继的两个顶点（不妨取 B_0 与 B_1）不是 c_0 的相继顶点，则线 $\overline{B_0B_1}$ 不是 c_0 的支撑线，一定有顶点在 $\overline{B_0B_1}$ 的两侧. 因此一定有一个整数 k，$2 \leqslant k \leqslant n-1$，使得 B_k 是在 $\overline{B_0B_1}$ 的一侧，而 B_{k+1} 在另一侧（图2）.

现在四个点 B_0, B_1, B_k, B_{k+1} 是凸的四边形 Q 的顶点，并且 $\overline{B_0B_1}$ 分开 B_k 与 B_{k+1}. Q 的对角线是 B_0B_1，B_kB_{k+1}，因此(证明见后)

$$|B_0B_1|+|B_kB_{k+1}|>|B_0B_k|+|B_1B_{k+1}| \quad (2)$$

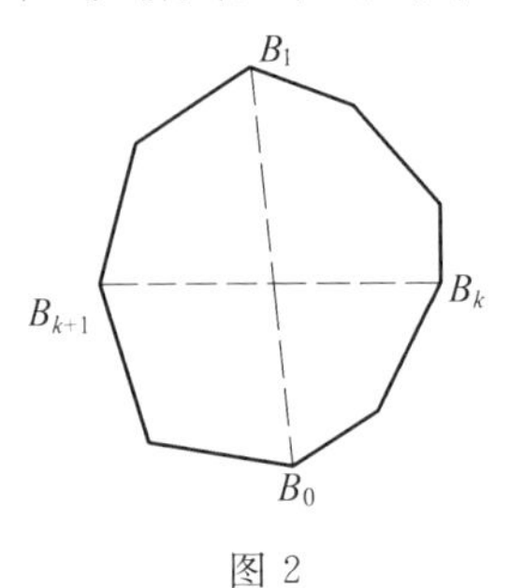

图 2

现在考虑用顶点 $B_0, B_k, B_{k-1}, \cdots, B_2, B_1, B_{k+1}, B_{k+2}, \cdots, B_n$ 表示的多边形闭曲线 c'，有

$$|c'|=|c|-|B_0B_1|-|B_k||B_{k+1}|+|B_0B_k|+|B_1B_{k+1}|<|c|$$

因此 c' 是具有相同的顶点比 c 严格短的多边形. 式(1)得证.

下面证明式(2)，如图 3 所示，令 $WXYZ$ 是一个凸四边形，对角线交于 P，故有

$$|WY|+|XZ|=|WP|+|PZ|+|YP|+|PX|>|WZ|+|XY|$$

4) 这个结论是错的. 设 $ABCD$ 是空间的一个中心为 0 的正四面体，令 s 是四条边 OA，OB，OC 与 OD 的并，包含 s 的最小凸集显然是四面体 $ABCD$. 但 s 的曲面面积为零，s 完全不是一个曲面，它可略为扩大而得到一个面积微小的曲面 sf，它与 s 具有同一凸包. 则

$$|s_0|=|ABCD|>|sf|$$

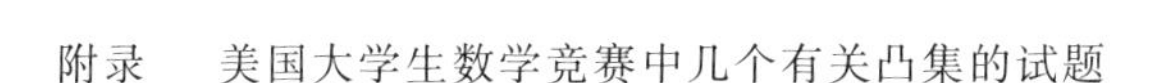

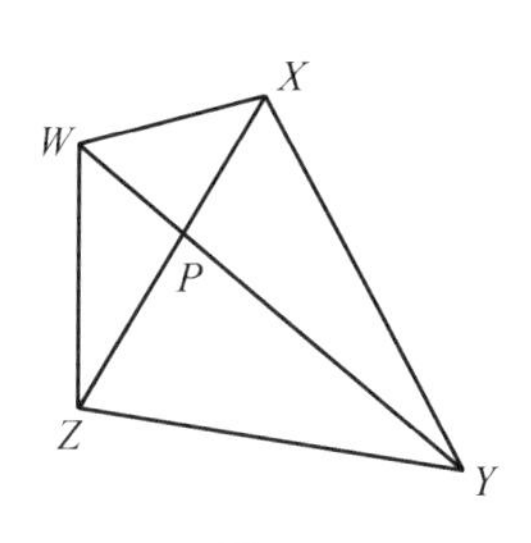

图 3

选择 $A'B'C'D'$ 使得 0 在 AA',BB',CC',DD' 的每一条边上，而有

$$|OA'|=|OB'|=|OC'|=|OD'|=\varepsilon$$

这里 ε 是一个小的正数. 令 s_i 是多面体

$$A'B'C'D' \cup AB'C'D' \cup A'BC'D \cup A'B'C'D$$

的曲面. 选择 ε 充分小则可使 $|s_i|$ 任意小.

试题 2　设 S 是欧氏平面上含有原点的一个凸形区域. 若从原点引出的每一条射线(即半直线)都至少有一点在 S 的外部，求证：S 是有界的.(平面区域中任意二点间的线段完全在其内部，则称此区域是凸的)

(第 23 届美国大学生数学竞赛)

解　考务委员们指出，题设的区域 S 是开集时，若不补充某种拓扑假定，结论就不能成立. 例如，$x-y$ 平面上的带形开域 $0<x<1$ 连同原点在内的无界凸集 S，就没有一条过原点的射线完全在 S 内.

我们来证明：如果原点是 S 的内点，或者 S 是闭集，那么 S 就是一个有界的凸集.

以原点 O 为极点建立极坐标系(ρ,θ)，依题设条件知，对任意的 θ，集$\{\rho \mid (\rho,\theta) \notin S\}$ 非空，且 ρ 以零为其下界. 令

$$f(\theta)=\inf\{\rho \mid (\rho,\theta) \notin S\}$$

S 与过点 O 一切射线的交是一个区间,且有

$$0 \leqslant \rho < f(\theta) \Rightarrow (\rho, \theta) \in S \tag{3}$$

$$\rho > f(\theta) \Rightarrow (\rho, \theta) \notin S \tag{4}$$

因此,若 M 是 f 的一个上界,则 S 位于闭圆域 $\rho = M$ 内.

假定 O 是 S 的内点,令 D 是 O 为圆心的一个圆域,且 $D \subseteq S$. 对任意的 $a \in [0, 2\pi]$,令 $P_\alpha = (1 + f(\alpha), \alpha)$,以 P_α 为对称中心,作圆域 D_α 与 D 对称,如图 4 所示. 若 $Q \in D_\alpha$,则与 Q 关于 P_α 对称的点 $Q \in D \subseteq S$. 由于 $P_\alpha \notin S$,故 $Q \notin S$,从而 $D_\alpha \cap S = \varnothing$. 设 O 点对 D_α 的视角为 2ε,则从点 O 引出与 D_α 相交的射线,其极角的变动区间为 $I_\alpha = (\alpha - \varepsilon, \alpha + \varepsilon)$. 点 O 至 D_α 的距离小于 $2(1 + f(\alpha))$. 于是,当 $\theta \in I_n$ 时,有 $f(\theta) \leqslant 2(1 + f(\alpha))$. 根据海涅 - 波雷尔定理,存在有限个完全覆盖区间 $[0, 2\pi]$ 的区间 $I_{\alpha_1}, I_{\alpha_2}, \cdots, I_{\alpha_n}$. 将此 n 个区间 $2(1 + f(\alpha_1)), 2(1 + f(\alpha_2)), \cdots, 2(1 + f(\alpha_n))$ 中最大的一个取作 f 的上界. 这就证明了 S 若以 O 为其内点,则 S 必为有界的凸集.

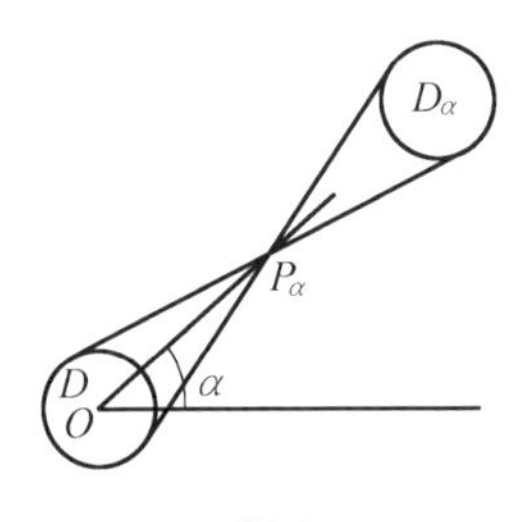

图 4

再假定 S 是无界闭集,于是我们可从区间 $[0, 2\pi]$ 选出无穷序列 $\{\theta_n\}$,使得 $f(\theta_n) \to \infty$. 根据波察诺 - 魏尔斯特拉斯定理,存在 $\{\theta_n\}$ 的一个收敛子序列. 为方便起见,不妨就认为 $\{\theta_n\}$ 是收敛的:$\theta_n \to \beta$. 令 $\rho_0 = 1 +$

$f(\beta)$,则存在某个 N,使得对于所有的 $n > N$,成立 $f(\theta_n) > \rho_0$. 由式(3)得知,$(\rho_0,\theta_n) \in S$. 由于 S 是闭集,且$(\rho_0,\theta_n) \to (\rho_0,\beta)$,故$(\rho_0,\beta) \in S$. 但由式(4)得知,$(\rho_0,\beta) \notin S$. 这一矛盾证明了 S 只可能是有界的闭集.

试题 3　1) 设函数 f 在闭区间$[0,\pi]$上连续,且有

$$\int_0^\pi f(\theta)\cos\theta\mathrm{d}\theta = \int_0^\pi f(\theta)\sin\theta\mathrm{d}\theta = 0$$

求证:在$(0,\pi)$内存在两点 α,β,使得

$$f(\alpha) = f(\beta) = 0$$

2) 设 R 是欧氏平面上任一有界的,凸的,开区域(即 R 是被某一圆域包含的连通开集,R 内任意二点间的线段完全位于其内部). 试应用 1) 的结论证明:R 的形心(重心)至少平分 R 内三条不同的弦.

(第 24 届美国大学生数学竞赛)

解　1) 不妨认为 $f \neq 0$. 由条件

$$\int_0^\pi f(\theta)\sin\theta\mathrm{d}\theta = 0$$

及

$$\sin\theta > 0 \quad (0 < \theta < \pi)$$

可知 f 在$(0,\pi)$内必定变号. 又由 f 的连续性可知,至少存在一点$\alpha \in (0,\pi)$,使得 $f(\alpha) = 0$.

假定 α 是 f 在$(0,\pi)$内的唯一零点,则 f 在$(0,\alpha)$与(α,π)内异号,于是

$$\int_0^\pi f(\theta)\sin(\theta - \alpha)\mathrm{d}\theta \neq 0 \tag{5}$$

另一方面,我们又有

$$\int_0^\pi f(\theta)\sin(\theta - \alpha)\mathrm{d}\theta =$$

$$\cos \alpha\int_0^{\pi} f(\theta)\sin \theta d\theta -$$

$$\sin \alpha\int_0^{\pi} f(\theta)\cos \theta d\theta = 0$$

这与式(5)矛盾.因此 f 在 $(0,\pi)$ 内至少还有第二个零点 β,即

$$f(\alpha)=f(\beta)=0$$

$$(\alpha,\beta\in(0,\pi),\alpha\neq\beta)$$

2)取以 R 的形心 P 为极点的极坐标系.记 R 的边界曲线 Γ 为 $\rho=g(\theta)$.由 R 的有界性及凸性可知,过极点 ρ 的任一射线与 Γ 有且仅有一个交点,故 g 是 θ 的单值函数.

Γ 是一条紧的曲线,因而存在一个由 Γ 到(极坐标下)单位圆的满单连续映射 $(\rho,\theta)\to(1,\theta)$.其逆映射 $(1,\theta)\to(g(\theta),\theta)$ 也连续,故 g 是 θ 的连续函数.

区域 R 关于直线 $\theta=0$ 及 $\theta=\frac{\pi}{2}$ 的矩分别是

$$\iint_R(\rho\cos \theta)\rho d\rho d\theta \text{ 及} \iint_R(\rho\sin \theta)\rho d\rho d\theta$$

由于 R 以其形心 P 作为极点,因此上面两个二重积分都等于零,由此可得

$$\frac{1}{3}\int_0^{2\pi}(g(\theta))^3\cos \theta d\theta = 0 =$$

$$\frac{1}{3}\int_0^{2\pi}(g(\theta))^3\cos \theta d\theta \tag{6}$$

注意

$$\cos(\theta+\pi)=-\cos \theta,\sin(\theta+\pi)=-\sin \theta$$

由式(6)可得

$$\int_0^{\pi}((g(\theta))^3-(g(\theta+\pi))^3)\cos \theta d\theta = 0$$

$$\int_0^{\pi}((g(\theta))^3-(g(\theta+\pi))^3)\sin\theta\mathrm{d}\theta=0$$

应用1) 证得的结论即知

$$f(\theta)=(g(\theta))^3-(g(\theta+\pi))^3$$

在 $(0,\pi)$ 内至少有两个零点，亦即方程

$$g(\theta)=g(\theta+\pi)$$

在 $(0,\pi)$ 内至少有两个根. 这表明 R 内至少有两条不与极轴重合的弦被形心 P 所平分. 我们若取其中一条弦所在的直线作为新的极轴，则由已经证明的事实可知，R 内至少存在三条被其形心所平分的弦.

试题4　求出平面上和双曲线 $xy=1$ 的两支以及 $xy=-1$ 的两支都相交的凸集的最小可能的面积.(平面上一个集合 S 称为是凸的，如果对 S 中的任何两个点，连接它们的线段都被包含在 S 之内)

（第68届美国大学生数学竞赛）

解　最小值是4，在顶点是 $(\pm1,\pm1)$ 的正方形的情况下达到.

解法1：为证明4是下界，设 S 是具有所述形式的凸集. 在两个双曲线的分支上选 $A,B,C,D\in S$ 使得 A 位于右上象限，B 在左上，C 在左下，D 在右下，那么四边形 $ABCD$ 的面积是 S 的面积的一个下界.

设 $A=(a,\frac{1}{a})$，$B=(b,-\frac{1}{b})$，$C=(-c,-\frac{1}{c})$，$D=(-d,\frac{1}{d})$，$a,b,c,d>0$，那么 $ABCD$ 的面积是

$$\frac{1}{2}(\frac{a}{b}+\frac{b}{c}+\frac{c}{d}+\frac{d}{a}+\frac{b}{a}+\frac{d}{c}+\frac{a}{b})$$

由算数－几何平均不等式可得上式至少是4.

解法2：像解法1中那样选择 A,B,C,D. 注意两条

双曲线和 $ABCD$ 的凸壳对任意 $m>0$ 在变换 $(x,y)\mapsto(xm,\frac{y}{m})$ 下是不变的. 对小的 m,从 AC 到 BD 的角趋于 0,对大的 m,这一角度趋于 π. 因而由连续性对某个 m,这一角度将成为 $\frac{\pi}{2}$,即 AC 和 BD 将成为垂直的,这时 $ABCD$ 的面积是 $AC\cdot BD$.

现在只要注意 $AC\geqslant 2\sqrt{2}$(对 BD 类似)就够了. 而此式成立是由于如果我们在点(1,1)和(−1,−1)处作双曲线 $xy=1$ 的切线,那么 A 和 C 将位于这两条线所夹的区域之外. 如果我们把线段 AC 垂直投影到直线 $x=y$ 上,那么所得的投影的长度至少是 $2\sqrt{2}$,因此 AC 的长度也至少是 $2\sqrt{2}$.

解法 3(Richard Stanley):像解法 1 中那样选择 A,B,C,D. 现在固定 A 和 C,移动 B 和 D 使它们是曲线的平行于 AC 的切线的切点,这不增加四边形 $ABCD$ 的面积(甚至在四边形不凸的情况下).

注意现在 B 和 D 的位置是截然相对的,因此可设 $B=(-x,\frac{1}{x})$ 和 $D=(x,-\frac{1}{x})$. 如果我们重复上面的论述,而固定 B 和 D 并且移动 A 和 C 到和 BD 平行的切线的切点处,那么 A 和 C 必须移动到 $(x,\frac{1}{x})$ 和 $(-x,-\frac{1}{x})$ 处,从而构成一个面积为 4 的矩形.

注 很多几何的解法是可能的. 一个例子是由 David Savitt 建议的(归于 Chris Brewer):注意 AD 和 BC 分别穿过正的和负的 x 轴,因此 $ABCD$ 的凸壳包含 O,然后验证 $\triangle OAB$ 的面积至少是 1,其他类似.